Marios C. Phocas

Tragwerke für den Hochhausbau

Ernst & Sohn
A Wiley Company

Marios C. Phocas

Tragwerke für den Hochhausbau

System, Verformungskontrolle,
Konstruktion

Dr.-Ing. Arch. Marios C. Phocas
Dorieon Str. 23
CY-1101 Nicosia

Dieses Buch enthält 360 Abbildungen

Die Deutsche Bibliothek – CIP-Einheitsaufnahme
Ein Titeldatensatz für diese Publikation ist bei
Der Deutschen Bibliothek erhältlich

ISBN 3-433-01454-X

© 2001 Ernst & Sohn
Verlag für Architektur und technische Wissenschaften GmbH, Berlin

Umschlagentwurf: grappa blotto, Berlin
Druck: Strauss Offsetdruck, Mörlenbach
Bindung: Großbuchbinderei J. Schäffer, Grünstadt
Printed in Germany

Meinen Eltern gewidmet

Vorwort

Hochhäuser bilden einen Gebäudetypus mit besonderen technischen und ästhetischen Ansprüchen, die in Einklang mit wirtschaftlichen Kriterien stehen. Die Hochhausplanung stellt eine komplexe Aufgabe dar, die sich in unterschiedliche Disziplinen teilen läßt. Diese beinhalten die Architektur, das Tragwerk einschließlich des Gründungssystems, die Gebäudetechnik und die Fassade. Die Komplexität dieser Aufgabe erfordert im frühesten Planungsstadium eine interdisziplinäre Zusammenarbeit zwischen Architekten und Fachplanern, im Rahmen derer nach der jeweiligen Zielsetzung Prioritäten und alternative Konzepte erarbeitet werden.

Die Entwicklung von Hochhaustragwerken anhand statischer und dynamischer Gesichtspunkte, ihre konstruktive Ausbildung und die Kontrolle ihres dynamischen Tragverformungsverhaltens bilden die Schwerpunkte dieses Buches. Die Planung von Hochhaustragwerken beinhaltet die Auswahl der Baustoffe, die Entwicklung der vertikal- und horizontallastabtragenden Tragsysteme, des Gründungssystems und der Tragkonstruktion. Mit zunehmender Gebäudehöhe gewinnt das Aussteifungstragwerk eine entscheidende Rolle im gesamten Entwurfsprozeß, da es, aufgrund der konzeptbestimmenden Horizontalbeanspruchungen aus Wind und Erdbeben, die tragende Funktion des Gebäudes übernimmt.

Die Optimierung der Tragsysteme richtet sich nach dem in der Entwicklungsphase parallel zu berücksichtigenden dynamischen Tragverformungsverhalten. Dieses soll die lokale und globale Standsicherheit des gesamten Gebäudes, sowie das Wohlbefinden der Bewohner gewährleisten. Eine Kontrolle des dynamischen Tragverformungsverhaltens von Hochhäusern wird dann mit Hilfe der in die Aussteifungstragwerke gezielt integrierten passiven oder aktiven Kontrollmechanismen ermöglicht. Internationale Entwicklungen auf diesem Gebiet werden in diesem Buch dargestellt und beurteilt.

Effiziente Hochhaustragwerke bilden in diesem Sinne Tragsysteme, die veränderlichen Kräften gegenüber anpassungsfähig sind, die ein optimiertes statisches Verhalten aufweisen und ihre dynamischen Eigenschaften nach Beanspruchungsart und -verlauf zu einer gezielten Gegenwirkung verändern können. Dieses Ziel kann nur erreicht werden, wenn der architektonische Hochhausentwurf in Einklang mit den Tragwerksanforderungen steht, und diese im frühen Stadium die baudynamischen Problemstellungen berücksichtigen.

Im Rahmen dieser Entwurfsphilosophie werden in diesem Buch die in der Regel getrennt abgehandelten tragwerksplanerischen Aufgabengebiete möglichst umfassend analysiert. Zur Vertiefung einzelner Fachbereiche wird auf weiterführende Spezialliteratur verwiesen. Anschließend wird aus praktischer Sicht anhand internationaler Projektbeispiele – analog den in den einzelnen Kapiteln theoretisch analysierten Tragsystemen – der Stand der Technik zur Entwicklung von Hochhaustragwerken, mit Schwerpunkt der Tragwerksplanung, Tragverformungskontrolle und Konstruktion dokumentiert.

Das Buch wendet sich in erster Linie an Architekten und Bauingenieure und an weitere

Fachingenieure der angesprochenen Thematik, die auf diesem Gebiet Aufgaben im Entwurfs- und Ausführungsstadium wahrnehmen, sowie an Studenten der Architektur und des Bauingenieurwesens.

Das Buch enthält gesammelte Erfahrungen während meiner akademischen und beruflichen Laufbahn auf dem Gebiet der Hochhaustragwerksplanung, Tragverformungskontrolle und der Hochhauskonstruktion. An dieser Stelle möchte ich mich bei Herrn Prof. Dr.-Ing. Günther Eisenbiegler bedanken, der mir in der Vergangenheit die wissenschaftliche Vertiefung auf diesem Gebiet ermöglicht hat. Herrn Dr.-Ing. habil. Adrian Pocanschi danke ich herzlich für seine Beratungen auf dem Gebiet der dynamischen Tragverformungskontrolle und seine stetige Diskussionsbereitschaft. Herrn Dipl.-Ing. Friedrich Grimm gilt Dank für die fruchtbare Zusammenarbeit in der Entwurfsplanung von Hochhaus- und Turmbauwerken. Wichtige dabei gewonnene Erkenntnisse im baukonstruktiven Bereich sind in die Texte des Buches eingeflossen.

Mein besonderer Dank gilt Frau Dipl.-Ing. Annette Weckesser, die das gesamte Manuskript gründlichst gelesen hat. Herrn Andreas Malegiannakis danke ich für seine wertvolle Hilfestellung in der computerunterstützten Programmierung und Textgestaltung.

Ich bedanke mich bei der Firma Profil ARBED EUROPROFIL für ihre Kooperationsbereitschaft und Unterstützung beim Zustandekommen dieses Buches. Gedankt sei auch allen in der Forschung tätigen Ingenieuren, die mir Dokumentationen zu den experimentellen Untersuchungen auf dem Gebiet der Tragverformungskontrolle zur Verfügung gestellt haben, sowie allen Architektur- und Ingenieurbüros für ihre Unterstützung bei der Veröffentlichung ihrer Hochhausprojekte, die im Kapitel 9 dieses Buches enthalten sind. Dem Verlag Ernst & Sohn danke ich vielmals für die angenehme Zusammenarbeit.

Marios C. Phocas

Stuttgart, Februar 2001

Inhaltsverzeichnis

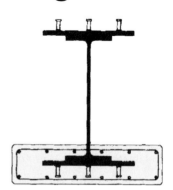

1 Einleitung

Hochhäuser wirken als hohe, meist schlanke und in den Boden eingespannte turmartige Bauwerke. Mit zunehmender Höhe wird die Hochhausform von der Tragstruktur bestimmt, wobei die zu bewältigenden Horizontalkräfte die entscheidende Rolle spielen. Die Hochhaustragwerke bestehen aus dreidimensionalen und in der Regel hochgradig statisch unbestimmten Tragsystemen, die in erster Linie folgende Anforderungen erfüllen müssen:

1. Abtragen vertikaler Eigen- und Verkehrslasten
2. Abtragen dynamischer Horizantallasten aus der Wind- und Erdbebenbeanspruchung
3. Dämpfung bei Schwingungen

Die Tragsysteme bestehen nach ihrer Funktion aus vertikal- und/oder horizontallastabtragenden Tragwerkskomponenten. Das Zusammenwirken aller Komponenten im Tragwerk wird durch die Deckentragsysteme gewährleistet. Diese haben sowohl bei Vertikal-, als auch bei Horizontalbelastung eine lastverteilende Funktion und können die Wirtschaftlichkeit der gesamten Konstruktion stark beeinflussen. Maßgebend sind dabei die Deckenspannweiten, das Deckentragsystem, die unmittelbar damit zusammenhängende Konstruktionshöhe und die verwendeten Baustoffe. Bei der Abtragung von Horizontallasten werden die Deckentragwerke als dehnstarr angenommen. Ihre Plattentragwirkung bzw. Riegelwirkung wird vernachlässigt, da sie gelenkig an den Aussteifungstragwerken angeschlossen werden.

Das Tragverformungsverhalten des Gebäudes infolge Horizontallasten aus Wind und Erdbeben wird vom Aussteifungstragwerk bestimmt. Die Aussteifungselemente können bei Gebäuden mit bis zu 30 Geschossen ihre wesentliche Tragwirkung in der jeweils eigenen „Scheibenebene" haben. Bei höheren Gebäuden werden die Aussteifungselemente zur Bildung von räumlichen Tragwerken mit erhöhter horizontaler Steifigkeit in mindestens zwei horizontalen Richtungen schubsteif miteinander verbunden. Die Ausbildung von Aussteifungstragwerken mit einer reduzierten Anzahl horizontal- und zugleich vertikallastabtragender Tragglieder bildet die Grundlage zur Bildung von Megatragwerken. Eine maximale Steifigkeit dieser Tragsysteme kann weiterhin durch die geometrische Modifizierung des Tragwerks in ein Raumfachwerk, oder die Abspannung des primären Megatragwerks, erreicht werden.

Die Grenzen der einzelnen Aussteifungssysteme gründen sich auf den Aspekt der Wirtschaftlichkeit der Konstruktion mit dem Ziel der innovativen Gestaltung der Aussteifungssysteme im komplexen Gesamttragsystem. Auf diese Weise wird mit möglichst wenig Material die Effektivität des Systems nach den Gebäudeabmessungen und der vorhandenen statischen Belastung in seiner Tragwirkung maximiert.

Das statische Tragverhalten der Hochhaustragwerke wird in erster Linie vom typischen Tragverformungsverhalten der verwendeten Baustoffe und der Geometrie des Tragsystems bestimmt. Eine erste Optimierung des Tragwerks ist nur mit im voraus bestimmten Anforderungen an die Hochhausformgestaltung, Tragwerksplanung und Gründung möglich. In dieser Hinsicht sollten durch die Symmetrie des Gebäudes und des Tragwerks die aus der Horizontalbelastung resultierenden

Torsionsverformungen möglichst reduziert werden.

Das Fundamentsystem des Gebäudes spielt bei den gesetzten Anforderungen an das Tragsystem eine grundlegende Rolle. In Abhängigkeit von den Untergrundverhältnissen und vom Maß und der Konzentration der vertikalen Belastung des Oberbaus ist das Fundamentsystem mit seiner konstruktiven Ausbildung für die Bauwerks- und Untergrundverformungen ausschlaggebend.

Die Verformungen von Hochhäusern werden von zeitabhängigen Kräften zufälliger Natur aus Wind und Erdbeben hervorgerufen. Im Rahmen des Tragwerksentwurfs werden die Kräfte bestimmt, und Art und Verlauf der Tragwerksantwort rechnerisch ermittelt. Tragwerksparameter, die in direkter Weise die dynamische Antwort des Hochhaustragwerks beeinflussen, sind die Masse, die Steifigkeit und die Dämpfung des Gebäudes.

Wenngleich architektonische und tragwerksplanerische Entwurfsansätze auf die herrschenden Horizontalbeanspruchungen eine planmäßige, gleichmäßig verteilte Tragverformung über das gesamte Gebäude im elastischen Bereich ermöglichen, ist in der Regel die Entwicklung von Tragwerken, die unter starker Horizontalbeanspruchung ein ausschließlich elastisches Verhalten aufweisen sollen, sehr unwirtschaftlich.

Dementsprechend wird das Hochhaustragwerk für vertikale und horizontal-äquivalent statisch wirkende Lasten elastisch dimensioniert und sein dynamisches Verhalten untersucht. Eine weitere Verbesserung und Kontrolle seiner dynamischen Antwort erfolgt durch die Umwandlung des Aussteifungstragwerks in Mechanismen, die gezielt im elastischen, bzw. im elastoplastischen Beanspruchungsbereich, Dämpfung erzeugen. Dazu dienen konstruktive Maßnahmen, die sich für den plastischen Beanspruchungsbereich auf eine planmäßige Steifigkeitsverteilung im Tragwerk gründen, oder die Einführung von gesonderten Energiedissipationsanlagen in das Tragwerk, die mit angemessenen linearen oder nichtlinearen Dämpfungs-

eigenschaften versehen werden. Die Kontrollmechanismen können passiv arbeiten oder anhand zusätzlicher Energieversorgung aktiv gesteuert werden. In diesem Entwicklungsstadium ist weiterhin ein iterativer Entwurfsprozeß des Tragwerks notwendig.

Gliederung

In Kapitel 2 wird das Tragverformungsverhalten von Stahlbeton, aus normalfestem und hochfestem Beton und von Stahl in Hinblick auf Langzeitbelastung, einachsiger, vielfach wiederholter, bzw. Wechselbelastung analytisch beschrieben. In diesem Kontext wird auch der temperaturbedingte Festigkeitsabfall der Baustoffe und die Stahl-Beton-Verbundbauweise behandelt.

Das Kapitel 3 beinhaltet Entwurfsansätze für die Deckentragwerke. Der konstruktive Aufbau und die statische Tragwirkung von Geschoßdecken in Stahlbetonbauweise und Stahl-Beton-Verbundbauweise werden umfassend erläutert.

In Kapitel 4 werden die Grundtypen der Aussteifungstragwerke – Stockwerkrahmen, ausgesteifte Stockwerkrahmen, Wandscheiben, gekoppelte Systeme – in ihrer Tragwirkung vorgestellt. Hierbei wird näher auf ihr statisches Tragverformungsverhalten eingegangen.

Das Kapitel 5 behandelt die tragwerksplanerischen Ausbildungsmöglichkeiten von räumlichen Aussteifungstragwerken aus den ebenen Grundtypen. Die Tragsysteme werden in ihrer statischen Tragwirkung erläutert und in ihrer Effektivität beurteilt. Konstruktive Ausführungsmöglichkeiten anhand der in Kapitel 2 vorgestellten Baustoffe werden beschrieben.

In Kapitel 6 werden die Gründungssysteme von Hoch- und Hochhausbauten und ihre konstruktive Ausbildung dargestellt. Im Rahmen dessen wird auf das qualitative Tragverformungsverhalten der Systeme eingegangen und es werden die Grundzusammenhänge der Bauwerk-Baugrund-Interaktion erläutert.

In Kapitel 7 werden die Kenngrößen und Hauptmerkmale der Wind- und Erdbebenbeanspruchungen dargelegt, und beide Horizontalbelastungsarten definiert. Die Antwortstufen der Tragstruktur werden erfaßt und das modale Schwingungsverhalten des Tragsystems erläutert. Darauf aufbauend wird der Einfluß der Tragwerksparameter – Masse, Steifigkeit, Dämpfung – gezeigt.

Das Kapitel 8 beinhaltet die Grundlagen der Kontrolle des dynamischen Tragverformungsverhaltens der Systeme. Die möglichen Kontrollrichtungen werden anhand des energetischen Gleichgewichts der Systeme erläutert, und die zugrunde gelegten Entwurfsansätze zur Erzielung einer passiven und aktiven Trag-

verformungskontrolle werden in ihrer Funktionsweise beurteilt. Dabei werden typische Kraftverformungsdiagramme und die konstruktive Ausbildung der Kontrollmechanismen gezeigt.

In Kapitel 9 werden internationale Hochhausprojekte dokumentiert, analog den in den Kapiteln 4 und 5 analysierten Tragsystemen. Schwerpunkt der Analyse bilden die jeweilige Tragstruktur und -konstruktion.

Das Kapitel 10 faßt die wichtigsten Einflußparameter und Richtungen zur weiteren Entwicklung innovativer und wirtschaftlicher Hochhaustragwerke nach dem im Vorwort gesetzten Ziel des Hochhaustragwerksentwurfs zusammen.

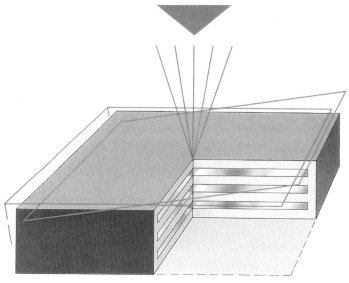

2 Baustoffe

2.1 Allgemeines

Die Wahl der Baustoffe ist ausschlaggebend für den Hochhaustragwerksentwurf. Diese wird nicht nur nach statischen Überlegungen, sondern auch nach konstruktiven und nutzungsbezogenen Kriterien getroffen. Die Kriterien werden nach dem jeweiligen Projekt, dem Bauort und den wirtschaftlichen Randbedingungen unterschiedlich bewertet.

Die Baustoffe haben einen direkten Einfluß auf die Entwicklung des Trag- und Gründungssystems des Gebäudes, und ihr Stoffverhalten bestimmt zum großen Teil, neben den geometrischen Größen, die statischen und dynamischen Eigenschaften des gesamten Hochhaustragsystems. In der Tragverformungskontrolle können die Baustoffe entscheidend für das anzuwendende Kontrollsystem, seine Arbeitsweise und seine konstruktive Ausbildung mit den primären und sekundären Traggliedern sein.

Ein Vergleich der verschiedenen Baumaterialien für Hochhaustragwerke zeigt, daß aufgrund der angeführten Bewertungskriterien keinem bestimmten Material für die Tragstruktur der Vorzug gegeben werden kann (Tabelle 2.1). Die neben den reinen Materialkosten wichtigsten Auswahlkriterien für eine bestimmte Bauweise haben folgende Auswirkungen auf den Bauvorgang und die Hochhauskonstruktion:

1. Die Baukosten hängen unmittelbar mit den länderspezifischen Bauverfahren zusammen, die aus der Verfügbarkeit des Materials und der Erfahrung am Bauort resultieren. Diese können in vielen Fällen die gesamten Kosten sehr weit reduzieren.

2. Das Gesamtgewicht der Konstruktion hat einen direkten Einfluß auf die Wirtschaftlichkeit des Tragsystems und auf die Gründung. Die Entwicklung von Hochhaustragsystemen, die sich an die äußeren Belastungen anpassen können, schließt auch die Forderung nach leichteren Tragstrukturen mit kontrollierbarem Tragverformungsverhalten ein. Diese relativiert sich mit zunehmender Höhe aufgrund der Eigenschaft von Baustoffen mit großer Masse, eine Beschleunigungsbegrenzung bei horizontalen Windlasten zu ermöglichen.

3. Die Festigkeits- und Verformungseigenschaften der verwendeten Baustoffe bilden die Grundlage zum statischen und dynamischen Tragverformungsverhalten der Tragglieder und letztendlich des gesamten Tragsystems, sowohl im elastischen, als auch im elastoplastischen Beanspruchungsbereich. Darüber hinaus dürfen die zeitabhängigen Verformungen der Betontragglieder nicht vernachlässigt werden, die sich während der gesamten Lebenszeit des Gebäudes auswirken, und einen ungünstigen Einfluß auf die statischen Verformungen aller angrenzenden Tragkomponenten der Konstruktion haben.

4. Die Abmessungen der Hochhaustragglieder definieren die vermietbare Fläche und die zukünftige Flexibilität in der Gebäudenutzung. Beide können bei der Skelettbauweise und besonders bei möglichst kleinen Stützenabmessungen erhöht werden. In diesem Aspekt führen Tragwerke aus normalfestem Beton zu unwirtschaftlich großen Konstruktionsabmessungen.

Tabelle 2.1   Vergleich verschiedener Baumaterialien für Hochhäuser

	Stahlbeton Normalfester Beton	Stahlbeton Hochfester Beton	Stahlbau	Verbundbauweise Hochfester Beton
Baukosten	+	++	0	++
Konstruktionsgewicht	0	+	++	+
Steifigkeit	++	++	0	+
Grundrißflexibilität	0	0	++	+
Brandverhalten	++	++	−	+
Bauzeit	+	+	++	++
Nutzbare Fläche	−	+	++	+

++ sehr gut, + gut, 0 weniger gut, − ungünstig

5. Die Brandschutzanforderungen an das Tragwerk werden in erster Linie aufgrund der verwendeten Baustoffe beurteilt. Während Stahlbetonkonstruktionen ganz ohne, und Verbundkonstruktionen weitgehend ohne Zusatzmaßnahmen ausreichenden Feuerwiderstand bieten, sind bei Stahlkonstruktionen Brandschutzmaßnahmen erforderlich, welche den Konstruktionsaufwand erhöhen, und die Wirtschaftlichkeit der Konstruktion beeinträchtigen.

6. Die Bauzeit hängt direkt von der Bauweise ab. Wenngleich der große Wiederholungsfaktor bei den Tragelementen den Einsatz wirtschaftlicher Schalungstechniken, und damit eine günstige Ortbetonbauweise ermöglicht, wird die Bauzeit und der Konstruktionsaufwand vor allem durch vorgefertigte, auf der Baustelle zu montierende Fertigelemente reduziert. Diese können nach den jeweiligen spezifischen Anforderungen und Gegebenheiten der Tragstruktur entwickelt werden.

Eine technisch und wirtschaftlich reife Alternative gemäß den oben aufgeführten Einflußfaktoren der Baumaterialauswahl, bildet die Kombination von verschiedenen Materialien miteinander. Diese werden innerhalb des Tragsystems dort angesetzt, wo sie die größtmögliche Effizienz haben. Eine derartige Kombination kann durch eine getrennte Stahl- bzw. Stahlbetonbauweise oder eine gemeinsame Stahl-Beton-Verbundbauweise im Deckentragwerk, in den vertikallastabtragenden Trag-

gliedern und im Aussteifungstragwerk stattfinden.

2.2   Stahlbetonbau

Bei Stahlbetonbauteilen wird der Beton mit Stahleinlagen (einbetonierte Stahlstäbe) bewehrt, wobei die Zugkräfte ausschließlich von den Stahleinlagen, die Druckkräfte hauptsächlich vom Beton aufgenommen werden. Als Verbundbaustoff wirken die zwei Baustoffkomponenten unter äußerer Beanspruchung statisch zusammen. Die Grundlage für dieses Konstruktionselement ist in folgenden Eigenschaften der beiden Baustoffe zu finden:

1. Die hohe Druckfestigkeit des Betons in Zusammenhang mit einer hohen Zugfestigkeit des Stahls. Die Beteiligung der beiden Baustoffe an der Aufnahme der inneren Kräfte erfolgt in Abhängigkeit von ihren unterschiedlichen Verformungs- und Festigkeitseigenschaften. Im Rahmen des nicht-additiven Zusammenwirkens der beiden Baustoffkomponenten kann durch die Stahlbewehrung die Tragfähigkeit des Bauteils gegenüber dem unbewehrtem Beton in hohem Maße beeinflußt werden.

2. Das Zusammenwirken von Stahl und Beton durch die Verbundeigenschaften. Dafür müssen beide Baustoffe unter äußeren Beanspruchungen gleiche Verformungen erfahren. Dies ist erfüllt, wenn durch die Haftung und den Gleitwiderstand des

Stahls im Beton, Kräfte von einem Baustoff zum anderen übertragen werden.

3. Der nahezu gleiche Wärmeausdehnungskoeffizient von Beton und Stahl (Beton: $\alpha_t = 0,9 - 1,4 \cdot 10^{-5}$, Stahl: $\alpha_t = 1,2 \cdot 10^{-5}$). Dies bedeutet, daß bei Temperaturänderungen in der Regel keine schädlichen inneren Spannungen auftreten. Eine Ausnahme besteht im Brandfall, da Stahl die Wärme etwa 30mal besser leitet als Beton.

4. Der Korrosionsschutz des Stahls durch den ihn umgebenden Beton. Dies wird erreicht durch eine gut zusammengesetzte Mischung und sorgfältige Verdichtung des Betons (Beton mit geschlossenem Gefüge), einen ausreichenden Zementgehalt (oxydische Deckschicht auf Stahl), eine nach dem Gefährdungsgrad genügend große Betondeckung und eine Vermeidung von korrosionsfördernden Stoffen (z.B. Chloride, Sulfide) in schädlicher Konzentration sowohl im Zement, als auch in den Zusatzmitteln.

2.2.1 Beton

Beton ist ein Kunststein, bestehend aus den Komponenten Zement, Wasser und Zuschlagstoffe. Die Eigenschaften, die Form und das Mengenverhältnis der Bestandteile bestimmen weitgehend die wesentlichen Werkstoffeigenschaften des Betons. Durch eine genau dosierte Zugabe von Betonzusätzen können bestimmte Betoneigenschaften, z.B. die Verarbeitbarkeit, das Erhärten oder Erstarren gezielt geändert werden. Im Hochbau wird in

Abhängigkeit vom Betonraumgewicht zwischen normalem Beton (23 bis 24 kN/m³) und Konstruktionsleichtbeton (14 bis 18 kN/m³) unterschieden. Die wichtigste Betoneigenschaft ist die Druckfestigkeit, die in der Regel durch den Druckversuch an eigens hergestellten Probekörpern, oder in Sonderfällen an Bohrkernen aus dem Bauwerk bestimmt wird. Demzufolge werden die Zemente in vier genormte Festigkeitsklassen – Z 25, Z 35, Z 45 und Z 55 – eingeteilt, je nach der minimal einzuhaltenden mittleren Druckfestigkeit der genormten Mörtelprismen nach 28 Tagen.

Das Spannungs-Dehnungsverhalten von Beton wird durch verschiedene Faktoren beeinflußt. Mischen, Einbau und Nachbehandlung des Betons, Klima, Belastungsgeschichte und Belastungsstärke sowie Querschnittsform spielen eine Rolle. Bei den praktischen Untersuchungen wird das nichtlineare Spannungs-Dehnungsverhalten des Betons aufgrund des Verformungs- bzw. Sekantenmoduls durch nichtlineare oder bilineare Funktionen beschrieben. In Wirklichkeit zeigt der Beton ein rein elastisches Verhalten nur bei niedrigen, kurzzeitigen Spannungen. Ansonsten weisen die Spannungs-Dehnungslinien des Betons für Spannungen, die größer als ein Drittel der Betondruckrechenfestigkeit sind, einen stark gekrümmten Verlauf auf (Bild 2.1). Es läßt sich bereits erkennen, daß mit zunehmender Festigkeit das plastische Verformungsverhalten des Betons abnimmt, und somit eine stärkere Neigung zum Sprödbruch entsteht.

Bei der Langzeitbelastung weist der Beton ein unterschiedliches Verformungs- und Festigkeitsverhalten gegenüber dem oben Beschrie-

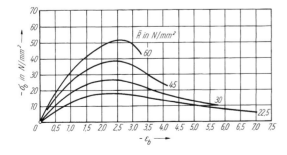

Bild 2.1 Spannungs-Dehnungslinie von unbewehrtem Beton unter einachsiger Beanspruchung [2.4]

benen auf. Die zeitabhängigen Dehnungen des Betons haben einen großen Einfluß auf sein Verformungsverhalten. Diese lassen sich trennen in Kriechdehnungen (zeitabhängige Zunahme der Verformung unter dauernd wirkenden Lasten), die durch die Spannungen beeinflußt werden, und in Schwinddehnungen

(Verkürzung des unbelasteten Betonkörpers während der Austrocknung, infolge einer Teilabgabe des chemisch nicht gebundenen Wassers), die nicht durch die Spannungen beeinflußt werden.

Bei konstanter Beanspruchung streben die Kriechverformungen asymptotisch auf einen Endwert zu, das heißt der Kriechvorgang klingt mit der Zeit ab (Bild 2.2a). Die Endkriechzahl (Endwert für das Verhältnis von Kriechverformung zu elastischer Verformung) läßt sich aufgrund von stoffbezogenen, herstellungstechnologischen, konstruktionsbedingten und belastungs- und lagerungsabhängigen Einflußfaktoren festlegen [2.4]. Der Beginn des Schwindens wird mit dem Moment der Erstarrung des Betons definiert. Das Endschwindmaß (Endwert der Schwindverformungen) hängt von stoffbezogenen, herstellungstechnischen, konstruktiv- und umgebungsbedingten Faktoren ab [2.4]. Der zeitliche Verlauf der Schwindverformungen innerhalb dieser theoretisch unendlichen Zeitphase ähnelt qualitativ dem Verlauf der Kriechverformungen unter konstanter Beanspruchung (Bild 2.2b). Die Überlagerung beider Langzeiteffekte bewirkt, daß sich im Laufe der Zeit die Verformungen des Betons unter Druckbelastung durch Kriechen und Schwinden vergrößern (Bild 2.2c). Die dabei entstehenden Spannungen werden vom Beton zum Bewehrungsstahl verlagert.

Bei vielfach wiederholter Belastung weist der Beton eine von der Belastungsgeschichte unabhängige Einhüllende auf, die in etwa der Spannungs-Dehnungslinie des Materials un-

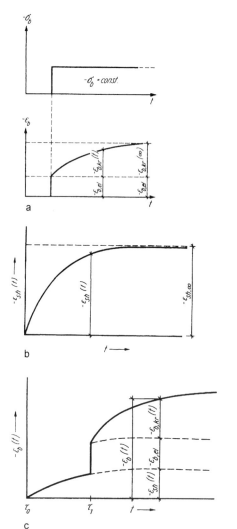

Bild 2.2
a) Zeitlicher Verlauf der Betonkriechverformungen in einem unbegrenzten Belastungszeitraum
b) Zeitlicher Verlauf der Betonschwindverformungen an einem freiverformbaren Betonprisma
c) Zeitlicher Verlauf der Schwind- und Kriechverformungen

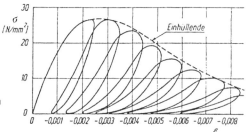

Bild 2.3 Spannungs-Dehnungslinie von Beton unter vielfach wiederholter Belastung [2.20]

ter monotoner statischer Beanspruchung entspricht (Bild 2.3). Verglichen mit Stahl entwickelt sich ein relativ ungünstiges sprödes Verhalten. Das Tragverhalten von unbewehrtem Beton wird von einer Umkehrung der Krümmung der Spannungs-Dehnungslinie mit zunehmender Lastspielzahl charakterisiert, während der Elastizitätsmodul abnimmt. Die Abnahme ist besonders in der Anfangsphase und kurz vor Erreichen der Bruchlastspielzahl am stärksten ausgeprägt.

Bei der vielfach wiederholten Beanspruchung gewinnt die Dauerfestigkeit des Baustoffs an Bedeutung. Diese berücksichtigt im allgemeinen die als Ermüdung bezeichnete Abnahme der Festigkeit bei großer Lastspielzahl, und sie bezieht sich gewöhnlich auf das Niveau, bei dem bei einer Lastspielzahl von $N = 2 \cdot 10^6$ kein Versagen mehr auftritt. Bisher konnte kein deutlicher Dauerfestigkeitsbereich für den unbewehrten Beton beobachtet werden, selbst nicht bei Lastspielzahlen von $N = 2 \cdot 10^9$ (Bild 2.4).

2.2.2 Bewehrungsstahl

Stahl hat für die üblichen statischen Belastungen ein eindeutiges Verhältnis zwischen Spannungen und Dehnungen. Die Spannungs-Dehnungslinien von Bewehrungsstählen sind unter Druck- und Zugbeanspruchungen fast gleich, und sie zeigen anfänglich einen durch den Elastizitätsmodul bestimmten linearen Verlauf auf – mit Ausnahme der kaltverformten Stähle, welche bei Druckbeanspruchung geringere Festigkeitskennwerte aufweisen. Je nach Stahlsorte sind der Übergang zum plastischen Bereich und der plastische Bereich an sich unterschiedlich (Bild 2.5).

Im allgemeinen nimmt die Bruchdehnung mit zunehmender Festigkeit des Stahls ab. Hochfeste Stähle besitzen keine ausgeprägte Fließgrenze, da der Übergang zwischen plastischen Verformungen und Bruchdehnung fließend ist. Diese Stähle können anhand einer elastoplastischen Spannungs-Dehnungslinie charakterisiert werden (Bild 2.6). Bei der Modellierung des Tragverformungsverhaltens des Materials wird meist eine idealisierte,

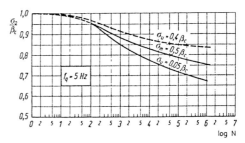

Bild 2.4 Mittlere Verläufe der von Beton zu tragenden Lastspielzahl in Abhängigkeit vom Beanspruchungsniveau [2.13]

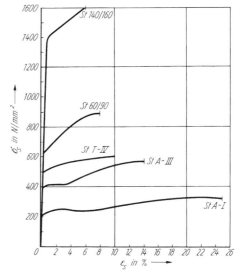

Bild 2.5 Spannungs-Dehnungslinien von Beton- und Spannstählen [2.4]

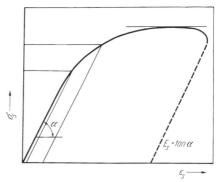

Bild 2.6 Spannungs-Dehnungslinie von Stahl mit definierter Fließgrenze

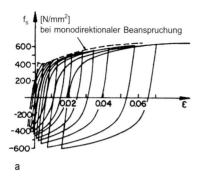 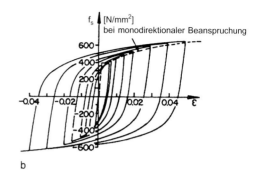

a   b

Bild 2.7 Tragverformungsverhalten von Bewehrungsstahl unter Wechselbeanspruchung [2.14]
a)   Unsymmetrische Wechselbeanspruchung
b)   Symmetrische Wechselbeanspruchung

bilineare, elastoplastische Spannungs-Deh-nungslinie angenommen, ohne daß dabei die Verfestigungseffekte nach dem Fließen bei warmgewalzten Stählen berücksichtigt wer-den. Bei der Modellierung des Tragverhaltens von Stahlbetonbauteilen führt diese Vereinfa-chung zu einer annehmbaren Genauigkeit.

Im Gegensatz zu Beton spielt das Langzeit-verhalten des Bewehrungsstahls eine unter-geordnete Rolle, da hierbei nur Bewehrungs-stähle mit einer hohen Kriechgrenze ange-wandt werden, die etwa der Elastizitätsgren-ze des Materials entsprechen.

Bei einer vielfach wiederholten Belastung ent-stehen Spannungs-Dehnungslinien, die zwi-schen derjenigen der monotonen Beanspru-chung verlaufen. So beschreibt die monoto-ne Spannungs-Dehnungslinie auch bei die-sem Material eine Einhüllende für Zyklen ohne Vorzeichenänderung. Bei Wechselbeanspru-chungen bis in den Fließbereich zeigen sich hingegen die nach Bauschinger benannten Effekte [2.16]:

1.   Wechselbeanspruchungen bis zum Flie-ßen, sowohl auf Zug, als auch auf Druck, führen zu einer Abnahme des Elastizitäts-moduls des Stahls (Bild 2.7a).
2.   Nach Wechselbeanspruchungen mit Druckfließen steigt die Fließspannung über diejenige bei monodirektionaler Zug-beanspruchung an (Bild 2.7b).

Wie beim Beton tritt also auch bei Stahl unter Wechselbelastung eine Festigkeitsminderung gegenüber der statischen Festigkeit ein. In-folge des abnehmenden Elastizitätsmoduls ist mit deutlich größeren Verformungen zu rech-nen. Das Ermüdungsverhalten von Beton-stählen hängt von einer Vielzahl von Einflüs-sen ab, wie z.B. Güte, Oberflächenbeschaf-fenheit, Durchmesser, Krümmung, sowie Schweißung und Korrosion. In DIN 1045 tritt die Dauerstahlfestigkeit bei einer Grenz-lastspielzahl von $N = 2 \cdot 10^6$ ein.

2.2.3 Stahlbeton

Stahl und Beton wirken durch die Verbund-bauweise zusammen, die im wesentlichen auf der Reibung infolge der Rauhigkeit der Stahl-oberfläche (Reibungsverbund) und auf der Verdübelung der Stahlrippen im Beton (Scher-verbund) beruht. Im Gebrauchszustand, in dem normalerweise keine Risse auftreten, wird das statische Verhalten des inhomoge-nen Baustoffes bei den üblichen Bewehrungs-prozentsätzen in erster Linie vom Beton be-stimmt.

Das Bruchverhalten der zentrisch belasteten Druckglieder zeigt sich im Abscheren. In die-sem Fall findet ein spröder, schlagartiger Bruch statt. Eine wesentliche Verbesserung der Verformungsfähigkeit der vertikallastab-tragenden Betontragglieder mit ausreichender

Stahllängsbewehrung wird durch eine Umschnürung des Betons erreicht. Die entsprechende Querbewehrung besteht bei kreisförmigen Querschnitten aus Spiralbewehrung
oder kreisförmigen Bügeln, bei rechteckigen
Querschnitten aus äußeren und inneren Bügeln, sowie aus Verbindungsstäben (Bild 2.8).
Erfolgt eine Bruchverformung des Betons unter Druckbeanspruchung – Spaltrisse infolge
von Querzug (Querdehnung) –, so verhindert
die Umschnürung die durch die Längskraft
entstehende Querdehnung des Betons, und
im Querschnitt wird ein dreiachsiger Spannungszustand erzeugt. In dieser Weise werden die Druckverformungen des Betons von
der Zugverformung der Umschnürung abhängig, und der Beton gewinnt an Druckfestigkeit und an Plastizität (Bild 2.9).

Tatsächlich besteht der wesentliche Unterschied zwischen unbewehrtem und bewehrtem Beton darin, daß der letzte ein größeres
plastisches Verformungsvermögen aufweist.
Unter Wechselbelastung kann mit der Anzahl
der Lastspiele, und in Abhängigkeit von der
Höhe der Beanspruchung, die Form der
Spannungs-Dehnungslinie von Stahlbetonbauteilen stark variieren (Bild 2.10). Dieser
Effekt, der sich auf eine fortschreitende Abnahme der Hysteresedämpfung des Materials gründet, kann beispielsweise in Stahlbetonbauteilen mit ungenügender Stahlbewehrung am stärksten auftreten. Die Wech-
selbewegungen des Stahls zwischen den er-
reichten Schlupfwerten in der Kontaktfläche
mit dem Beton führen zu einer Reduzierung
der Rauhigkeit und des Reibungsverbunds.
Dies bedeutet, daß sich die zwei Komponenten im Materialgefüge entfestigen.

Das Ermüdungsverhalten eines Stahlbetonbauteils wird in erster Linie vom Tragverhalten
der Bewehrungsstäbe bestimmt. Dementsprechend erfolgt in den meisten praktischen Fällen ein Ermüdungsbruch der Zug- und Schubbewehrung. Hierbei ist zu beachten, daß der
Ermüdungsbruch der Stahlbewehrung in spröder Weise auftritt, wohingegen derjenige der
Betondruckzone durch große plastische Verformungen angekündigt wird [2.13]. Somit liegen gegenüber den statischen Beanspruchungen beinahe umgekehrte Verhältnisse vor.

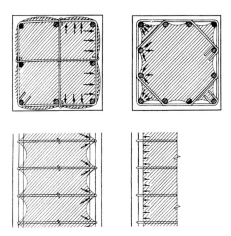

Bild 2.8 Verbesserung des Betonverhaltens
unter Druckbeanspruchung durch eine Stahlumschnürung [2.15]

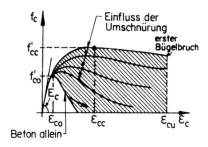

Bild 2.9 Einfluß der Stahlumschnürung auf das
Tragverformungsverhalten von Beton [2.11]

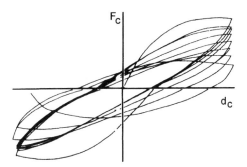

Bild 2.10 Spannungs-Dehnungslinie eines
Stahlbetonbauteils mit ungenügender Stahlbewehrung unter symmetrischer Wechselbelastung

2.2.4 Hochfester Beton

Hochfester Beton zeichnet sich durch ein dich-
tes und homogenes Gefüge mit einem sehr
geringen Kapillarporenanteil aus. Diese Eigenschaft, die unter Normaltemperatur eine
hohe Betondruckfestigkeit ermöglicht, wird
durch die Reduzierung der Wasserzement-
werte von 0,4 auf 0,2 und die Zugabe des
Betonzusatzstoffs Silicastaub, gewährleistet
(Bild 2.11). Die Verbundzone zwischen Zu-
schlag und Zementstein weist bei Normalbeton auch bei niedrigen Wasserzement-
werten Störungen auf, welche die Festigkeit
des Betons beeinträchtigen. Dieser Mangel
wird durch den gegenüber Zement bis zu
100mal feineren Silicastaub behoben.

Der Silicastaub wirkt sich gleichzeitig positiv
auf die Dichte und Festigkeit der Mörtelmatrix
aus. Weitere daraus resultierende günstige
Eigenschaften für den Beton sind der erhöhte Verschleißwiderstand, der hohe Widerstand
gegen chemische Stoffe, und die Verringerung
der Stahlkorrosionsgefährdung von Bewehrungsstäben. In [2.9] wird darauf hingewiesen,
daß ein Silicaanteil von circa 15% des Ze-
mentgewichts den oberen Grenzwert darstellt,
da mit zunehmendem Silicaanteil, trotz zusätzlicher Zugabe von Hochleistungsfließ-
mitteln, die Verarbeitung und Verdichtung des
Frischbetons wesentlich erschwert wird.

Durch die Veränderung der Microstruktur des
Betons entstehen mit den Festigkeitsstei-
gerungen auch Veränderungen in der Spannungs-Dehnungslinie und im Bruchverhalten
des Baustoffes (Bild 2.12). Ein Vergleich der
Spannungs-Dehnungslinien von hochfestem
und normalfestem Beton zeigt, daß der hochfeste Beton steiler, bis 80% der Festigkeit
annähernd linear ansteigt. Der Elastizitätsmodul nimmt mit steigender Festigkeitsklasse zu.
Die der größten Spannung entsprechende
Stauchung nimmt mit zunehmender Betonfestigkeit zu (z.B. bei B 85 ca. 0,21%, bei
B 100 ca. 0,3%). Mit steigender Festigkeit wird
der Beton spröder, seine Zähigkeit geringer.

Die zeitabhängigen Verformungen von hochfestem Beton haben einen ähnlichen qualitativen Verlauf, sind jedoch kleiner als diejeni-

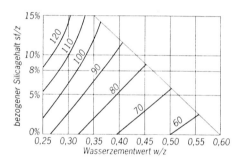

Bild 2.11 Abhängigkeit der Würfeldruckfestigkeit
β_{W100} [N/mm²] vom Wasserzementwert und dem
bezogenen Silicagehalt für einen Beton mit Sand-
Kies-Zuschlägen [2.9]

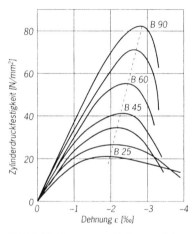

Bild 2.12 Spannungs-Dehnungslinien von Beton
mit unterschiedlicher Druckfestigkeit [2.9]

gen von Normalbeton. Die Kriechverformungen sind wegen der zunehmenden Festigkeit des Materials vergleichsmäßig kleiner,
genau wie die Schwindverformungen, da sich
der Anteil des freien Wassers in den Kapilla-
ren mit sinkendem Wassergehalt reduziert.

Die große Dichte des hochfesten Betons wirkt
sich jedoch nachteilig auf seine Feuerwider-
standsfähigkeit aus (Bild 2.13). Im Brandfall
wird auch das im Zementstein gebundene
Wasser in Dampf überführt, ohne daß es wegen des dichten Betongefüges entweichen
kann. Dadurch bauen sich hier innere Spannungen schneller als bei Normalbeton auf. Die

Betondeckung wird schlagartig abgesprengt, und die vertikalen Tragglieder verlieren ihre Tragfähigkeit. Nach [2.6] können Betone bis zu einer Festigkeit von B 85 ohne besondere Maßnahmen die Anforderungen der Feuerwiderstandsklassen von F 120 und F 180 erfüllen. Bei höheren Festigkeiten sind Zusatzmaßnahmen erforderlich – eine oberflächennahe Netzbewehrung, oder die Zugabe bestimmter Kunststofffasern, wie beispielsweise Polypropylenfasern. Letztere schmelzen bei hohen Temperaturen und hinterlassen röhrenförmige Kanäle, in denen sich der Dampf entspannen und im Randbereich entweichen kann. Damit dies wirksam wird, sind circa 2 kg Fasern pro m³ Beton erforderlich. Eine damit verbundene geringe Abnahme der Druckfestigkeit wird durch betontechnologische Maßnahmen kompensiert [2.12].

Wie bei vertikalen Stahlbetontraggliedern aus Normalbeton zeigt sich das Bruchverhalten zentrisch belasteter Druckglieder aus hochfestem Beton durch Abscheren. Dies kann lokal durch die Anordnung von Querbewehrung verhindert werden. In [2.19] wird dokumentiert, daß ein Querbewehrungsgehalt von mindestens 3 Vol.-%, bezogen auf den Kernquerschnitt einer Stütze aus hochfestem Beton B 105, eine wesentliche Verbesserung der Zähigkeit des Tragglieds ermöglicht (Bild 2.14). Bei rechteckigen Stützenquerschnitten wird dafür eine homogene Anordnung der Bewehrung vorausgesetzt (Bild 2.15). Die Zähigkeit des Querschnitts verbessert sich natürlich nicht so sehr wie bei größerer Betonfestigkeit. Neben der Steigerung der Verformungsfähigkeit der vertikalen Tragglieder durch die Umschnürungsbewehrung bleibt jedoch weiterhin der Anteil der Betonüberdeckung im Verhältnis zum Gesamtquerschnitt maßgebend für das Versagen [2.9].

Vielfach wiederholte Belastungen in [2.10] haben gezeigt, daß hochfester Beton, unabhängig vom Silicaanteil, ein ähnliches Ermüdungsverhalten wie normalfester Beton aufweist. Ein deutlicher Dauerfestigkeitsbereich des Baustoffs konnte bisher nicht bewiesen werden. In [2.8] wird der Beginn seiner Dauerfestigkeit bei einer maximalen Lastspielzahl von $N = 1 \cdot 10^6$ angegeben.

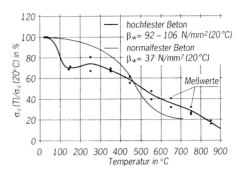

Bild 2.13 Temperaturbedingter Festigkeitsabfall bei normalfestem und hochfestem Beton [2.7]

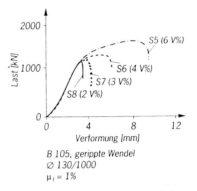

Bild 2.14 Spannungs-Dehnungslinien von zentrisch belasteten Stahlbeton-Rundstützen aus hochfestem Beton B 105 [2.19]

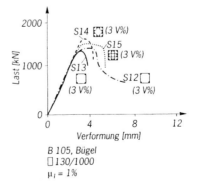

Bild 2.15 Spannungs-Dehnungslinien von zentrisch belasteten Stahlbeton-Rechteckstützen aus hochfestem Beton B 105 [2.19]

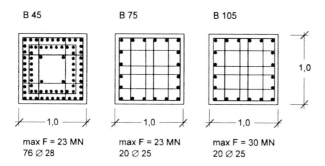

Bild 2.16 Einsparung an Druckbewehrung bzw. Zunahme der Tragfähigkeit von vertikalen Traggliedern durch hochfesten Beton [2.5]

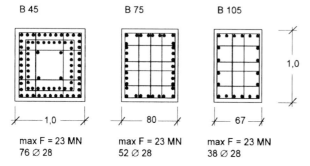

Bild 2.17 Einsparung an Stützenquerschnitt und Druckbewehrung durch hochfesten Beton [2.5]

Die konstruktiven und wirtschaftlichen Vorteile von Stahlbetontraggliedern aus hochfestem Beton lassen sich beispielhaft anhand einer Vergleichsdarstellung von Stützenquerschnitten aus B 45, B 75 und B 105, bemessen für eine Normalkraft von 23 MN, mit einer Ausnahme, zeigen (Bild 2.16). Auch unter Berücksichtigung der stärkeren Bügelbewehrung, die zur Steigerung der Zähigkeit bei hochfestem Beton erforderlich ist, lassen sich 60 bis 70% der Bewehrung einsparen [2.5]. Längsbewehrung wird auch bei verkleinerten Stützenquerschnitten eingespart (Bild 2.17). Allgemeine Hinweise zur konstruktiven Durchbildung von Stahlbetonstützen aus hochfestem Beton werden in [2.9] gemacht.

2.3 Stahlbau

Stahl, als eine Eisen-Kohlenstoff-Legierung, wird im Stahlhochbau in einem unlegierten Zustand mit maximal 0,2% Kohlenstoff eingesetzt. Entsprechend der jeweiligen Anforderung werden dem Stahl noch zusätzliche nichtmetallische Beimengungen, wie z.B. Silizium, Schwefel, Phosphor, und metallische Beimengungen wie z.B. Mangan, Aluminium, Kupfer u.a. hinzugefügt. Diese Legierungselemente beeinflussen in entscheidender Weise die chemischen, physikalischen und mechanischen Eigenschaften der Stähle. Davon sind einige erwünscht, um dem Stahl bestimmte Eigenschaften zu verleihen, andere nicht erwünscht, aber auch unverzichtbar.

Im europäischen Raum sind die allgemeinen Baustähle, genormt nach EN 10025, in der Regel unlegierte Stähle, die hauptsächlich im Stahlhochbau angewandt werden. Diese beinhalten die Sorten S 235 (St 37), S 275 (St 44), S 355 (St 52-3) mit den Eigenschaften einer ausgeprägten Streckgrenze und einer bestimmten Zugfestigkeit.

Sie besitzen Kohlenstoffgehalte zwischen 0,17 bis 0,24%, und enthalten mit steigender Festigkeit bis zu 1,6% Mangan und bis zu 0,55% Silizium. Weitere Elemente, die in geringster Konzentration vorkommen, sind Phosphor, Schwefel und Stickstoff.

Die mechanischen Eigenschaften von Baustählen sind qualitativ denjenigen von Bewehrungsstählen ähnlich (Bild 2.18). Bis zu der Elastizitätsgrenze sind die Dehnungen klein und den Spannungen proportional. Der Elastizitätsmodul bleibt in diesem Bereich konstant und die Verformungen elastisch. Oberhalb der Elastizitätsgrenze, an der Streckgrenze, entwickelt sich zusätzlich dazu eine plastische Verformung im Material, bei der die Spannung gleich bleibt oder nur leicht abfällt. Auf diesen unteren Wert gründet sich in der Regel die statische Sicherheit der Stahlkonstruktion. Bei einer weiteren Belastung entstehen größere plastische Verformungen. Nach der Entlastung hat der Prüfstahl bleibende Verformungen mit gleicher Festigkeit und Elastizität. Bei Belastung weit über die Streckgrenze hinaus, nach der kurzen Wiederverfestigungsphase, vergrößern sich die Verformungen bei nur noch geringer Spannungszunahme, bis das Material beim Erreichen seiner Zugfestigkeit reißt. Die hieraus resultierende Bruchverformung bzw. -dehnung beträgt mehr als 20%. Dies bildet das wichtige Kriterium für die günstige Zähigkeit des Materials.

Bei Wechselbelastung wird das Tragverhalten von Baustählen, wie bei den Bewehrungsstählen, durch die Bauschinger Effekte beeinflußt. Dementsprechend nimmt die Spannungs-Dehnungslinie nach der Umkehrung der Belastungsrichtung eine stetig gekrümmte Form an, die mit jedem Zyklus eine größere Abrundung erfährt. Eine aus-

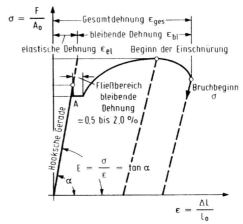

Bild 2.18 Spannungs-Dehnungslinie von Baustahl

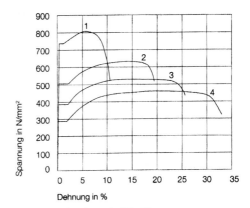

Probenform: Rundzugprobe B 8 x 80
(Versuchslänge = 100 mm) Prüftemperatur: RT

1 St E 690	3 St 52-3
2 St E 460	4 St 37-3

Bild 2.19 Spannungs-Dehnungslinien von Baustählen und hochfesten thermomechanischen Stählen [2.3]

geprägte Streckgrenze ist nicht mehr erkennbar.

Eine besonders hohe Tragfähigkeit kann mit hochfesten, thermomechanisch gewalzten Stählen, mit äußerst niedrigen Kohlenstoffgehalten (<<0,2%) erreicht werden, welche von der Stahlzusammensetzung her vergleichbar mit den allgemeinen Baustählen sind. Thermomechanisch gewalzte Stähle werden hergestellt, indem sie im Endstadium des Walzprozesses einem gezielten Abkühlungsprozeß mit anschließender Selbstanlastung bzw. -vergütung unterzogen werden. Infolge der schnellen Abkühlung stellt sich ein feinkörniges Gefüge ein, und die verbleibende Wärme im Querschnitt läßt den Stahl wieder an.

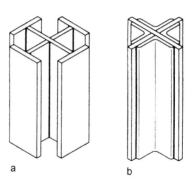

a   b

Bild 2.20 Doppeltsymmetrische Stahlstützenquerschnitte in Abhängigkeit von der Beanspruchung
a)   Stützenquerschnitt für Druck- und Biegebeanspruchung
b)   Stützenquerschnitt für Zugbeanspruchung

Dieser Herstellungsprozeß verleiht dem Material eine erhöhte Festigkeit und Zähigkeit (Bild 2.19). Die hochfesten Stähle S 355 weisen bis zu Werkstückdicken von 125 mm eine Zugfestigkeit von 450 bis 610 N/mm² und eine Bruchdehnung von 22% auf; die hochfesten Stähle S 460 weisen eine Zugfestigkeit von 550 bis 720 N/mm² und eine Bruchdehnung von 17% auf. Eine weitere günstige Eigenschaft ist die von der Materialdicke unabhängige Material-Streckgrenze. Bis zu Werkstückdicken von 125 mm beträgt die Oberstreckgrenze beim S 355 und beim S 460, 355 N/mm² bzw. 460 N/mm².

Der niedrige Kohlenstoffäquivalent der thermomechanisch gewalzten Stähle bewirkt, daß ihre Streckgrenzen keinen negativen Einfluß auf die Festigkeit, die Zähigkeit und die Schweißeignung des Materials haben. Aufgrund der geringen Kaltrißempfindlichkeit des Materials kann bei einer Schweißverarbeitung bis zu einer Streckgrenze von 460 N/mm² aus metallurgischer Sicht auf das Vorwärmen, das Einhalten von Zwischenlagentemperaturen und gegebenenfalls die Wärmenachbehandlung des Nahtbereichs verzichtet werden [2.1].

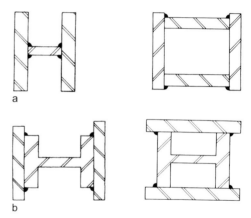

a

b

Bild 2.21 Stahlstützenquerschnitte für den Hochhausbau
a)   Aus Breitflachstählen
b)   Aus hochfesten Stählen

Der Querschnitt der Stahlstützen wird im Zusammenhang mit dem statischen System und der strukturellen Ordnung im Tragwerk entwickelt. In einer gerichteten Struktur kann für den Kraftfluß im Querschnitt von normalkraft- und biegebeanspruchten vertikalen Traggliedern eine hierarchische Ordnung mit Haupt- und Nebentragrichtung maßgebend sein. In einer ungerichteten Struktur hingegen ist die zweiachsige Symmetrieachse maßgebend. Dementsprechend wird die Steifigkeit der Stützen in der jeweiligen Tragrichtung festgelegt. Im Rahmen dessen eignen sich als

knickstabile Druckglieder Querschnittsformen besonders gut, bei denen möglichst viel Masse, weit entfernt vom Massenschwerpunkt, gleichmäßig verteilt ist (Bild 2.20a). Zugglieder dagegen weisen eine Konzentration der Masse um ihren Mittelpunkt auf (Bild 2.20b), und tragen als Stützenelemente z.B. im Innengeschoßbereich zu einer größtmöglichen Flächenflexibilität bei (siehe auch Kapitel 5).

Die erforderliche Tragfähigkeit der Stützen bei sehr hohen Belastungen kann in statisch sinn-

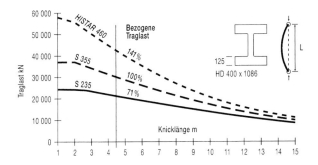

Bild 2.22 Traglasten von hochfesten Stahlstützen und Stahlstützen aus Walzprofilen [2.17]

voller Weise angepaßt werden, wenn diese aus Breitflachstählen mit einer Dicke von 30 bis 125 mm, oder aus den erwähnten hochfesten Stahlprofilen mit Doppel-T-förmigem Querschnitt zusammengesetzt werden. Dabei können Doppel-T- und kastenförmige Querschnittsformen entstehen (Bild 2.21). Realisierte Hochhausprojekte in den USA und im europäischen Raum haben gezeigt, daß hochfeste Stähle im Vergleich zu allgemeinen Walzprofilen bis zu 40% an Gewicht und bis zu 30% an effektiven Materialkosten einsparen können (Bild 2.22) [2.2].

Bei einer brandbedingten Temperaturzunahme verändern sich die mechanischen Eigenschaften des Stahls und unter Umständen sein metallisches Gefüge, so daß seine Tragfähigkeit sich verringert (Bild 2.23). Grundsätzlich werden die Anforderungen an die Feuerwiderstandsdauer erfüllt, wenn die Stahltemperatur nach einer bestimmten Zeitspanne niedriger ist als die kritische Temperatur (Versagenstemperatur). Letztere hängt von der Belastung im Brandfall, dem statischen System, der Temperaturverteilung im Querschnitt und den Stahlprofilabmessungen ab.

Eine Feuerwiderstandsdauer bis 60 Minuten kann für eine unbekleidete Stahlkonstruktion unter Umständen erst durch eine Überdimensionierung, kleinere Profilfaktoren (dem Brand ausgesetzter Profilumfang zur Querschnittsfläche) (Bild 2.24) und den hohen Grad an statischer Unbestimmtheit des Tragsystems erreicht werden. Dem gleichen Zweck dienen auch dämmschichtbildende Brandschutz-

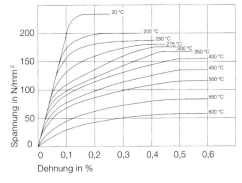

Bild 2.23 Spannungs-Dehnungslinien von Baustahl S 235 in Abhängigkeit von der Materialtemperatur [2.3]

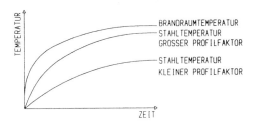

Bild 2.24 Qualitativer zeitlicher Verlauf der Stahlerwärmung unter Temperaturerhöhung in Abhängigkeit vom Profilfaktor

beschichtungen. Diese haben die Eigenschaft unter Hitzeeinwirkung (ab Temperaturen von ca. 200 bis 300 °C) zu schäumen und sich aufzublähen und somit eine Schutzschicht für das Stahlprofil zu bilden. Dieses Ergebnis ist für das Hochhaustragwerk nicht ausreichend, da dafür eine Feuerwiderstandsklasse von mindestens 90 min. erforderlich ist. Weniger problematisch in diesem Aspekt können unter Umständen außenliegende Stahlstützen mit entsprechendem Abstand zur Gebäudehülle sein, da sie zum Teil von der Wärmestrahlung abgeschirmt sind.

Die gewünschte Verzögerung der Erwärmung der Stahlbauteile im Hochhausbau kann durch folgende Maßnahmen erreicht werden (siehe Tabelle 2.2):

Tabelle 2.2 Brandschutzmaßnahmen bei Stahlkonstruktionen

	F 30	F 60	F 90	F>120
Spritzputz	+	+	+	+
Platten-bekleidungen	+	+	+	+
Dämmschicht-bildner	+	+		
Stahl-Beton-Verbundbauweise	+	+	+	+
Wasserfüllung	+	+	+	+

1. Ummantelung des Stahlprofils durch Spritzbeton, Spritzputze (z.B. aus einer Mischung von Vermiculite, Mineral- oder Schlackenwolle mit einem Bindemittel), oder plattenförmige Bekleidungen (Gips-, Vermiculite- und Mineralfaserplatten) mit entsprechend großer Materialdicke, bzw. geringer Wärmeleitfähigkeit (siehe auch Abschnitt 3.3).

2. Wasserfüllung und -zirkulation in Stahlhohlprofilen zum vertikal nach oben gerichteten Wärmeabtransport aus der Brandzone. Bei Stahlhohlprofilen mit Wasserfüllung steigt die Materialtemperatur nicht über 100 bis 200 °C, solange die Wasserfüllung wirksam ist. Dies setzt eine Wasserzirkulation und einen Wasservorrat als Ersatz für das verdampfte Wasser voraus (Bild 2.25). Eine Korrosion im Innenraum wird durch den konstruktiven

Ausschluß einer Luftzufuhr, oder durch entsprechende Zusätze vermieden. Bei außenliegenden Stützen wird durch die Zugabe von Frostschutzmitteln ein Einfrieren der Wasserfüllung und eine damit einhergehende Volumenvergrößerung verhindert. In Hochhäusern kann das System in einzelne höhenmäßig unabhängige und begrenzte Subversorgungssysteme aufgeteilt werden, damit der hydrostatische Druck auf die innere Stahlwand reduziert wird.

3. Ausbildung von Stahl-Beton-Verbundkonstruktionen durch eine entsprechende Verteilung der Betonmasse im Querschnitt (betongefüllte Stahlhohlprofile oder einbetonierte Stahlstützen), so daß im Brandfall eine Lastumlagerung auf die weniger stark erwärmten Betonquerschnittsteile erreicht wird (siehe Abschnitt 2.4).

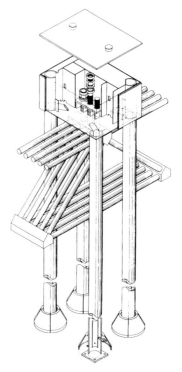

Bild 2.25 Durch Wasserfüllung brandgeschütztes Hochbautragwerk, NorCon Haus, Hannover. Arch. Schuwirth, K., Erman, E., Ing. Bergmann & Partner

2.4   Stahl-Beton-Verbundbau

Stahl-Beton-Verbundstützen bestehen aus drei Querschnittskomponenten – Stahlprofil, Beton und Stahlbewehrung – deren Zusammenwirken durch Verbundmittel sichergestellt wird. Der Baustoffverbund kann durch das Ausbetonieren von Stahlhohlprofilen oder durch das vollkommene oder teilweise Einbetonieren von Stahlprofilen erzeugt werden (Bild 2.26). Der Betonteil erhält zur Steigerung seiner gesamten Tragfähigkeit unter Gebrauchs- und Brandtemperaturverhältnissen, eine Stahlbewehrung aus Betonstahlstäben nach den Regeln des Stahlbetonbaus oder zusätzliche Stahlprofile. Stahl und Stahlbeton werden durch die Verbundmittel starr verbunden. Als Verbundmittel können unter anderem Kopfbolzendübel, Kopfplatten, Knaggen, Durchsteglaschen, oder Durchstegstäbe verwendet werden (siehe auch Abschnitt 3.3).

Die Beteiligung aller drei Komponenten – Stahl, Beton und Stahlbewehrung – zur Vertikallastabtragung wird von einer Erhöhung der gesamten Tragfähigkeit und Zähigkeit der Stützen, einer Verbesserung des Knickverhaltens der Stahlprofile und der Gewährleistung des Brandschutzes für die Tragkonstruktion begleitet. Aufgrund des hohen Stahlanteils am Querschnitt ist das Spannungs-Dehnungsverhalten von Stahl-Beton-Verbundstützen qualitativ demjenigen der reinen Stahlstützen ähnlich (Bild 2.27). Unter Gebrauchslasten verhalten sich die Verbundkomponenten und die Verbundmittel aufgrund des starren Verbunds überwiegend linear elastisch. Erst bei größeren Lastexzentrizitäten bilden sich kleine Zugspannungen im Beton, die dieser in der Regel ohne Rißbildung aufnehmen kann. Das vorzusehende Verhältnis der Betonfestigkeit zur Profilstahlfestigkeit richtet sich nach den Tragfähigkeitsanforderungen unter Gebrauchstemperaturen und dem vorgesehenen Brandschutzkonzept.

Das vertikale Verbundsystem kann sich den veränderlichen Vertikalkräften über die gesamte Gebäudehöhe flexibel anpassen. Dazu tragen die Möglichkeit einer Veränderung der Werkstofffestigkeiten und der äußeren Geometrie, eine Variation der Tragfähigkeitsanteile

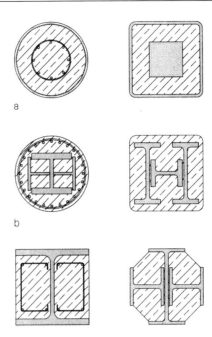

Bild 2.26 Vertikale Tragglieder in Stahl-Beton-Verbundbau
a)   Ausbetonierte Stahlhohlprofile
b)   Vollkommen einbetonierte Stahlstützen
c)   Teilweise einbetonierte Stahlstützen

der einzelnen Querschnittsteile, und nicht zuletzt eine belastungsorientierte Anpassung der Bewehrung innerhalb des Querschnitts bei. Die Ausführung von Stahl-Beton-Verbundstützen ist sowohl als Fertigteil, als auch in Ortbeton mit vormontierter Stahlkonstruktion möglich. Die Herstellungsverfahren und der Betonierzustand erzeugen keine Wechselwirkungen mit dem Tragverformungsverhalten des Verbundsystems, da die Streckgrenze im Stahlprofil bei zunehmender Belastung der Konstruktion erst bei größeren Normalkraftbeanspruchungen beim Betonieren und Erhärten erreicht werden könnte.

Betongefüllte Stahlhohlstützen führen aufgrund ihrer optimalen Materialverteilung am Querschnitt zu besonders schlanken Traggliedern. Die Verbundstützen weisen in Richtung der beiden Hauptbiegeachsen gleiche Eigenschaften auf und sind besonders für

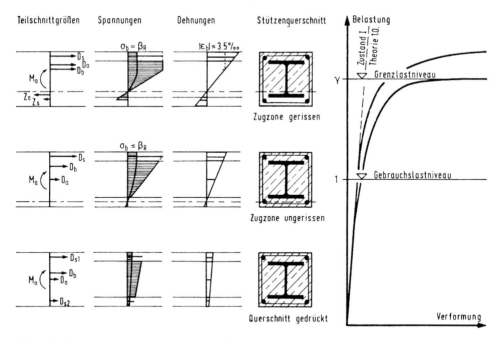

Bild 2.27 Qualitatives Tragverformungsverhalten eines vollkommen einbetonierten Doppel-T-Stahlprofils

zweiachsige Biegebeanspruchungen geeignet. Das Schwinden des Betons innerhalb des Hohlprofils wird weitgehend verhindert [2.18], und der Einfluß aus Kriechen und Schwinden auf die gesamte Traglast gewinnt erst bei sehr großen Schlankheiten der Stützen an Bedeutung.

Das Tragverhalten von betongefüllten Stahlhohlprofilen entspricht in großen Bereichen demjenigen von Stahlstützen. Untersuchungen von ausbetonierten Stahlhohlstützen mit hochfestem Beton in [2.19] haben Stauchungen von mehr als 1% bei fast elastisch-plastischem Last-Verformungsverhalten gezeigt (Bild 2.28). Ein Tragfähigkeitsabfall ergibt sich für diese Stützen infolge Abscheren des Betonkerns.

Im Brandfall wird die Tragfähigkeit von betongefüllten Hohlstützen von derjenigen des Betonkerns bestimmt, welche durch die zusätzliche Längsbewehrung gesteigert wird. Damit der Stahlbetonkern durch die thermisch bedingte Lastumlagerung nicht überlastet

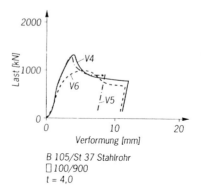

Bild 2.28 Spannungs-Dehnungslinien von zentrisch belasteten ausbetonierten Stahlhohlprofilen mit hochfestem Beton [2.19]

wird, und dadurch frühzeitig versagt, sollte der Tragfähigkeitsanteil des Stahlbetonkerns groß, und der des Hohlprofils relativ klein gehalten werden. Bei sehr hohen erforderlichen Bewehrungsgraden kann die zusätzliche Verwendung eines Stahlprofils, bzw. eines mas-

Bild 2.29 Verankerungselemente für teilweise einbetonierte Stahlstützen

siven Stahlkerns, vorteilhaft sein. Im Bereich der Stützenenden sind Öffnungen in der Stahlwand erforderlich, damit der infolge der Restfeuchtigkeit des innenliegenden Betons entstehende Dampfdruck im Brandfall entweichen kann.

Einbetonierte Stahlstützen besitzen einen hohen Beton- und Bewehrungsgrad. Der Betonteil wird nach den Regeln des Stahlbetonbaus bewehrt. Bei Innenstützen, ohne große Tragfähigkeitsanforderungen, wäre eine Ausführung auch ohne Längsbewehrung möglich; es sollte aber zumindest eine Netzbewehrung unter der Oberfläche angeordnet werden (siehe Abschnitt 2.2).

Die Auflagerkräfte der anzuschließenden Träger werden bei einbetonierten Stahlstützen aus statischen und ausführungstechnischen Gründen, meistens zunächst voll in das Stahlprofil geleitet, und nachträglich durch Verbundmittel in der Verbundstütze selbst auf die Verbundpartner verteilt. Aufgrund des Betonkriechens würden im anderen Fall die Verbundmittel zusätzlich zeitabhängig beansprucht. Nachteilig wirken sich bei diesem Verbundsystem nachträgliche Verstärkungsmaßnahmen aus, da diese sich nur schwer und mit hohem Aufwand durchführen lassen.

Eine allseitige Betonummantelung bei Stahl-Beton-Verbundstützen mit vollkommen einbetoniertem Stahlprofil verhindert die schnelle Erwärmung des Stahlprofils. Die temperaturbedingte Tragfähigkeitsminderung des Querschnitts beruht vorwiegend auf der Entfestigung der äußeren Betonschale und führt zu einer Lastumlagerung auf das geschützte Stahlprofil. Damit eine Überlastung des Stahlprofils und damit ein frühzeitiges Versagen der Stütze verhindert wird, ist es aus brandschutztechnischer Sicht vorteilhaft, den Tragfähigkeitsanteil des Stahls durch große und kom-

pakte Querschnittsflächen mit hohen Festigkeiten zu steigern, und den Tragfähigkeitsanteil des Betons durch knappe Querschnittsflächen und mittlere Betonfestigkeiten zu begrenzen. Aus betoniertechnischen Gründen ist die Betonummantelung selten dünner als 40 mm. Zur größtmöglichen Effizienz dieses Konstruktionssystems im Brandfall – auch wenn es aus Gründen der gesamten Tragwirkung der Stütze nicht erforderlich ist – wird der Beton verbügelt, damit verhindert wird, daß sich die Betondeckung vom Stahlprofil vorzeitig löst.

Eine weitere Stahl-Beton-Verbundalternative bilden die teilweise einbetonierten Stahlstützen. Die Querschnitte werden ebenfalls mit einem hohen Beton- und Bewehrungsanteil ausgeführt. Sofern nicht eine Verdübelung des Betons aus Brandschutzgründen erforderlich ist, kann der Beton auch durch S-Haken oder eine Bügelbewehrung verankert werden. Die Verankerungen werden durch im Stahlprofil vorzusehende Steglöcher geführt (Bild 2.29).

Im Brandfall erwärmen sich die ungeschützten Querschnittsteile des Stahlprofils relativ schnell und ihre Tragfähigkeit und Steifigkeit verringern sich. Die geschützten Querschnittsteile im Kernbereich der Verbundstütze verhalten sich dagegen ähnlich wie die einbetonierten Stahlprofile. Daher sind bei diesem System Stahlprofile mit dickem Steg und verhältnismäßig dünnen Flanschen besonders vorteilhaft. Auf diese Weise bleiben bei der Lastabtragung der Stahlstegbereich und der Kammerbeton weiterhin wirksam, so daß bei der verhältnismäßig geringen Biegebeanspruchung der axial beanspruchten Stützen eine ausreichend hohe Tragfähigkeit des Systems gewährleistet werden kann. Diese kann durch den Längsbewehrungsgrad des Querschnitts entsprechend angepaßt werden.

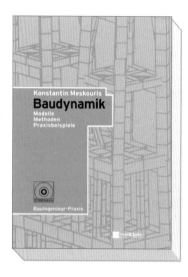

3 Deckentragwerke

3.1 Allgemeines

Das Deckentragwerk besteht aus der Deckenplatte und den Deckenträgern. Die Deckenplatte als flächig biegebeanspruchtes Tragelement wirkt zur Lastabtragung der direkt auf sie einwirkenden vertikalen Flächenbelastung, welche dann von den Deckenträgern in die punktförmigen Stützen abgeleitet wird (Bild 3.1). Die normal- und schubkraftbeanspruchbaren Deckentragwerke leiten die Horizontallasten als horizontale Scheiben zu den lotrechten Aussteifungstraggliedern und tragen damit zur Bauwerksstabilisierung bei. Im Rahmen der Bauwerksnutzung dienen die Deckentragwerke zur Befestigung der Installationen und stellen einen ausreichenden Brand- und Schallschutz zwischen den anschließenden Geschossen sicher.

Geschoßdecken können in Ortbeton-, in Fertigteilbauweise oder in einer Kombination beider hergestellt werden. Die Ortbetonbauweise bedarf zwar der örtlichen Schalung und bringt Baufeuchte in den Bau, nutzt aber weitestgehend die Vorteile der in jedem Einzelfall beliebigen Bewehrungsanordnung und des beliebig formbaren Frischbetons. Die Fertigteilbauweise ermöglicht durch die Vorfertigung von Bauteilen parallele Vorgänge auf der Baustelle, eine schnelle Montage im Fertigteilwerk und eine dadurch beträchtliche Verkürzung der Bauzeit. Geometrische Wünsche können allerdings nur bei einem ausreichendem Planungs- und Fertigungsvorlauf erfüllt werden. Zur Verbundsicherung sind in der Regel besondere Maßnahmen der Formgebung, der Bewehrung und des Vergusses erforderlich. Die Vorzüge beider Herstellungsverfahren kommen in Fertigplatten mit statisch mitwirkender Ortbetonschicht zum Tragen. Werkmäßig einbetonierte Gitterträger ergeben die notwendige Tragfähigkeit im Betonierzustand, sichern den Verbund zwischen den Fertigteilen und dem Ortbeton und dienen als Abstandhalter für die obenliegende Bewehrung. Eine weitere Ausführungsmöglichkeit des Deckentragwerks bildet der Stahl-Beton-Verbundbau, wobei Ortbeton, mit oder ohne Stahlblechprofile, mit Stahlträgerprofilen kombiniert wird. Die Stahlblechprofile können als allein tragende Deckenelemente einer sogenannten Stahlblechdecke oder als verlorene Schalung einer Stahlbetondecke angesetzt werden.

Die Auswahl des Deckentragwerktypus erfolgt aufgrund statischer Kriterien, der Geometrie von Querschnitt und Grundriß und der damit verbundenen Herstellungstechnik. In erster Linie wird die Anforderung einer Gewichts- und Materialersparnis an die Deckenkonstruktion gestellt. In Stahlbetonbauweise kann zu diesem Zweck die Unterseite von Geschoßdecken gerippt oder kassettenförmig ausge-

Bild 3.1 Vertikallastabtragungskomponente des Deckentragwerks

bildet werden. Die Stahl-Beton-Verbundbauweise bietet in dieser Hinsicht die günstigste Lösung für das Deckentragwerk.

Prinzipiell kann das Deckentragwerk als
Trägersystem (Bild 3.2a-c) oder trägerloses
System (Bild 3.2d) entwickelt werden. Beide
Systeme können weiterhin ein- oder zweiach-
sig gespannt sein.

Einachsig gespannte Deckenplatten erfordern
aus statischer Sicht nur eine Deckenträger-
lage quer zur Spannrichtung der Geschoßdecken. Der verhältnismäßig enge Trägerab-
stand liegt zwischen 2,40 und 4,80 m. Kleinere Spannweiten lassen den Stahlbedarf für
die Deckenträger stark ansteigen, wobei größere Spannweiten überproportional zunehmende Deckenstärken, Eigengewichte und
Kosten bewirken. Wenn nicht Vollplatten durch
rippenförmig aufgelöste Platten ersetzt werden, übersteigt die Spannweite einachsig ge-
spannter Geschoßdecken 6 m nur selten. Die
Deckenträger können über 12 bis 14 m, selten über 16 m gespannt sein. Diese vergleichsweise große Spannweite der Deckenträger läßt sich insbesondere in Verbundbauweise verwirklichen. Eine Alternative bildet der Einsatz von Innenstützen und Unterzügen, zusätzlich zu den Deckenträgern. Die
Stützen stehen dann häufig in einem zwei- bis
vierfachen Deckenträgerabstand. Bei einachsig gespannten Deckenplatten haben die einzelnen Deckenfelder aus der statischen Gesetzmäßigkeit des Deckentragwerks eine
längliche Rechteckform. Die kürzere Seite
entspricht der Deckenspannweite, die längere der Deckenträgerspannweite; sie ist mindestens doppelt, meist drei- bis viermal so
lang wie die kürzere Seite.

In einer Stahl-Beton-Verbundbauweise können größere Spannweiten der Deckenträger
durch ihren differenzierten Einsatz als Haupt-
und Nebenträger überbrückt werden. Zur Minimierung der Konstruktionshöhe des Systems wird diesen die lange bzw. die kurze
Spannweite zugewiesen. Die Deckenträger
können hierbei in einer Ebene oder in zwei
Ebenen angeordnet werden (Bild 3.3a,b). Die
Nebenträger können bei einer einlagigen Anordnung der Träger gelenkig oder biegesteif

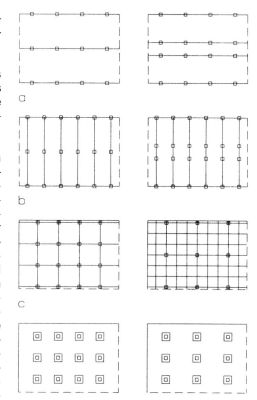

a

b

c

d

Bild 3.2 Anordnung von Deckenträgern zur
Bildung von Deckentragwerken
a) Längsträgersystem, einachsig gespannt
b) Querträgersystem, einachsig gespannt
c) Längs- und Querträgersystem, zweiachsig
    gespannt
d) Trägerloses System, zweiachsig gespannt

angeschlossen werden. Sind die Träger
zweilagig angeordnet, so werden sie gelenkig angeschlossen. Je nach der Art der Verbindung (gelenkig, biegesteif) und Anordnung
der Träger (ein-, mehrlagig) bilden die Deckentragwerke unterschiedliche statische Systeme, und das Tragverhalten ändert sich. Werden die Nebenträger biegesteif mit den Hauptträgern verbunden, so erfahren sie aufgrund
der Einspannung eine geringere Durchbiegung. Jedoch werden die Hauptträger auch
durch ein Torsionsmoment an der Anschluß-
stelle belastet. Dies hat zur Folge, daß die
Träger je nach Querschnittsprofil auch gegen
Biegedrillknicken anfällig sind.

Eine weitere Vergrößerung der Stützenabstände im Stahl-Beton-Verbundbau erfordert die Ausbildung von Randhauptträgern als Fachwerke (Bild 3.3c). Bei diesen Systemen werden die Geschoßlasten von den Nebenträgern in die Hauptträger und schließlich in die Fachwerkträger weitergeleitet, so daß die Deckenplatten weiterhin beschränkte Spannweiten haben. Dieses Tragsystem benötigt zusätzliche horizontal angelegte Aussteifungsverbände zur Gewährleistung seiner Scheibenwirkung während der Horizontalbelastung.

Zweiachsig gespannte Deckenplatten erfordern zwei sich kreuzende Deckenträgerlagen. Im Kreuzungspunkt der Deckenträger werden Stützen angeordnet, wenn nicht einzelne Deckenträger und Stützen ganz durch tragende Wandscheiben ersetzt werden. Die Deckenspannweiten liegen zwischen 5 und 6 m; sie überschreiten nur selten 7,5 m, wenn nicht statt Volldeckenplatten kassettenförmig aufgelöste Platten verwendet werden. In diesem Tragsystem haben die einzelnen Deckenfelder eine quadratische Form. Das Verhältnis der kürzeren zur längeren Seitenlänge liegt zwischen 0,8 und 1. Die zweiachsige Lastabtragung des ungerichteten Deckentragwerks ermöglicht die geringste statische Nutzhöhe unter den Trägersystemen.

Bei quadratischen Feldern entsteht durch eine biegesteife Verbindung der Stahlträger ein Trägerrost (Bild 3.4). Die Nebenträger erfahren eine größere Durchbiegung, wenn sie gelenkig mit dem Hauptträger verbunden

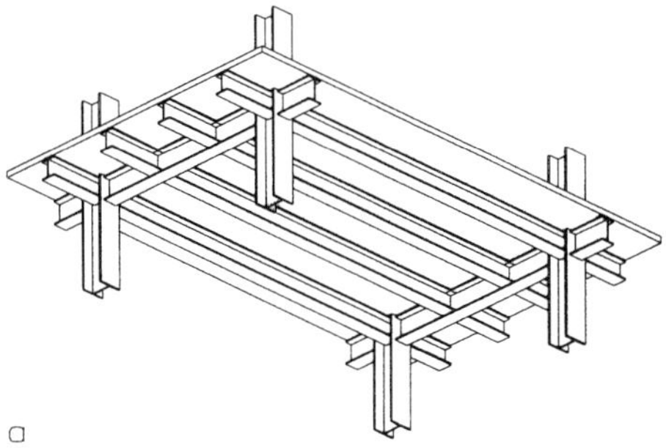

a

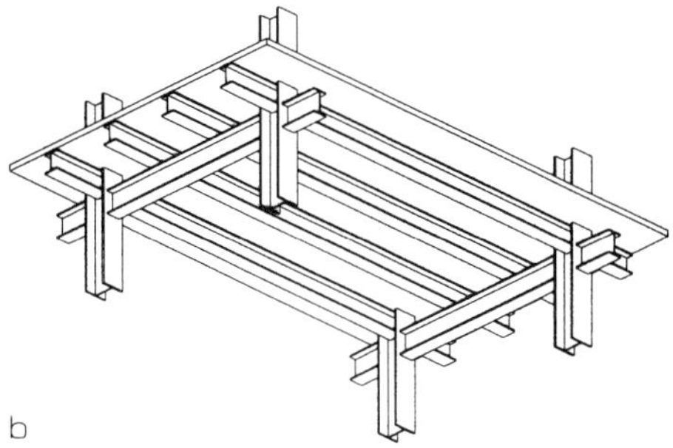

b

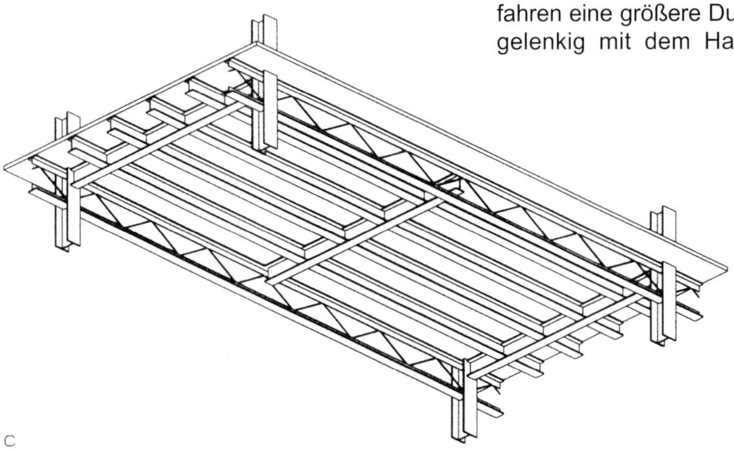

c

Bild 3.3 Anordnung von Deckenstahlträgern in Stahl-Beton-Verbunddeckensystemen
a) Haupt- und Nebenträger in einer Ebene
b) Haupt- und Nebenträger in zwei Ebenen
c) Haupt- und Nebenträger in einer Ebene und zusätzlicher Einsatz von primären Randfachwerkträgern

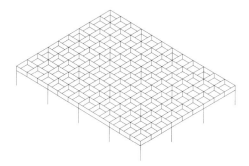

Bild 3.4   Prinzipdarstellung eines Trägerrostes

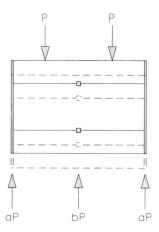

Bild 3.5   Deckenscheibe mit unendlich großer Steifigkeit, resultierende gleichmäßige horizontale Verformungen der Tragglieder

sind. Dies beeinflußt die Lastabtragung in der Deckenplatte. Sie trägt ihre Lasten aufgrund der unterschiedlichen Steifigkeiten der Auflager verstärkt zu den steiferen Hauptträgern ab.

Infolge der Horizontalbelastung der Hochhaustragwerke sind bei einfachen symmetrischen Grundrissen die entsprechenden Verformungen der Deckenscheiben vernachlässigbar. Die Steifigkeit der Deckenscheiben in ihrer Ebene wird im allgemeinen als unendlich groß angenommen, so daß die Verteilung der Horizontalkräfte in den Aussteifungstragwerken nach ihren Steifigkeitsverhältnissen erfolgt (Bild 3.5). Diese Annahme ist für kompakte Bauwerke mit normalen Verhältnissen von Länge und Breite meist zutreffend. In diesem Zusammenhang soll auch den aus nutzungsbedingten Gründen angeordneten Deckenaussparungen Bedeutung geschenkt werden (Bild 3.6). Die Aussparungen dürfen die Übertragung der Schubkräfte und der Biegemomente nicht gefährden. Um die Nachgiebigkeitsgefährdung der Deckenscheibe ausschließen zu können, sollte die maximale Verformung in ihrer Ebene kleiner als die doppelte durchschnittliche Stockwerkverschiebung der benachbarten Stockwerke sein [3.5].

Besteht die Gefahr starker Horizontalbelastung, sind zur Gewährleistung der Scheibenwirkung bei Fertigteil- und Verbunddecken genügend steife und starke Verbindungen in der Plattenebene vorzusehen. Dies wird in der Regel mit einer relativ dünnen, auf die vorge-

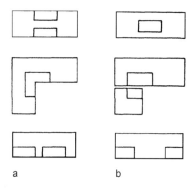

Bild 3.6
a) Ungünstige Gebäudeformen im Grundriß
b) Verstärkung und Auflösung der Deckenscheiben zur günstigeren Horizontallastabtragung

fertigten Teile gegossenen und bewehrten Ortbetonschicht von etwa 60 mm Stärke erreicht. Dieser Überbeton muß außerdem einen guten Verbund mit der übrigen Tragstruktur aufweisen, um die Schubbeanspruchungen aus der Horizontallasteinwirkung aufzunehmen. Ist der Verbund zu schwach, kann die dünne Betonplatte unter schiefem Druck infolge Scheibenwirkung ausbeulen. Normalerweise genügt für diesen Fall eine leichte Netzbewehrung im Überbeton, um den Tragwiderstand für die Scheibenbeanspruchung sicherzustellen.

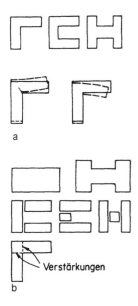

a

Verstärkungen

b

Bild 3.7
a) Ungünstige Gebäudeformen im Grundriß
b) Verstärkung und Auflösung der Deckenscheiben zur günstigeren Horizontallastabtragung

Bei aufgelösten Grundrissen kann jedoch die Steifigkeit der Deckenscheiben ungenügend sein (Bild 3.7a). In diesem Fall werden während der Horizontalbelastung inelastische Verformungen des Deckentragwerks entwikkelt. Falls sich derartige Formen nicht vermeiden lassen, sollen die Deckenscheiben ent-

sprechend bewehrt oder verstärkt werden (Bild 3.7b). Dazu müssen im Entwurfsstadium die größten auf die Scheiben wirkenden Kräfte aus den Überfestigkeiten der beanspruchungsbegrenzenden Tragelemente bestimmt werden. Diese Schwierigkeiten können natürlich weitgehend vermieden werden, wenn das Bauwerk in kompakte, vorzugsweise symmetrische Teilbauwerke aufgelöst wird. Die Fugen müssen breit genug sein, um einen Zusammenstoß der Teilbauwerke mit verschiedenem dynamischem Verhalten zu vermeiden. Zur Abschätzung der Fugenbreite wird allgemein die Summe der größten zu erwartenden inelastischen Verschiebungen verwendet.

Neben den statischen Anforderungen, die an die Deckentragwerke gestellt werden, können diese zuletzt mit erheblichen Zwängungen durch die unterschiedlichen Verformungen der vertikalen Hochhaustragglieder belastet werden [3.4]. Die Aussteifungskerne und die Wandscheiben werden meist durch ständig wirkende Normalkräfte geringer beansprucht als die Stützen. Die Unterschiede aus diesen elastischen Verformungen werden durch zeitabhängige Kriech- und Schwindverformungen vergrößert (Bild 3.8). Zusätzlich dazu unterliegen außenliegende Tragglieder Verformungen infolge Temperaturänderungen. Zur Gewährleistung einer zeitlich bestimmten waagerechten Deckenlage wird eine Überhöhung der Deckenscheiben erforderlich.

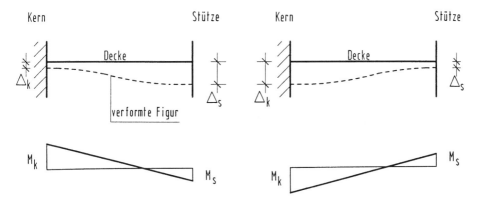

Bild 3.8   Zwangsmomente im Deckentragwerk infolge der unterschiedlichen Stauchungen der Stütze Δ_S und des Kerns Δ_K [3.2]

3.2 Geschoßdecken in Stahlbetonbauweise

Das einfachste Deckensystem bilden Stahl-beton-Vollplatten, die vorzugsweise bei regel-mäßigen Stützenrastern über große Bereiche gebaut werden (Bild 3.9). Sie können bei Spannweiten zwischen 4,5 und 7,5 m, eine Stärke von 20 bis 30 cm haben. Bei diesem System werden keine Träger benötigt, und für die Deckenstärke ist die Durchstanzspannung am Stützenkopf maßgebend. Der Durchstanz-widerstand der Konstruktion kann durch die Ausbildung eines Stützenkopfes und eine Verstärkung der Platte in diesem Bereich er-höht werden. Dadurch werden die negativen Biegemoment- bzw. Schubspannungen redu-ziert, mit der Folge, daß eventuell größere Stützenabstände ermöglicht werden. Nachtei-lig wirken sich Plattendurchbiegungen, gege-benenfalls größere Fundamentabmessungen und bei starker Horizontalbelastung die un-günstig wirkenden Massen aus. Das hohe Plattengewicht läßt sich durch Verwendung von Leichtbeton jedoch vermindern.

Eine differenzierte Gliederung nach den last-abtragenden Traggliedern des Deckensy-stems ermöglicht die Stahlbeton-Vollplatte mit Unterzügen. Diese werden auf Wandscheiben oder Hauptträgern gelagert. In Abhängigkeit vom Verhältnis der vorhandenen Spannwei-ten in den zwei Hauptrichtungen sind die Plat-ten einachsig oder zweiachsig gespannt (Bild 3.10). Einachsig gespannte Ortbetonplatten

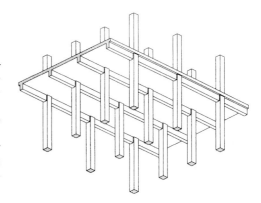
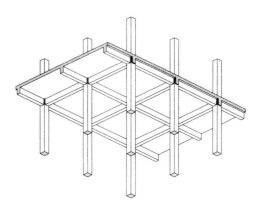

Bild 3.10 Einachsig und zweiachsig gespannte Stahlbetonplatte mit Unterzügen

mit Unterzügen sind aufgrund ihrer Durchlauf-wirkung bis zu einer Spannweite von 6 m, bei einer Plattenstärke von 12 bis 18 cm, beson-ders wirtschaftlich. Nachteilig sind die erfor-derlichen Konstruktionshöhen der Unterzüge (1/12 bis 1/20 der Spannweite), die eine er-höhte Durchbiegung bei größeren Spannwei-ten bewirken. Wenn die Masse der Trag-konstruktion eine untergeordnete Rolle spielt, können die Unterzüge durch Wandscheiben ersetzt werden. Diese haben eine Stärke von 14 bis 20 cm und spannen über 4,5 bis 7,5 m.

Zur weiteren Auflösung der Stahlbeton-Dek-kenkonstruktion können Stahlbeton-Rippen-decken konzipiert werden (Bild 3.11). Diese ermöglichen durch den Abzug eines Teils der Betonzugzone, bei unveränderter statischer

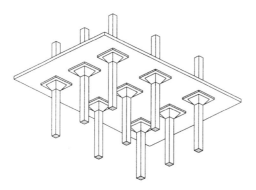

Bild 3.9 Deckentragwerk als Stahlbeton-Vollplatte

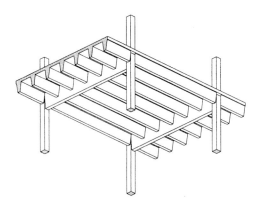

Bild 3.11 Einachsig gespannte Stahlbeton-rippendecke

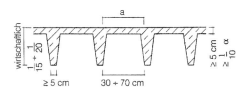

Bild 3.12 Querschnitt einer Rippendecke nach DIN 1045

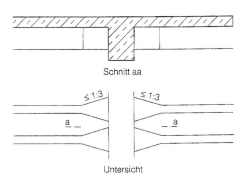

Schnitt aa

Untersicht

Bild 3.13 Anschluß einer Rippendecke am Unterzug

Höhe gegenüber Vollplatten, eine Abminderung des Platteneigengewichts und eine Steigerung der Tragfähigkeit des Systems für die Verkehrslast. Demzufolge eignet sich dieses Tragsystem besonders zur Abtragung positiver Biegemomente.

Stahlbeton-Rippendecken werden bei größeren Spannweiten und niedrigen Konstruktionshöhen verwendet. Sie besitzen eine querspannende dünne Platte, die statisch nicht nachgewiesen wird, sofern der lichte Rippenabstand 0,7 m nicht überschreitet (Bild 3.12). Die Deckenstärken betragen 16 bis 40 cm und die Spannweiten des Systems 7 bis 10 m. Die Auflagerung der Rippendecke bilden Unterzüge oder auch Wandscheiben. Bei kleineren Spannweiten können die Unterzüge auch innerhalb der Deckenplatte eingebracht werden. Bei Durchlaufdecken ist im Bereich der negativen Momente eine Verstärkung der Rippen mittels horizontaler Vouten erforderlich (Bild 3.13).

Bei quadratischen Deckenfeldern kann das Deckentragwerk als Stahlbeton-Plattenbalkendecke (Bild 3.14a) oder Kassettenplatte

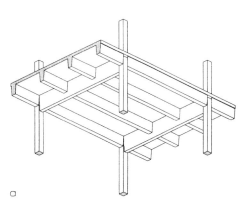

a

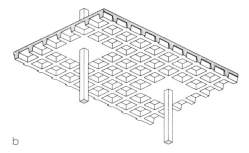

b

Bild 3.14
a) Einachsig gespannte Stahlbeton-Plattenbalkendecke
b) Zweiachsig gespannte Stahlbeton-Kassettenplatte

(Bild 3.14b) ausgebildet werden. Dabei sind die Unterzüge, bzw. Rippen orthogonal zueinander angeordnet und wirken mit der Platte zusammen. Im Stützenbereich geht das System einer Kassettendecke in eine Vollplatte über, damit die Biegemoment- und Schubspannungen effektiver aufgenommen werden. Bei Plattenbalkendecken sind Spannweiten bis zu 14 m und bei Kassettenplatten bis zu 9 m möglich. Die Spannweite der quer verlaufenden Vollplatte ist hingegen frei wählbar. Die Plattenstärke liegt bei 30 bis 80 cm. Die Problematik der Lastkonzentration infolge einer gerichteten Lastabtragung kann durch Wechsel der Spannrichtung von Geschoß zu Geschoß gelöst werden.

Eine Steigerung der Tragfähigkeit des Deckentragwerks kommt durch eine Vorspannung der Stahlbeton-Vollplatte zustande, d.h. durch die Einleitung eines Eigenspannungszustands in die Platte, der komplementär zum Spannungszustand aus äußerer Last ist. Durch den Einsatz von vorgespannten Stahleinlagen in der Betonplatte (Bild 3.15a) werden Risse im Beton verhindert, eine kleinere Plattenstärke ermöglicht und bei Flachdecken im Durchstanzbereich günstigere Zustände hervorgerufen. Je nach dem Anteil der Schnittgrößen, der von der vorgespannten Bewehrung abgetragen wird, unterscheidet man folgende Vorspanngrade:

1. Volle Vorspannung: Unter Hauptlasten sind keine Betonzugspannungen zulässig.

2. Beschränkte Vorspannung: Unter Hauptlasten sind Betonzugspannungen von etwa einem Zehntel der Würfelfestigkeit β_{WN} zulässig, welche mit schlaffer Bewehrung abgetragen werden sollen.

3. Teilweise Vorspannung: Der Vorspanngrad wird in weiten Grenzen variiert, wobei die nicht mit Vorspannung abgetragenen Schnittgrößen mit schlaffer Bewehrung abgetragen werden.

Nach der Art des Verbunds kann man zwischen Spannstahl und Bauteil unterscheiden (Tabelle 3.1) [3.5]:

1. Sofortiger Verbund: Das Bauteil wird um den bereits gespannten Spannstahl herumbetoniert. Diese Bauweise ist auf Fertigteilwerke beschränkt. Der Spanngliedverlauf ist stets eine Gerade oder ein Polygonzug. Das Aufbringen der Vorspannkraft auf das Bauteil erfolgt durch Lösen der Verankerung des Spannstahls, nachdem das Bauteil erhärtet ist. Die Vorspannkraft wird über Verbund auf das Bauteil übertragen.

2. Nachträglicher Verbund: Das Bauteil wird betoniert, dabei werden Kanäle für den Spannstahl einbetoniert, in denen dieser zunächst spannungslos liegt, bzw. in die er zu einem späteren Zeitpunkt eingeführt werden kann. Das Einspannen erfolgt nach dem Erhärten des Betons mit Hilfe einer hydraulischen Presse. Für den Endzustand werden die Hüllrohre mit Mörtel

Tabelle 3.1　Vergleichsübersicht einer Deckenvorspannung mit und ohne Verbund [3.5]

Vorspannung mit Verbund	Vorspannung ohne Verbund
Vorteile	Nachteile
Volle Ausnutzung des Spannstahls im Bruchzustand	Keine volle Ausnutzung des Spannstahls im Bruchzustand
Begrenzte Auswirkungen bei lokalem Versagen eines Spannglieds	Ausfall über längerem Bereich bei lokalem Versagen eines Spannglieds
Korrosionsschutz durch Injektion sichergestellt	
Nachteile	Vorteile
Verlust an statischer Höhe aus großem Kabeldurchmesser	Maximale Spanngliedexzentrizität möglich
Große Spannkraftverluste durch Reibung	Geringe Spannkraftverluste durch Reibung
Nachträgliche Mörtelinjektion der Hüllrohre	Kein Injektionsvorgang erforderlich
Herstellung des Korrosionsschutzes unter Baustellenbedingungen	Korrosionsschutz werkmäßig hergestellt

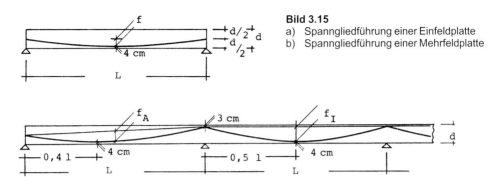

Bild 3.15
a) Spanngliedführung einer Einfeldplatte
b) Spanngliedführung einer Mehrfeldplatte

ausgepreßt, so daß eine Verbundwirkung zwischen Spannstahl und Bauteil erreicht wird.

3. Ohne Verbund: Der Spannstahl wird als Fertigspannglied eingebaut und nach dem Erhärten des Bauteils angespannt. Der Korrosionsschutz für den Spannstahl besteht aus einer werkmäßig aufgebrachten, mit Fett gefüllten Kunststoffummantelung mit einer Wandstärke von 1 bis 2 mm.

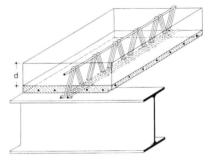

Bild 3.16 Stahlbetonfertigteilplatte mit Aufbeton

Bei Mehrfeld-Vollplatten mit Vorspannung werden die Spannglieder parallel zu den Stützenachsen geführt. Eine Konzentration der Spannglieder in den Stützenstreifen bringt Vorteile hinsichtlich des Biegeverhaltens und des Durchstanzens. In der Regel werden bei diesem Deckensystem Spannweiten bis zu rund 9 m mit Schlankheiten $\perp/d = 45$ ausgeführt. Bei diesem äußerlich statisch unbestimmt gelagerten Tragsystem treten neben Schnittgrößen aus äußerer Last und Vorspannung, auch Zwangsschnittgrößen aus der Vorspannung auf. Die Vorspannkraft wird so ausgelegt, daß ein zwangabminderndes Aufreißen unter ständigen Lasten ausgeschlossen ist. Zuletzt muß beachtet werden, daß die Krümmung der einer quadratischen Parabel folgenden Spanngliedführung größer ist (Bild 3.15b). Es ergeben sich daher größere Umlenkkräfte.

Als Träger für die vorgespannte Bewehrung und gleichzeitig als verlorene Schalung kann eine zentrisch vorgespannte Fertigteilplatte aus Beton verwendet werden. Hohlkörper

können bereits im Fertigteilwerk montiert oder erst auf der Baustelle eingebaut werden. So entsteht eine Hohlplatte mit vorgespanntem Fertigteiluntergurt und Ortbetonobergurt (Bild 3.16); die Schubübertragung erfolgt über die Stege. Zweckmäßigerweise wird die beim Ausbau der Unterstützungen entstehende Durchbiegung als Überhöhung vorweg genommen, so daß sich die Decke unter Eigenlast in planmäßiger Lage befindet. Ohnehin entstehen noch weitere Verformungen aus Kriechen und Schwinden.

3.3 Geschoßdecken in Stahl-Beton-Verbundbauweise

Bei der Realisierung von Geschoßdecken in Stahl-Beton-Verbundbauweise können alle bisher beschriebenen Deckensysteme des Massivbaus verwendet werden. Voraussetzung dafür ist eine schubfeste Verbindung der

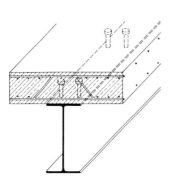

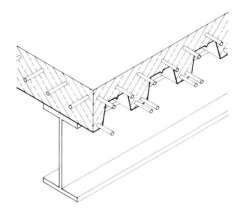

Bild 3.17 Verbundträger mit Ortbetonplatte

Bild 3.19 Geschoßdecke in Stahl-Beton-Verbundbauweise mit tragender Stahlbetonplatte und Stahltrapezblech als verlorene Schalung

Stahlprofile mit der Stahlbetonplatte (Bild 3.17). Das Tragverhalten von Verbundträgern wird durch die Ausbildung der Verdübelung zwischen dem Stahlträger und dem Betongurt entscheidend beeinflußt. Im Hochbau werden überwiegend Kopfbolzendübel mit Durchmessern von 19 bis 22 mm verwendet, die im Bolzenschweißverfahren mit Hubzündung halbautomatisch aufgeschweißt werden. Diese bestehen aus kaltverformten Rundstählen mit aufgestauchten Köpfen (Bild 3.18a). Eine Alternative bilden Dübelleisten, Schenkel- oder Winkelstahldübel (Bild 3.18b-d).

Anstelle einer herkömmlichen Schalung und zur Einsparung oder Vereinfachung des Lehrgerüstes können profilierte Bleche mit einer Mindeststärke von 0,75 mm auf den Stahlträgern verlegt werden (Bild 3.19). Im Betonierzustand dienen sie als Schalung und zur Stabilisierung der Deckenträger. Bei einer derartigen Verwendung von Stahlblechprofilen als verlorene Schalung wird deren Eigentragfähigkeit nur unter Betonierlasten genutzt, unter Gebrauchslasten aber vernachlässigt. Als tragend gilt nur der Aufbeton, der nach den Regeln des Stahlbetonbaus zu bewehren ist.

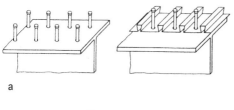

a

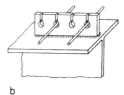

b

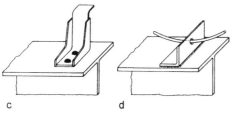

c   d

Bild 3.18 Typische Verbundmittel bei Stahlträgern
a) Kopfbolzendübel
b) Dübelleiste
c) Schenkeldübel
d) Winkelstahldübel

Bei entsprechender Ausbildung kann dabei neben der durch die Blechprofilierung vorgegebenen Spannrichtung auch eine zweiachsige Lastabtragung vorgesehen werden. Das Tragverhalten dieses Systems liegt zwischen dem von Voll- und Rippenplatten.

Bei einer Verwendung von Stahlblechprofilen mit Stärken von 0,88 bis 2 mm, als selbsttragende Stahldecke, hat der rippenfüllende und aufliegende Beton neben den bauphysikalischen Aufgaben nur brandschutztechnische und lastverteilende Funktionen (Bild 3.20). Bei mäßigen Einzellasten kann er so-

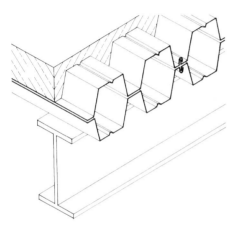

Bild 3.20 Geschoßdecke in Stahl-Beton-Verbundbauweise mit tragendem Stahltrapezblech

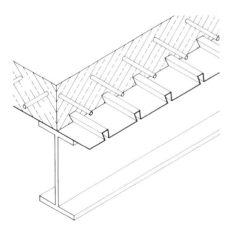

Bild 3.21 Geschoßdecke als Stahltrapezblech-Verbunddecke

gar unbewehrt bleiben, wenn nicht aus Gründen der Tragfähigkeit im Brandfall eine Brandschutzbewehrung einzulegen ist. Praktisch addieren sich jedoch die Tragfähigkeiten der beiden Deckenkomponenten, zumindest im Gebrauchstemperaturbereich. Ein unplanmäßiger Verbund, der auch ohne besondere Verbundsicherungsmaßnahmen immer vorhanden ist, sorgt für eine weitere wesentliche Steigerung der Tragfähigkeit. Bei richtiger Wahl der Bewehrung und des Gebrauchslastniveaus lassen sich mit diesem Deckenkonzept Feuerwiderstandszeiten über 90 min erreichen.

Durch die zusätzliche Profilierung der schrägen Blechbereiche, das Befestigen zusätzlicher Verbundmittel und das Verankern der Blechenden kann eine Verbundwirkung zwischen den Stahlblechprofilen mit Stärken ab 1,25 mm und dem Beton erzielt werden (Bild 3.21). Die Schubkräfte zwischen dem auf dem Profilblech betonierten Obergurt und dem Stahlträger werden durch Kopfbolzendübel übertragen. Diese werden durch das verzinkte Blech hindurch auf den Stahlträger geschweißt oder aber auch bereits im Werk auf den Stahlträger aufgeschweißt. Die Bleche werden dann gelocht, bzw. vorgelocht und am Stahlträgergurt befestigt. Diese dienen dann nicht nur als Schalung beim Einbringen des Betons, sondern nach dem Erhärten des Betons zumindest im Gebrauchstemperaturbereich auch als Feldlängsbewehrung einer Verbunddecke. Bei Verbunddeckenprofilen mit kleinen Profilhöhen wird die Querbewehrung in Form von leichten Bewehrungsmatten direkt auf die Profilobergurte aufgelegt. Bei geeigneter Formgebung der Verbunddeckenprofile, d.h. insbesondere bei hinterschnittenen Profilgeometrien, sind zusätzliche Brandschutzbewehrungen oder andere Brandschutzmaßnahmen nicht erforderlich.

Das Tragverhalten des Verbunddeckentragwerks wird in erster Linie durch die Verdübelung bestimmt. Werden die Stahlbetonplatte und der Stahlträger nicht verdübelt, so wird die Tragfähigkeit des Systems durch die Momententragfähigkeit des Stahlträgers bestimmt (Bild 3.22a). In diesem Fall sind die

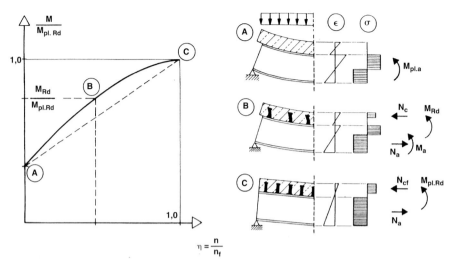

$$\eta = \frac{n}{n_f}$$

Bild 3.22 Tragverhalten von Verbundträgern [3.4]
a) Kein Verbund
b) Teilverbund
c) Vollverbund

Durchbiegungen des Systems vergleichsweise groß.

Bei einer teilweisen Verdübelung entstehen noch Relativverschiebungen zwischen den Verbundpartnern und eine Spannungsverteilung mit zwei Spannungsnullinien. Die Tragfähigkeit wird dann durch die Längsschubtragfähigkeit der so entstehenden Verbundfuge bestimmt (Bild 3.22b). In diesem Fall entstehen an den Trägerenden Verschiebungen zwischen dem Stahlträger und dem Betongurt. Da die Verformungsfähigkeit der Dübel begrenzt ist, ist eine teilweise Verdübelung nur bis zu bestimmten Grenzstützweiten und Mindestverdübelungsgraden zulässig.

Bei einer vollen Verdübelung dagegen werden die Werkstoffe entsprechend ihren Werkstoffeigenschaften belastet; Beton auf Druck, Stahl auf Zug. Die Nullinie wandert in den Betongurt (Bild 3.22c). Als statische Nutzhöhe steht nun der Abstand vom Druckschwerpunkt der Stahlbetonplatte bis zum unteren Flansch des Trägers zur Verfügung. Die Durchbiegung des Systems ist deutlich geringer. Dieser sogenannte starre Verbund, bei dem nahezu

keine Relativverschiebungen auftreten, ist nur zu erzielen, wenn die Verdübelung der Querkraftlinie und somit dem Schubkraftverlauf angepaßt wird. Durch die Verbundwirkung zwischen Deckenplatte und Stahlträger spart man beim Stahlträger bis zu 50% an Gewicht ein, verringert die Durchbiegung und erhält damit eine steifere Deckenkonstruktion. Ein Teil der durch das Mindergewicht des Stahlträgers erzielten Ersparnis muß jedoch für die Verbundmittel aufgewendet werden.

Stahlbetonfertigteilplatten haben aus konstruktiven Gründen ihre Fugen parallel und oberhalb der Verbundträger. Zum Verbund mittels aufgeschweißten Kopfbolzendübeln werden Aussparungen in die Platten vorgesehen, in welche die Dübel hineinragen. Die für den Trägerverbund erforderliche Schubbewehrung wird in Form von Schlaufen an-

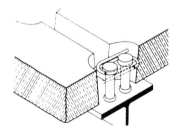

Bild 3.23 Verbindung von Fertigteilplatten mit dem Stahlträger zur Verbundwirkung

geordnet, die um die Dübel der Träger greifen (Bild 3.23). Die Obergurte der Stahlträger sollen eine ausreichende Breite haben, damit die untere Bewehrung der Decke hinter der rechnerischen Auflagerlinie ausreichend verankert werden kann.

Bei einem Verbundtragwerk übernimmt die Stahlbetonplatte im positiven Bereich die Funktion des gedrückten Obergurtes, der untere Teil des Stahlträgers den des gezogenen Untergurtes. In Bereichen negativer Stützmomente kann die Stahlbetonplatte nur als mitwirkend angesetzt werden, wenn die im Beton entstehenden Zugkräfte durch Vorspannmaßnahmen vorher überdrückt wurden. Diese Maßnahme wird nur bei großen Stützenabständen angewendet. Anderenfalls ist die Momententragfähigkeit des Systems in diesen Bereichen beinahe halb so groß wie die Tragfähigkeit in den Feldbereichen. Grundsätzlich erfordert eine optimale und wirtschaftliche Bemessung unter Ausnutzung der plastischen Systemreserven von durchlaufenden Verbundträgern kompakte Querschnitte, bei denen kein örtliches Versagen durch Ausbeulen dünnwandiger Querschnittsteile eintritt. Bei kammerbetonierten Querschnitten bestehen in der Regel keine Einschränkungen.

Im Brandfall erreichen ungeschützte Stahlprofile in Verbundkonstruktionen keine höhere Feuerwiderstandsdauer als 10–20 Minuten. Um eine Einstufung in eine bestimmte Feuerwiderstandsklasse zu erreichen, werden Brandschutzbekleidungen notwendig. Im Hochhausbau sind üblicherweise Widerstandsklassen von F 90 und höher gefordert, diese können nur mit Ummantelungen aus feuerbeständigen Materialien, wie z.B. Spritzbeton, Brandschutzplatten oder mit der Ausbildung von kammerbetonierten Verbundquerschnitten mit einer Längsbewehrung erreicht werden (Bild 3.24) (siehe auch Abschnitt 2.3). Eine weitere Alternative bietet die abgehängte feuerfeste Decke (Bild 3.25). Für die Brandeinwirkung von oben sollte die tragende Deckenplatte selbst die geforderte Widerstandsdauer haben. Für die Feuerbeständigkeit von 90 Minuten reicht eine 5 cm dicke Betonschicht aus, ohne besondere Anforderungen an eine Bewehrung.

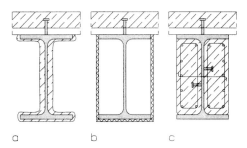

Bild 3.24 Typische feuerbeständige Stahl-Beton-Verbundquerschnitte
a) Spritzputz
b) Brandschutzplatten
c) Kammerbeton

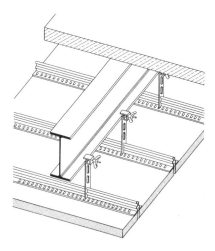

Bild 3.25 Abgehängte Decke als F 90 Gipskartonplatte zum Brandschutz des Stahlträgersystems

Die Anordnung der Trägerlagen hat einen unmittelbaren Einfluß auf die Wechselwirkung der Installationsführung mit dem Deckentragwerk. Bei einer einzonigen Decke verlaufen Träger und Installationen in einer Ebene. Als Folge müssen Vollwandträger Durchbrüche für die Installationsleitungen haben, die jedoch den Trägerquerschnitt schwächen und dadurch die Tragfähigkeit herabsetzen. Die Querkräfte verursachen in den Teilquerschnitten oberhalb und unterhalb der Öffnungen erhebliche Sekundärbiegemomente, die zu einem Versagen im Stahlbetongurt und

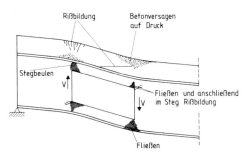

Bild 3.26 Tragverhalten eines Verbunddecken-systems im Bereich von Stegdurchbrüchen [3.4]

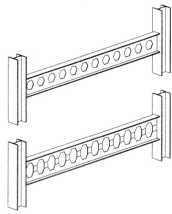

Bild 3.27 Wabenträger ohne und mit Zwischen-blechen

Stahlträger führen (Bild 3.26). Stegdurch-brüche sollten nach Möglichkeit im mittleren Stegbereich liegen, und nicht höher und brei-ter als die 0,6- bzw. 0,8fache Stahlträgerhöhe sein. Wabenträger mit oder ohne Zwischen-bleche und Lochstegträger, die entlang des Stegbereichs polygonale, bzw. kreisförmige Öffnungen aufweisen, ermöglichen eine ge-wisse Freiheit in der Installationsführung, kön-nen jedoch nur begrenzte Querkräfte übertra-gen (Bild 3.27). Zusammengesetzte Träger, wie z.B. Fachwerk- und Vollwandträger mit veränderlicher Höhe gründen sich auf eine Optimierung ihres Querschnitts als biege-beanspruchte Elemente und erlauben eine freie Installationsführung innerhalb der aufge-lösten Struktur bzw. unterhalb der entspre-chend verringerten Trägerhöhenbereiche (Bild 3.28).

Größere Deckendurchbrüche beeinflussen die Tragfähigkeit von Verbundträgern erheblich, wenn sie im Bereich der mittragenden Gurt-breite des Trägers liegen. Die Gurtnormal-kräfte müssen dann nach den horizontalen Lastabtragungswegen entsprechenden Fach-werkmodellen „umgeleitet" werden (Bild 3.29). Günstig ist eine mittige Anordnung, da große Öffnungen hier einen geringeren Einfluß auf die Dimensionierung haben, als im Auf-lagerbereich bei maximaler Querkraftbean-spruchung. Das maximale Moment, annä-hernd mittig beim Querkraftnulldurchgang, erfordert bei Gleichlast keine Schubfläche.

Die oben genannten Schwierigkeiten des Stützendurchstanzens, des Brandschutzes,

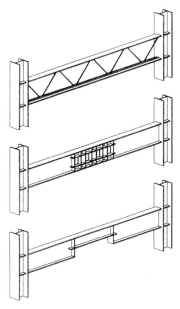

Bild 3.28 Aufgelöste Stahlträger als Decken-träger

der Installationsführung und der Deckendurch-brüche in Stützennähe sind zuletzt bei Flach-decken-Verbundsystemen am geringsten. Bei diesen Systemen werden deckengleiche ein- oder zweiachsige Stahl- oder Verbundträger in der Decke angeordnet (Bild 3.30). Die Stahlbetonplatten liegen auf dem unteren Flansch des Stahlprofils auf. Das Tragsystem

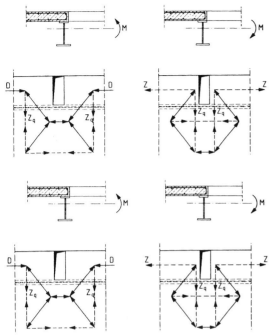

Bild 3.29 Kraftfluß im Bereich von Decken-durchbrüchen

verhält sich nach den Grundsätzen des Verbundbaus, vorausgesetzt, daß die Schubkräfte zwischen dem Träger und der Stahlbetondecke übertragen werden können. Zur Verbundsicherung können außer Kopfbolzendübeln Verbundmittel in Form von Löchern und durchlaufender Bewehrung im Stegbereich der Stahlprofile verwendet werden.

Flachdecken-Verbundsysteme erreichen ihre Wirtschaftlichkeitsgrenze in Abhängigkeit von den vorhandenen Stützenweiten, die in der Regel zwischen 7 bis 10 m liegen. Bei größeren Spannweiten des Deckentragwerks (7 bis 15 m) können Doppelverbunddecken eine vielversprechende Lösung, aufbauend auf dem Prinzip der Stahlbetonfertigteilplatte mit Aufbeton, darstellen [3.1].

Dieses Deckensystem besteht aus einer Stahlbetonuntergurtplatte und einer Obergurtplatte, die mit Stahltraggliedern schubsteif verbunden sind (Bild 3.31). Der Abstand zwischen den beiden Stahlbetonplatten stellt die statisch wirksame Höhe dar, und ermöglicht einen möglichst großen inneren Hebelarm für

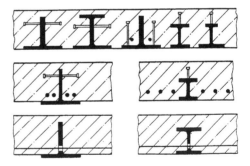

Bild 3.30 Tragverhalten und Verbundsicherung bei Flachdeckensystemen [3.3]

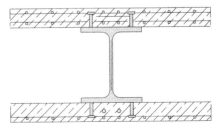

Bild 3.31 Doppelverbunddecke mit linienförmigen Schubverbindungselementen

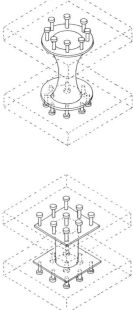

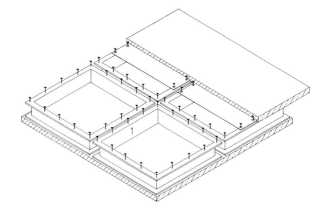

Bild 3.33 Doppelverbunddecke mit kassettenförmigen Stahlträgerelementen und Ortbetonobergurtplatte [3.1]

Bild 3.32 Punktförmige Schubverbindungselemente aus ovalen und ringförmigen Stahlhohlprofilen [3.1]

die vertikale Lastabtragung. Die auftretenden Zugspannungen in der Stahlbetonuntergurtplatte müssen hierbei von einer eventuell zweiachsig vorgespannten Stahlbewehrung aufgenommen werden. Dies gilt auch für die Stahlbetonobergurtplatte, sofern das System aus Durchlaufplatten besteht, bei denen eine wechselseitige Druck- bzw. Zugbeanspruchung der oberen und unteren Platte auftritt.

Im architektonischen Kontext gründet sich das System auf dem Prinzip der Verflechtung der einzelnen Funktionen der Deckenkonstruktion mit dem technischem Ausbau, und weist besondere bauphysikalische Vorteile auf: integrierter Brandschutz, Aktivierung der Betonspeichermasse, Schallschutz aufgrund zweischaliger Bauweise.

Die Schubverbindungselemente können nach der Spannrichtung der Decke punkt-, linien- oder auch kassettenförmig ausgebildet werden. Ihre Anordnung in der horizontalen Ebene erfolgt entsprechend dem Kräfteverlauf.

Punktförmige Elemente bilden ovale und ringförmige Stahlhohlprofile, die mit aufgeschweißten Kopfbolzendübeln zur schubfesten Verdübelung der Stahlbetonplatten versehen sind (Bild 3.32).

Linienförmige Schubverbindungselemente lassen sich aus Stahlprofilen mit Kopfbolzendübeln, oder auch aus Flachstählen mit Erweiterungen, als herausgebogene linke und rechte Konsolen, realisieren. Die Stahlprofile eignen sich in diesem Fall insbesondere für gerichtete Tragsysteme und die kaltverformten Profile für ungerichtete Systeme, bei einem annähernd quadratischen Stützraster (Bild 3.33). Die Durchstanzgefahr der Stützen wird durch zusätzlich daran angeschweißte linienförmige Stahlträgerelemente beherrscht.

4 Aussteifungstragwerke

4.1 Allgemeines

Die Standsicherheit des Gebäudes wird durch seine Aussteifung gewährleistet. Das Aussteifungssystem übernimmt die Ableitung aller horizontalen Lasten in die Fundamente und bewirkt, daß die horizontalen Verformungen so gering wie möglich gehalten werden. Die Aussteifungssysteme können an unterschiedlicher Stelle des Hochhausgrundrisses als Kern, Innen- und Außenwand oder auch zur Bildung von räumlichen Tragstrukturen eingesetzt werden.

Die Abtragung der Horizontallasten erfordert, daß sich in jeder Horizontalebene des Tragwerks mindestens drei Aussteifungselemente befinden, deren Systemflächen sich nicht in einem Punkt schneiden (Bild 4.1). Bei symmetrischen Gebäuden erhalten symmetrisch angeordnete Aussteifungselemente nur Kräfte aus parallelen Horizontallastrichtungen. Bei unsymmetrischen Gebäuden oder bei unsymmetrisch angeordneten Aussteifungselementen werden zur Stabilisierung des gesamten Tragsystems zusätzlich die zur Lastrichtung senkrechten Aussteifungselemente beansprucht. Sie nehmen die Kräfte auf, die aus den Torsionsmomenten entstehen. Mehrere quer nebeneinander angeordnete Aussteifungselemente erhalten ihren Anteil an den Horizontalkräften nach den Gesetzen der Stabilitätstheorie zugeteilt, wobei die steifen Deckenscheiben für die entsprechende Verteilung sorgen. Eine gleichmäßige und torsionsfreie Verformung der Tragelemente kann nur erzielt werden, wenn der Steifigkeitsmittelpunkt mit dem Massenschwerpunkt aller an jeder Decke angeschlossenen vertikalen Tragelemente übereinstimmt.

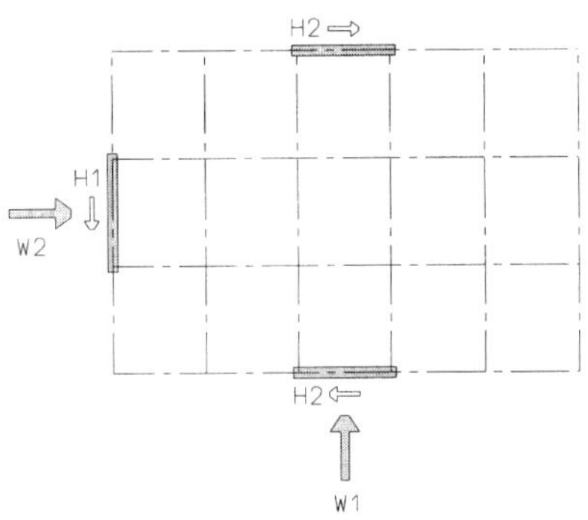

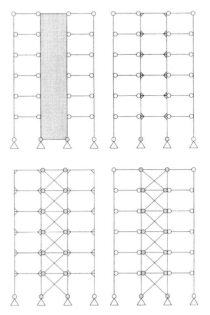

Bild 4.1 Anordnung der Aussteifungselemente im Grundriß

Bild 4.2 Aussteifungsmöglichkeiten eines Skelettgeschoßbaus

Die vertikalen Aussteifungselemente können im Grundriß jeweils so angeordnet werden, daß sie bei den verschiedenen Laststellungen der Horizontallasten möglichst große Hebelarme zueinander bilden. Hierdurch wird sichergestellt, daß die einzelnen Aussteifungselemente niedrig belastet werden, so daß eine Verminderung ihrer Masse und der auftretenden Tragverformungen erzielt werden kann. Wandscheiben, die zur Aussteifung des Tragwerks dienen, können Öffnungen haben – so groß, daß die Scheiben schließlich zu Rahmen, zu ausgesteiften Rahmen, oder auch zu Stützen-Träger-Fachwerksystemen entarten (Bild 4.2).

Bei größeren Gebäudehöhen werden alle geeigneten Tragglieder zur Aussteifung herangezogen, da die Horizontallast zum konzeptbestimmenden Faktor für das Tragwerk wird. Aus wirtschaftlichen und technologischen Gründen, die sich vor allem aus dem Verhältnis der horizontalen Steifigkeit zur Materialquantität ergeben, ist die Anwendung der einzelnen Aussteifungsvarianten in den komplexen Tragsystemen in Abhängigkeit von der Bauhöhe zu gestalten (Bild 4.3).

4.2 Stockwerkrahmen

Rahmentragwerke werden aus Zwei- bzw. Dreigelenkrahmen oder aus eingespannten Rahmen gebildet (Bild 4.4). Stockwerkrahmen, wie sie zur Aussteifung des Hochhaustragsystems eingesetzt werden, sind durch ihre biegesteife Verbindung zwischen Rahmenstiel und Rahmenriegel gekennzeichnet. Durch die Konzentration des Aussteifungssystems auf einige wenige, allerdings besonders steife Aussteifungsrahmenelemente lassen sich alle anderen Stützen als leichte

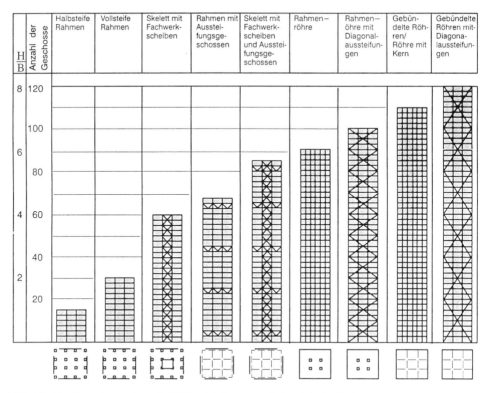

Bild 4.3 Hochhaustragsysteme in Abhängigkeit von der Gebäudehöhe [4.1]

Pendelstützen ausbilden. Insgesamt wird dadurch meist der Materialverbrauch verringert. Die Decken müssen sich hierbei an der Abtragung der Horizontallasten beteiligen.

Stockwerkrahmen beteiligen sich sowohl an der Abtragung der Vertikallasten, als auch der Aussteifung. Durch dieses Aussteifungssystem bleiben die Felder zwischen den Stielen frei, wodurch die Geschoßflächen frei nutzbar sind. Die Querschnittsflächen der vertikallastabtragenden Stützen werden so gewählt, daß alle Stützen unter gleich hohem Spannungszustand stehen. Die Stauchungen der Stützen sind in diesem Fall annähernd gleich groß, so daß keine Probleme durch unterschiedliche Verformungen entstehen. Des weiteren soll eventuell unterschiedlichen

Spannweiten Beachtung geschenkt werden, da die Belastungen der Fundamente dadurch sehr verschieden sein können.

Die biegesteife Knotenverbindung behindert die freie Verdrehbarkeit der Riegelenden und leitet Biegemomente in die Rahmenstiele ein, so daß das Stützmoment der steifen Rahmenecke zu einer deutlichen Verringerung der Biegebeanspruchung der Riegel führt. Die horizontale Belastung führt ebenfalls zu einer gleichzeitigen Biegebeanspruchung von Riegeln und Stielen. Sowohl horizontale, als auch vertikale Belastungen werden über Biegezug- bzw. über Biegedruckkräfte in Stiel und Riegel abgeleitet. In diesem Zusammenhang erfordert die Ausbildung der Rahmenecke besondere Aufmerksamkeit. Die Kraftumlenkung ruft lokal hohe Spannungen hervor, die durch geeignete konstruktive Maßnahmen aufgenommen werden müssen.

Horizontalbelastungen erzeugen im Rahmenquerschnitt Querkräfte und Schnittmomente. Unter der Annahme einer nahezu starren Einspannung von Stiel und Riegel bewirkt die Querkraft durch das seitliche Ausbiegen der flexiblen Stiele eine Schubverformung des Systems, während das Biegemoment eine Biegeverformung infolge der Dehnung und Stauchung der Stiele hervorruft (Bild 4.5). In der Verformungsform eines Rahmens entwickeln sich grundsätzlich beide Anteile, wobei entweder der Biege- oder der Schubanteil stärker sein kann.

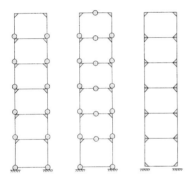

Bild 4.4 Stockwerkrahmen aus Zwei- bzw. Dreigelenkrahmen und eingespannten Rahmen

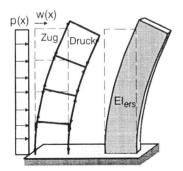
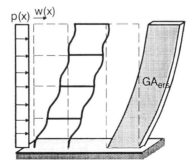

Bild 4.5 Verformungsanteile eines Stockwerkrahmens und des entsprechenden kontinuierlichen Ersatzsystems

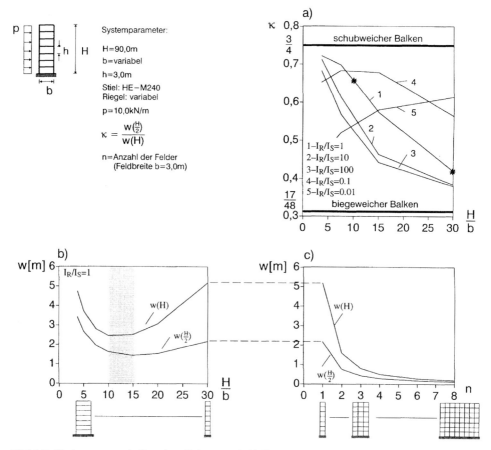

Bild 4.6 Verformungsverhalten einer Rahmenserie [4.2]
a) Verhältnis der Horizontalverformungen bei variabler Schlankheit
b) Maximale Tragverformungen bei variabler Schlankheit
c) Maximale Tragverformungen bei variabler Feldanzahl

Das Verhältnis der Horizontalverformungen des mittleren zum obersten Stockwerkrahmenknotens, ist unter gleichmäßig verteilter Last beim biegeweichen Balken κ = 17/48, bei einem Schubbalken dagegen κ = 3/4. Die Qualität der reinen Ersatzsysteme kann damit unmittelbar aus diesem Verhältnis abgeleitet werden. Eine eindeutige Zuordnung der Ersatzsysteme „schubweicher Balken" (EI = ∞), bzw. „biegeweicher Balken" (GA = ∞) ist nur in Ausnahmefällen möglich.

Die Ergebnisse einer Parameterstudie für den Verhältniswert κ (Bild 4.6a), in Abhängigkeit von der Schlankheit, zeigen, daß bei Systemen mit $I_R \geq I_S$ (I_R: Trägheitsmoment Riegel, I_S: Trägheitsmoment Stiel) und großen Stielabständen b, der Biegeanteil kleiner und damit der reine schubweiche Balken als Ersatzsystem für die Ermittlung der Biegelinie des Stockwerkrahmens angesetzt werden kann. Andererseits kann der reine biegeweiche Balken das Verformungsverhalten von sehr schlanken Strukturen ausreichend genau wiedergeben. Bei Systemen mit $I_R < I_S$ können die Riegel nur bei sehr geringer Länge eine Verdrehung der Knoten behindern. Ihre geringe Steifigkeit bewirkt allerdings keine Einspannung von Stiel und Riegel, so daß eine Schubverformung dominiert. Bei großem Stielabstand lassen sich die Riegel im Falle der Biegung durch Pendelstäbe ersetzen, da sie lediglich eine gleiche Ausbiegung der beiden Stiele bewirken können.

Der Verlauf der absoluten Verschiebungen (Bild 4.6b) läßt erkennen, daß der Stockwerkrahmen beim Abtrag einer Gleichlast seine maximale Steifigkeit bei einer Schlankheit zwischen H/b : 10 bis H/b : 15 besitzt. Erhöht man dagegen die Anzahl der Felder (Bild 4.6c) bei gleichbleibender Feldbreite b, so kann man erkennen, daß die größte Steifigkeitserhöhung (Steigung der Kurve) erzielt werden kann, wenn ein weiteres Feld (n = 1 → n = 2) hinzugefügt wird. Die Steifigkeitserhöhungen durch Hinzufügen weiterer Felder sind weitaus geringer.

4.3 Ausgesteifte Stockwerkrahmen

Zur Verbesserung der Lastabtragung können Rahmentragwerke mit Auskreuzungsstäben verstärkt werden. Dadurch werden ihre Biegebeanspruchungen aus Horizontallasten vermindert. Die in dieser Weise entstehenden hybriden Rahmen-Fachwerksysteme werden zur Horizontal- wie auch zur Vertikalaussteifung verwendet und wirken als Gesamtsystem wie ein eingespannter Träger (Bild 4.7). Fachwerke sind viel steifer als Rahmen, weil die Schnittgrößen Axialkräfte sind und die Biegemomente nur eine sekundäre Rolle spielen (Theorie II. Ordnung). Sie werden öfter zur Aussteifung von komplexen Tragwerken eingesetzt, da eine Verformungs- und Dämpfungskontrolle lokal in den Stäben (Diagonalen) stattfinden kann (siehe auch Kapitel 8).

Fachwerke in ihrer klassischen Form tragen Lasten, die in den Knotenpunkten angreifen, hauptsächlich über Längszug- bzw. Längsdruckkräfte ab. Die Fachwerkstäbe bleiben idealerweise frei von den ungünstigen Grundbeanspruchungen Biegung, Schub und Torsion. Verantwortlich hierfür ist der geometrische Aufbau der Fachwerke, d.h. der Aufbau aus Stabdreiecken und eine gelenkige Verbindung der Stäbe untereinander. Im Vergleich zu K- oder V-Aussteifungsverbänden, bewirken X-Verbände, gemessen am Gewicht der Tragkonstruktion, die größte horizontale Steifigkeit.

Theorietreue Gelenkausbildungen in den Knoten sind jedoch wesentlich aufwendiger als Stabanschlüsse mit einem bestimmten Einspanngrad. Die aus der ungewollten Einspannung resultierenden Nebenspannungen dürfen in der Regel unberücksichtigt bleiben, zumindest so lange wie die primäre Lastabtragung über reine Zug- bzw. Druckstäbe gesichert ist. Nicht zu vernachlässigen sind allerdings die Zusatzspannungen in aus-

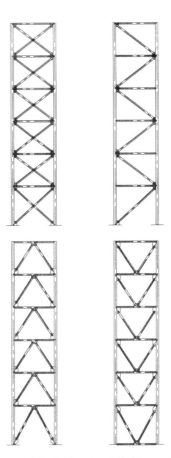

Bild 4.7 Fachwerk mit X-, Diagonal-, K- und V-Aussteifungsverbänden

gesteiften Stockwerkrahmen, welche entstehen, wenn Lasten an den Stielen angreifen
und von diesen erst in die Knotenpunkte transportiert werden müssen.

Die Aussteifungsstäbe werden auch an der
Abtragung der Vertikallasten beteiligt. Die Stiele verkürzen sich beim Bau durch allmähliches
Aufbringen der Lasten und durch die Verkehrslasten. Die Diagonalen nehmen aufgrund ihrer Steifigkeit zwangsläufig an dieser Verkürzung teil, indem sie entsprechend druckbeansprucht werden. Bei schlaffen Zugdiagonalen darf die endgültige Verbindung erst
nach erfolgtem Eintragen der Vertikallasten
erfolgen. Damit die Zugdiagonalen unter
Verkehrslasten nicht schlaff werden, empfiehlt
sich z.B. Seildiagonalen vorzuspannen.

Wenn beide Aussteifungsdiagonalen vorgespannt sind, können sich beide an der Abtragung der Horizontallasten beteiligen. Im anderen Fall übernimmt jeweils eine Diagonale
die Abtragung der Horizontallast, die andere
erschlafft. Die Horizontalverformungen des
Systems sind in diesem Fall größer. Die in der
Praxis übliche Ausführung der Diagonalstäbe
als druckbeanspruchte Bauteile führt dazu,
daß bei Horizontalbelastung jeweils eine Diagonale zugbeansprucht, die andere druckbeansprucht wird.

Schmale Aussteifungsverbände enthalten
durch die Horizontalbelastung große Schnittkräfte, da sie große Längenänderungen er-
leiden. In Bereichen mit einem engen Abstand
der Verbandstützen werden große Biegeverformungen bewirkt (Bild 4.8a). Breite
Fachwerkverbände sind wegen ihrer geringen
Stabkräfte leichter und haben geringere Verformungen. Eine Anordnung der Diagonalen
über die ganze Gebäudebreite ist demzufolge vorteilhaft (Bild 4.8b). Die Steifigkeit eines
schmalen Fachwerkverbands kann auch erhöht werden, wenn dieser an einigen Stellen
zu den Außenstützen hin verspannt wird. Daraus ergibt sich ein qualitativ ähnliches Verformungsverhalten wie bei einem gemischten
System aus der Kopplung Wandscheibe-Rah-
men (Bild 4.8c). Ähnlich wirkt ein hoher
Horizontalträger, z.B. im Technikgeschoß eines Hochhauses (Bild 4.8d).

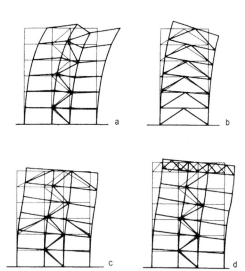

Bild 4.8 Horizontalverformungen von Fachwerksystemen bei variabler effektiver Breite (a, b),
mit Outriggersystem (c, d)

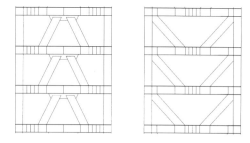

Bild 4.9 Exzentrisch ausgesteifte Stockwerkrahmen zur Bildung von Schubgelenkzonen

Im Hinblick auf Horizontallasten im elastoplastischen Beanspruchungsbereich (starke
Erdbebenbelastung) werden die Rahmenfelder exzentrisch ausgesteift. Die erforderliche Energiedissipation wird somit über plastische Biegemomente erzielt, die an den
Stabenden durch die exzentrische Wirkung
der Zug- und Druckkräfte der angeschlossenen Stäbe entstehen (Bild 4.9) (siehe auch
Kapitel 8).

4.4 Wandscheiben

Schlanke Scheiben, wie sie zur Aussteifung von Hochhäusern verwendet werden, verhalten sich statisch wie eingespannte Biegeträger. Die horizontale Auslenkung der Tragwerke ist um so größer, je schmaler die aussteifenden Wandscheiben sind. Damit ihre Schubbeanspruchung in angemessenen Grenzen bleibt, sollte die Querschnittsfläche von zueinander rechtwinkeligen Wänden nicht unter einem bestimmten Prozentsatz der Bruttogrundrißfläche des Bauwerkes liegen. Ist n die Stockwerkanzahl oberhalb des betrachteten Querschnittes, so soll dieser Prozentsatz 1,5 für $n > 5$ betragen.

Die Abgrenzung zwischen schlanken und gedrungenen Wandscheiben kann durch das Verhältnis Wandhöhe h_W zu Wandlänge l_W vorgenommen werden, mit $h_W / l_W \geq 3$ für schlanke Wandscheiben und $h_W / l_W < 3$ für gedrungene Wandscheiben (Bild 4.10). Gedrungene Wandscheiben können in ihrer Ebene wirkende Kräfte mit sehr geringen Verformungen aufnehmen, da große Bereiche innerhalb der Scheiben am Abtragen der Horizontallasten beteiligt sind.

Die minimale Wandstärke ist allgemein durch Kriterien der Ausführbarkeit und des Feuerwiderstandes gegeben. Bei der Bemessung für höhere Horizontalbeanspruchung aus Gründen des Schubwiderstandes und zur Erfüllung der Stabilitätskriterien müssen die Wandstärken oft vergrößert werden. Randverstärkungen dienen oft der Aufnahme und Verankerung von Riegeln. Sie bieten aber auch den für die Biegebewehrung nötigen Platz und wirken als Verstärkung gegen das seitliche Ausbeulen eines dünnwandigen Querschnittes (Bild 4.11b–d). Aufeinandertreffende Wände bilden T- und H-Querschnitte, die den Horizontalkräften in beiden Hauptrichtungen Widerstand leisten können (Bild 4.11e–g). Wandscheiben mit Druckflanschen zeigen bei entsprechender Bewehrung ein großes Verformungsvermögen (Bild 4.11h–k).

Einen Sonderfall bilden Wandscheiben in sehr hohen Hochhäusern, die als Stützentragglieder ausgebildet werden. Hierbei wird im

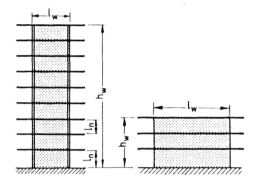

Bild 4.10 Schlanke und gedrungene Wandscheiben

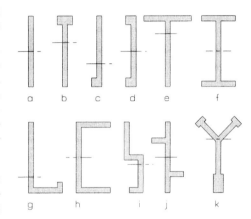

Bild 4.11 Typische Querschnittsformen von Wandscheiben (a–k)

Wandquerschnitt hauptsächlich eine Druckbewehrung mit Umschnürung vorgesehen. Einzelne Schubwände, z.B. an den Eckbereichen des Gebäudes, werden als Wandscheiben oder als Stützen ausgebildet, welche Schub- und entsprechende Biegespannungen aufnehmen.

Bei der Verwendung von Wandscheiben zur Aussteifung des Hochhaustragsystems bieten sich unterschiedliche Kopplungsmöglichkeiten an. Dabei ist das Tragverhalten infolge Horizontalbelastung von der Verbindungsweise der Wandscheiben untereinander abhängig:

1. Die Wandscheiben werden schubsteif zu-
    sammengekoppelt, so daß ein System
    erzielt wird, das sich wie ein prismatischer
    Stab oder eine gefaltete Platte verhält (Bild
    4.12a).

2. Die Wandscheiben werden mit dünnwan-
    digen Tragelementen, Fachwerkverbän-
    den, gedrungenen, oder schlanken Balken
    schubelastisch gekoppelt. Das Tragver-
    halten wird von der Steifigkeit des Kopp-
    lungselementes bestimmt (Bild 4.12b).

3. Ohne Schubverbindung, freier Kontakt
    (Bild 4.12c).

Monolithisch zusammengebundene Wandscheiben und Wandsysteme mit Fachwerk-
aussteifung erfahren aus Horizontallasten
Biegeverformungen. Die Rahmenbalken-
Systeme und die Wandsysteme mit Öffnungsspalten haben bei den meisten gebauten
Beispielen dominante Schubverformungen.
Wenn die Öffnungen der Wandscheiben im
letzten Fall sehr klein sind, ist ihr Einfluß in
bezug auf die inneren Spannungen der Schub-
wand sehr gering. In Wandscheiben mit
Öffnungsspalten (gegliederte oder gekoppelte Wandscheiben), spaltet sich das Krag-
stützenmoment aus der Horizontalbelastung
in Momente der Teilwände und in ein Moment,
das durch Längskräfte der Teilwände gebildet wird, auf. Sind die Riegel verhältnismäßig
hoch, werden am Systemunterrand bis zu
2/3 des Kragstützenmomentes durch Längskräfte aufgenommen. Die Teilwände sind auf
ausmittigen Druck bzw. Zug, die Riegel auf
Biegung und Schub beansprucht.

Die Entwicklung des Stahlbetonbaus in den
letzten 10 Jahren und die zunehmenden Be-
ton-Festigkeitswerte haben auch dazu geführt,
daß Wandscheibensysteme weitgehend zur
effizienten Stabilisierung von Hochhaustragwerken verwendet werden. In der Entwurfsphase des Hochhaustragwerks muß jedoch folgenden Gesichtspunkten Rechnung
getragen werden:

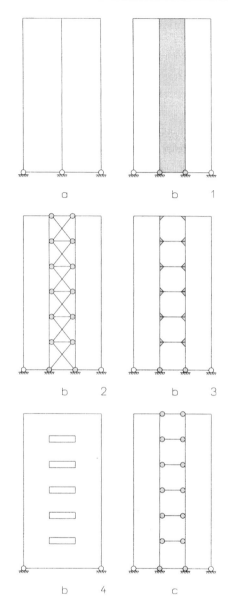

Bild 4.12 Kopplungsmöglichkeiten von Wandscheiben
a) Schubsteife Kopplung
b) Schubelastische Kopplung
c) Schubfreie Kopplung

1. Die Torsion- und Biegesteifigkeit der Wandscheibe wird von der Anzahl und Größe der Öffnungen in der Wand beträchtlich beeinflußt. Dieser Effekt kann nur mit Hilfe einer Finite-Elemente-Analyse untersucht werden.

2. Die Wandscheibe verformt sich in der Vertikalen aufgrund des Materialschwindens über die gesamte Nutzdauer des Gebäudes. Ihre Einwirkung auf die Integrität des Tragwerks muß bereits in der Entwurfsphase beurteilt werden.

3. Die erforderliche Konstruktionszeit ist länger im Vergleich zu einem Stahl-Rahmentragwerk, auch wenn mit diesem Tragelement komplexe Schrauben- oder Baustellenschweiß-Stahlverbindungen vermieden werden.

4. Das zusätzliche Gewicht der vertikalen Beton-Tragelemente im Vergleich zu Stahl bedeutet einen zusätzlichen Kostenfaktor für die Gründung des Gebäudes.

4.5 Gekoppelte Systeme

Das Tragverhalten von gekoppelten Systemen ist dadurch gekennzeichnet, daß die Tragglieder ein unterschiedliches Verformungsverhalten aufweisen, und die Verformungslinien auch bei gleichartiger Belastung nicht affin zueinander verlaufen. Dies bedeutet aber auch, daß neben der Gewährleistung der Systemstabilität, Zwängungsbeanspruchungen vermieden werden und Gelenke möglichst in den Bereich der Montagestöße zu legen sind.

Während z.B. die Wandscheibe ein überwiegend von der Biegeverformung geprägtes Verformungsverhalten aufweist, dominiert beim Stockwerkrahmen die Schubverformung. Die Erzwingung gleicher Horizontalverformung durch die Deckenscheiben bewirkt eine Umverteilung der Horizontalbelastung in die Aussteifungselemente. Während der Rahmen im oberen Bereich die Wandscheibe stützt, werden diese Stützkräfte im unteren Bereich nahezu vollständig wieder an die dort steifere Wandscheibe abgegeben (Bild 4.13).

Bei der hier genannten Kopplung von Rahmen mit einer Stahlbeton-Wandscheibe sind die unterschiedlichen Stauchungen der vertikalen Tragelemente besonders sorgfältig zu untersuchen. Neben der Abstimmung der elastischen Bauteilstauchungen müssen in diesem Fall auch die zeitabhängigen Stauchungen der Betonbauteile aus Schwinden und insbesondere Kriechen berücksichtigt werden (siehe auch Abschnitt 5.3).

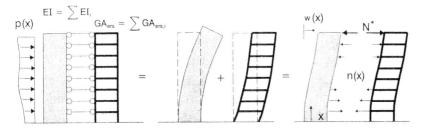

Bild 4.13 Wechselwirkung Stockwerkrahmen-Wandscheibe [4.2]

Ein kostenloses Probeheft liegt für Sie bereit

5 Räumliche Tragwerke

5.1 Allgemeines

Räumliche Tragsysteme, als vertikale, in den Baugrund eingespannte Hohlprofilträger, werden aus schubsteif miteinander verbundenen Tragelementen gebildet. Sie eignen sich damit zur Abtragung von vertikalen und horizontalen Lasten. Aufgrund des inneren Hebelarms der Tragstrukturen und ihrer Anordnung im Hochhausgrundriß unterscheidet man zwischen Kern- und Röhrentragwerken. Kerntragwerke können an verschiedenen Stellen innerhalb, am Rande, oder außerhalb des Hochhausgrundrisses angesetzt werden, besitzen einen relativ geringen inneren Hebelarm und demzufolge eine begrenzte Biege-

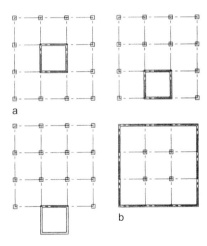

Bild 5.1
a) Anordnung des Kerntragwerks innerhalb, am Rande und außerhalb des Hochhausgrundrisses
b) Anordnung des Kerntragwerks am Rande des Hochhausgrundrisses zur Bildung eines Röhrentragwerks

steifigkeit gegenüber Horizontallasten (Bild 5.1a). Liegt das Kerntragwerk im Umfang des Hochhausgrundrisses, kann die Röhrenstruktur einen maximalen inneren Hebelarm besitzen und demzufolge eine maximale Effektivität in der Horizontallastabtragung (Bild 5.1b).

5.2 Kerntragwerke mit Outriggersystem

Im Hochhausbau werden die Kerne doppelt genutzt, als Trag- und Erschließungselemente mit Treppen, Aufzügen und Schächten für Installationsleitungen. Ihre Abmessungen umfassen in der Regel nur einen kleinen Teil der gesamten Gebäudeabmessungen, so daß ihre Fläche in der Regel 1/4 der gesamten Bruttogeschoßfläche erreicht. Die Schlankheit der Kerne ist daher meistens 2 bis 2,5mal größer als die des Gesamtgebäudes.

Das Kerntragwerk sollte möglichst zentral im Gebäudegrundriß liegen, damit resultierende Torsionsbeanspruchungen aus der Horizontalbelastung minimiert werden. Zusätzlich dazu sollte der Massenschwerpunkt der einzelnen Deckenscheiben in der vertikalen Achse des Kerns liegen. In diesem Fall erhält der Aussteifungskern aus den vertikalen Lasten der Deckenscheiben eine Druckvorspannung.

Zur Maximierung der Steifigkeit der Kerntragglieder sollten diese eine möglichst geschlossene Röhre bilden. Durchbrüche durch Kernwände werden auf ein Minimum beschränkt und über die Gebäudehöhe weitgehend regelmäßig angeordnet. Vertikale Installationsschächte sollten nicht in, sondern an den Aussteifungskernen geführt werden.

Das einfachste räumliche Hochhauskern-
tragwerk entspricht einem Kragsystem. Das
Tragwerk besteht hierbei, sowohl für die Ver-
tikal-, als auch für Horizontalbelastung, ausschließlich aus dem Kern (Bild 5.2). Unter den
Geschoßnutzlasten nimmt die innere Längskraft entlang des Kerns linear zu, mit maximalem Betrag am Fußpunkt. Die auskragenden Decken haben entsprechend ihrer erforderlichen Spannweiten eine große und unwirt-
schaftliche Konstruktionshöhe.

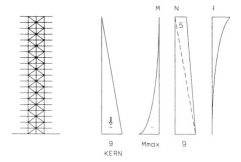

Bild 5.2 Kern-Kragsystem. Vertikal- und
Horizontallastverteilung

Besteht das Hochhaustragwerk aus einem
Kern und Zweigelenkrahmen (durchlaufende
Stützen mit gelenkig gelagerten Trägern), so
werden die Horizontallasten ausschließlich
vom Kerntragwerk aufgenommen (Bild 5.3).
Das Aufnahmeverhältnis von Kern und Stützen für die Vertikallasten beträgt in der Regel
circa 4 : 5. Die resultierende innere Normalkraft besitzt ihren maximalen Betrag am Fußpunkt der Kernkonstruktion.

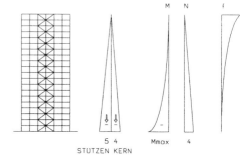

Bild 5.3 Kern mit Stützen. Vertikal- und
Horizontallastverteilung

Die vertikalen Tragglieder können auch an
einem unteren Kragträger aufgelagert werden.
In diesem Fall werden alle Vertikalkräfte der
Stützen über den Kragträger in den Kern bis
zum Fundament weitergeleitet. Das Tragsystem ist am Fundamentbereich dem Kragsystem, und oberhalb des Kragträgers dem
System mit Stützen ähnlich (Bild 5.4). Aufgrund der hohen Belastung des Kragträgers
und der Forderung nach sehr niedrigen und
gleichmäßig verteilten Verformungen über den
Umfang des Kragträgers, wird dieser sehr steif
ausgebildet. Die Kragträger werden meistens
als räumliche Fachwerkkonstruktionen mit
einer Konstruktionshöhe von einem bis zwei
Geschossen konzipiert.

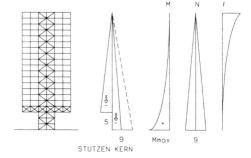

Bild 5.4 Kern mit unterem Kragträger. Vertikal-
und Horizontallastverteilung

Als Alternative können die Stützen an einen
oberen Kragträger gehängt werden. Bei diesem System nehmen die Zugkräfte in den
Hängergliedern mit der Höhe bis zum oberen
Bereich zu (Bild 5.5). Die Summe aller Normalkräfte im Kern ist in diesem System die größte, da der Kraftleitungsweg von den Zuggliedern zum Auflager sehr lang ist. Demzufolge wird der Kern bei diesem System meistens aus Stahlbeton-Wandscheiben gebildet.
Die großen Normalkräfte entwickeln eine hohe
Vorspannung für die Horizontallasten und

somit einen positiven Faktor gegenüber entwickelten Biegespannungen im Kernsystem.

Die Zugglieder des Tragsystems unterliegen
keinen Stabilitätsproblemen und können sehr
schlank ausgebildet werden. Infolge der
Brandschutzanforderungen nimmt jedoch der

tatsächliche Stützenquerschnitt zu, so daß der Materialgewinn aus rein statischen Gesichtspunkten relativiert wird. Bei großer Beanspruchung der Zugglieder wird eine große Kragträgerdurchbiegung und eine Hängergliederausdehnung entwickelt, auch infolge thermischer Ausdehnung. Aus diesem Grund sollten nicht mehr als 15 Stockwerke von einem Kragträger aufgenommen werden. Bei einer höheren Anzahl von Stockwerken sollten mehrere Kragträger genutzt werden, und das Gebäude sollte in vertikale Abschnitte geteilt werden. Die Implementierung von mehreren Kragträgern über die Höhe hat auch einen positiven Einfluß auf die horizontalen Verformungen des Tragsystems, da dabei die Hängerglieder zur Abtragung der Horizontalbelastung über die entwickelten Zug- und Druckkräfte herangezogen werden (Bild 5.6).

Für Gebäude mittlerer Höhe mit bis zu 35 Geschossen bilden Kerne ein effizientes Aussteifungssystem. Bei höheren Gebäuden werden die auftretenden Tragverformungen aufgrund einer nicht mehr ausreichenden Biegesteifigkeit des Kerns allein sehr groß.

Die Abtragung der am Hochhaus angreifenden Horizontallasten führt immer zu vertikalen Kraftkomponenten, die durch die einzelnen Kerntragebenen abgetragen werden. Im Bereich der Gründung der Konstruktion werden diese Kräfte als Moment aufgefaßt. Wird das gesamte Kerntragwerk mit seiner Gründung als ein in sich steifes und standsicheres Tragsystem aufgefaßt, spielt zusätzlich zu den resultierenden Verformungen der Tragstruktur auch ihre gesamte Stabilität eine wichtige Rolle. Bei der Einwirkung von horizontalen Kräften kann nämlich der Starrkörper unter Umständen kippgefährdet werden (Bild 5.7). Die Kippsicherheit des Systems kann nur durch entsprechenden Aufbau der Konstruktion und ihrer Gründung gewährleistet werden.

Zur Beherrschung des Stabilitätsproblems von Stahlbetonkernen würden sehr große Wandelemente mit hohen Zugkräften die Effektivität des Betonmaterials bei Druckbeanspruchung negativ beeinflussen. In Stahlkernen würden große aufwendige Bolzenverbindungen oder Zug-Schweißstöße auf der Bau-

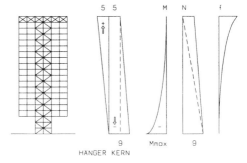

Bild 5.5   Kern mit oberem Kragträger. Vertikal- und Horizontallastverteilung

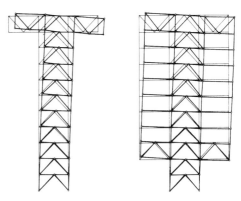

Bild 5.6   Tragverformungsverhalten von Kern-Hängersystemen infolge von Horizontalbelastung

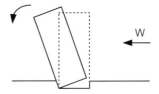

Bild 5.7   Kippverformung des Kerntragwerks infolge von Horizontalbelastung

stelle die Steifigkeit des Systems reduzieren. Im Gründungsbereich können vertikale Zugkräfte – neben der zusätzlichen Verbindungsdetaillierung zwischen Kern und Gründung – die Verwendung von Felsverankerungen und eine entsprechende Zunahme der Abmessungen und Stärken der Fundamentplatte erfordern, oder auch eine zusätzliche Bewehrung entlang der gesamten Länge der Pfahlgrün-

dung. In dieser Hinsicht erfordert die Gründung vom Hochhauskern bei Standorten mit
bindigem Baugrund, wie z.B. in Frankfurt am
Main, besondere Beachtung (siehe auch Abschnitt 6.2).

Eine Steigerung der Leistungsfähigkeit des
Kerntragwerks kann durch eine schubsteife
Verbindung des Kerns mit den vertikalen
Stützgliedern an den Rändern des Gebäudes
ermöglicht werden. Hierbei wird ein steifer
Abfangträger, das Outriggersystem, mit dem
Kern und den außenliegenden Stützen gelenkig verbunden (Bild 5.8). Die schubsteife Verbindung der Stützen mit dem inneren Kern
bewirkt, daß ein erheblicher Anteil des aus der
Horizontalbelastung resultierenden inneren
Moments als Kräftepaar von den Stützen abgetragen wird. Dieses Moment wird gleichzeitig über das Outriggersystem, bzw. die benachbarten Deckenscheiben als entlastendes
Moment in den Kern eingeleitet (Bild 5.9). Dabei wirkt das Outriggersystem mit den beiden
benachbarten Deckenscheiben wie ein Doppel-T-Querschnitt. Die Überleitung des entsprechenden Moments auf den Kern erfolgt
dann über Schubkräfte in den beiden angrenzenden Decken. Um so effektiv wie möglich zu
sein, soll das Outriggersystem möglichst starr
in seiner Ebene und in der Querebene dazu
sein, so daß relative lokale Verformungen seiner Tragglieder und Verdrehungen des Systems in der Querrichtung vermieden werden.

Das Outriggersystem führt zu einer erheblichen Reduzierung der Zugkräfte im Kern und
in den Fundamenten. Die resultierenden
Schubspannungen müssen weiterhin ausschließlich vom Kerntragwerk aufgenommen
werden, wie auch die zusätzlichen Schubbeanspruchungen in den anschließenden
Kernwandbereichen zu dem Outriggersystem.

Durch ein Outriggersystem vergrößert sich der
innere Hebelarm der Konstruktion und dementsprechend die Effektivität des Aussteifungstragwerks, so daß es auf bis zu 50ge-
schossige Bauwerke angewandt werden
kann. Die Effektivität des gesamten Systems
ist von der Tragwerks- bzw. von der Kern-
geometrie abhängig, und letztendlich wird diese durch die Abstimmung der Steifigkeit des

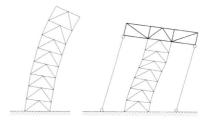

Bild 5.8 Tragverformungsverhalten eines
Kerntragwerks und eines Kerntragwerks mit
Outriggersystem

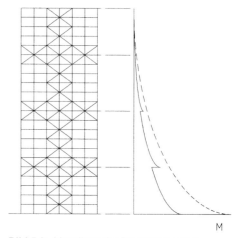

Bild 5.9 Verteilung der Biegemomente in
Kerntragwerken mit Outriggersystem infolge
Horizotalbelastung

Outriggertragwerks auf die Steifigkeiten des
Kerns und der Stützen beeinflußt (Bild 5.10).
Bei einer Steigerung der Outriggersteifigkeit
werden höhere Längskräfte in die außenliegenden Stützen eingeleitet. Die endgültige
Steifigkeit des Systems wird jedoch nach der
zu erreichenden Kernsteifigkeit bestimmt. An
dieser Stelle sind Stahlbetonkerne mit ihrer
im Verhältnis größeren Systemsteifigkeit vorteilhaft (Bild 5.11).

Zusätzlich zu den direkt mit dem Outriggersystem verbundenen Stützen können bei der
Tragverformung weiterhin auch die restlichen
Stützen am Rande des Gebäudes aktiviert
werden. Dies kann durch einen um das Tragwerk herumlaufenden Randfachwerkträger in

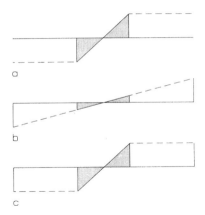

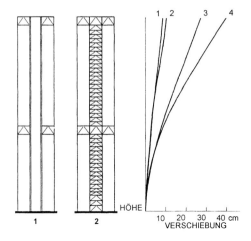

Bild 5.10 Spannungsverteilung im Kern und in den Stützen in Abhängigkeit von der Steifigkeit des Outriggersystems
a) Kerntragwerk ohne Outrigger
b) Kerntragwerk mit sehr steifem Outrigger
c) Kerntragwerk mit sehr weichem Outrigger

Bild 5.11 Tragverformungsverhalten von Kerntragwerken mit Outriggersystem
1. Stahlbetonkern mit Outriggersystem
2. Stahlkern mit Outriggersystem
3. Stahlbetonkern mit Wandscheiben
4. Stahlkern mit ausgesteiften Stockwerkrahmen

der Ebene des Outriggersystems erreicht werden (Bild 5.12). Dadurch nimmt die Systemsteifigkeit um circa 25 bis 30% zu.

In [5.16] wurde gezeigt, daß die optimale Stelle des Outriggersystems zur Minimierung der maximalen Hochhaustragverformungen infolge von gleichmäßiger Windbelastung bei 55,5% der Gebäudehöhe liegt. Dabei wird ein linear elastisches Tragverhalten vorausgesetzt. Darüber hinaus ist eine Anordnung von mehreren Outriggern entlang der Höhe des Hochhaustragwerks aus tragwerksplanerischer Sicht vorteilhaft. Je weniger die einzelnen Outrigger beansprucht werden, desto mehr kann auch ihre Steifigkeit reduziert werden.

Anhand einer Parameterstudie in [5.11] wurde ermittelt, daß Tragwerke mit schlankem Kern und mehreren Outriggern effektiver in ihrer Verformungskontrolle und in ihren relativen Geschoßverschiebungen sind, sowie in der Abminderung des inneren Momentes des Kerntragsystems. Die positiven Auswirkungen von mehreren Outriggern in der Tragstruktur werden jedoch mit zunehmender Anzahl von Outriggern kleiner. Die wirtschaftlichen Grenzen liegen bei einer Anzahl von vier bis fünf Outriggern.

Bild 5.12 Kern mit Outriggersystem und Randträgern

In einem gleichförmigen Tragwerk bewirkt der unterste Outrigger das relativ größte Einspannmoment und die oberen Outrigger ein aufeinanderfolgend kleineres. In einem optimierten Tragwerk beträgt das Verhältnis des Einspannmoments zwischen zwei nachfolgenden Outriggern 1 : 2 bis 3 : 4. Befindet sich ein Outrigger im obersten Tragwerksbereich, kann dieser nur 1/6 des Moments im Vergleich zum unteren Outrigger aufnehmen. An diesem obersten Bereich sollte ein Outrigger eingebracht werden, wenn andere Gründe es erfordern. In [5.15] wurde gezeigt, daß ein Hochhaustragwerk mit optimiert positionierten Outriggern nahezu genauso effizient in seinem Verformungsverhalten ist, wie eines mit einem zusätzlichen Outrigger im obersten Bereich.

Bei einer Verteilung von mehreren Outriggern im Hochhaustragwerk kann für ähnliche Ergebnisse im Tragverhalten eine relativ kleinere Gesamtsteifigkeit der Outriggersysteme erforderlich werden. Vor allem in erdbebengefährdeten Gebieten sollte das Verteilungsprinzip von Outriggersystemen angestrebt werden, damit die Tragkonstruktion über eine gleichmäßige Steifigkeitsverteilung über die Höhe und über kontrollierbare Steifigkeitsreserven in den primären Aussteifungselementen, den Outriggersystemen, verfügt. Die Zuverlässigkeit des Tragsystems steigt somit (siehe auch Kapitel 8).

Aus architektonischer Hinsicht beeinflußt das Outriggersystem das Gebäudeinnere und beeinträchtigt damit gegebenenfalls die Nutzung des Gebäudes. Aus diesem Grund werden die Outriggersysteme meistens im Bereich der Technikgeschosse des Gebäudes untergebracht, wobei sich die zur Verfügung stehende größere Geschoßhöhe als günstig für die Verbindungskonstruktion erweist. Das Outriggersystem kann auch über mehrere Geschosse ausgebildet werden, wie z.B. durch die Anwendung von diagonal gestaffelten Betonpaneelen (Bild 5.13a), oder mehrgeschossigen Diagonalen (Bild 5.13b), so daß eine verminderte Beeinträchtigung im Hochhausgrundriß und eine optimierte Positionierung der Outriggersysteme möglich werden. Wenn die anschließenden Deckenscheiben starr in ihrer Ebene sind – dehnstarre Riegel –,

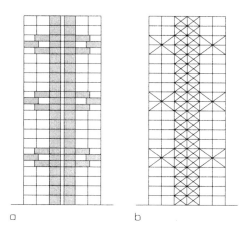

Bild 5.13
a) Diagonal gestaffelte Betonpaneele als Outriggersystem
b) Outriggersystem aus mehrgeschossigen Diagonalen

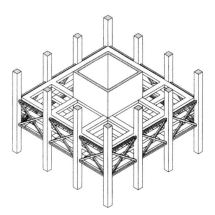

Bild 5.14 Versetztes Outriggersystem über mehrere Geschosse

können die Outrigger auch versetzt vom Kern angeordnet werden, und z.B. in die Randbereiche des Gebäudes verlegt werden (Bild 5.14). Hierbei werden die horizontalen Schubkräfte der Outriggersysteme ausschließlich über die ober- und unterhalb liegende Deckenscheibe in den Hochhauskern geleitet.

Die schubsteife Verbindung zwischen den zwei Tragsystemen erfordert ein möglichst gleichmäßiges Verformungsverhalten untereinander, um Zwängungen und unerwünschte Lastumlagerungen der Outriggerglieder zu vermeiden. Insbesondere bei Misch- und Verbundkonstruktionen muß das zeitliche Verformungsverhalten sorgfältig analysiert werden. Letztlich bedarf der Zeitpunkt des Einbaus bzw. des kraftschlüssigen Anschlusses des Outriggersystems besonderer Aufmerksamkeit.

5.2.1 Kern aus Stockwerkrahmen

Die Forderung nach einer maximalen Steifigkeit des Kerntragwerks schließt die Ausbildung biegesteifer Stockwerkrahmen nach der bisher beschriebenen Implementierungsweise im Hochhaustragsystem aus. Der Nachteil dieses schubweichen Tragsystems wird durch die Anordnung von mehreren Kernen aus räumlichen Stockwerkrahmen im Hochhausgrundriß, bevorzugt an den äußeren Eckbereichen, umgangen (Bild 5.15a). Diese werden dann über Fachwerk- oder Vier

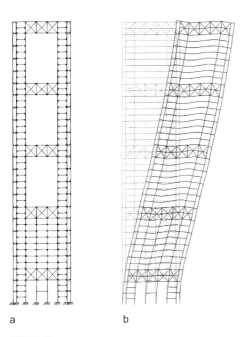

a   b

Bild 5.15
a) Tragsystem mit außen liegenden, räumlichen, biegesteifen Stockwerkrahmen
b) 1. Eigenschwingungsform

endeelträger, wie bei der Prinziplösung anhand von Outriggern, schubsteif verbunden. Die letzteren sind gleichzeitig in der Lage, aus einer Auflagerung oder Abhängung von mehreren Deckenscheiben in ihrem Einzugsbereich resultierende vertikale Lasten, auf die Kerne abzuleiten. Makroskopisch betrachtet übernehmen die Kerntragwerke eine Megastützenfunktion, mit einem möglichst großen Systemhebelarm (Bild 5.15b). Die daraus entstehende hohe Vorspannung aus der Vertikalbelastung verhindert bei Horizontalbelastung die Entwicklung von Zugkräften in den Kernstützen. Die horizontalen Schubträger können am Rande des Gebäudes oder im Gebäudeinneren angeordnet werden, wenn die Nutzung des Gebäudes dies erlaubt.

Kerntragwerke aus Stockwerkrahmen stellen in ihrem Verformungsverhalten eine Kombination aus einer Wandscheibe und einem Stockwerkrahmen dar. Die räumliche Tragstruktur entwickelt infolge von Horizontalbelastung an erster Stelle Druck- und Zugkräfte in den Stützen. Bei den räumlichen Stockwerkrahmen, welche die einzelnen Kerne des Gebäudes bilden, werden alle Knotenpunkte in beiden horizontalen Richtungen biegesteif ausgebildet. Die aus der horizontalen Bemessungsbelastung resultierenden Biegespannungen in den Tragwerksstäben sind teilweise sehr hoch und bestimmen die Querschnittsabmessungen ganz wesentlich. Gegenüber einem räumlichen Fachwerk mit gleichen Abmessungen wird bei diesem System deshalb ein deutlich erhöhter Materialeinsatz benötigt.

Räumliche Stockwerkrahmen werden in der Regel in Stahl- oder Stahl-Beton-Verbundbauweise ausgeführt. Die Tragglieder des Systems sollten aus Profilen zusammengesetzt werden, die eine hohe Biegesteifigkeit in der Trägerebene aufweisen. Doppel-T-Profile und Doppel-U-Querschnitte sind besonders geeignet, da sich bei ihnen durch eingeschweißte Stahlplatten die Flansche leicht durchbinden lassen, und somit eine hohe Biegetragfähigkeit der Knotenpunkte erzielt wird (Bild 5.16). Bei Rechteckhohlprofilen ist das Durchbinden der durch die lokale Momentenbeanspruchung höher belasteten Flansche

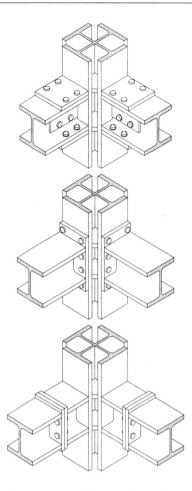

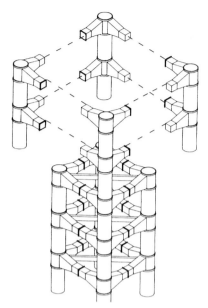

Bild 5.17 Detailisometrie der biegesteifen Knotenausbildung von räumlichen Stockwerkrahmen aus Hohlprofilen

5.2.2 Kern aus ausgesteiften Stockwerkrahmen

Besonders in den USA werden vielfach im Inneren des Gebäudes Kerne als ausgesteifte Stahlkonstruktionen mit einer entsprechenden Brandschutzbekleidung ausgeführt (Bild 5.18). Die Biegesteifigkeit der Kerntragwerke aus ausgesteiften Stockwerkrahmen erlaubt ihre Implementierung im Hochhaustragwerk, wie es im Abschnitt 5.2 beschrieben wurde. Das System hat weitestgehend axialkraftbeanspruchte Tragglieder und führt zu einer wesentlich höheren Effizienz beim Materialverbrauch.

Bild 5.16 Biegesteife Stiel-Riegel-Anschlüsse bei räumlichen Stockwerkrahmen mittels eingeschweißter Stahlplatten

schwieriger. Eine konstruktive Lösung bildet hierbei die Ausbildung von gegossenen Knoten (Bild 5.17).

Die besonderen Vorteile dieses Tragsystems liegen in seiner geometrischen Struktur. Die viereckigen Öffnungen zwischen den Traggliedern ermöglichen den ungehinderten Einbau von Elementen der Gebäudeinstallation sowie geschoßhohe Räume. Wenn in diesem Fall Teile der Tragkonstruktion der Witterung ausgesetzt sind, müssen die zusätzlichen Zwängungen infolge von Temperaturänderungen untersucht werden.

Die Mehrläufigkeit des Fachwerkkerns erfordert die Ausbildung von Knotenpunkten, an denen der Kraftfluß ununterbrochen bleibt. Die Verbindungsmittel an den Knotenpunkten sollen die entwickelten Kräfte ein- und ausleiten. Die Auswahl der Fachwerkstruktur richtet sich in erster Linie nach Steifigkeitskriterien und möglichen Wechselwirkungen mit den Nutzungsanforderungen im Kernbereich (Bild 5.19).

Bild 5.18 Kerntragwerk aus zweigeschossig ausgesteiften Stockwerkrahmen. First Interstate World Center, Los Angeles, Arch. I.M. Pei and Partners, Ing. CBM Engineers, Inc. [5.8]

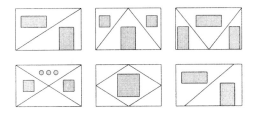

Bild 5.19 Aussteifungsgeometrien im Zusammenhang mit Nutzungsanforderungen

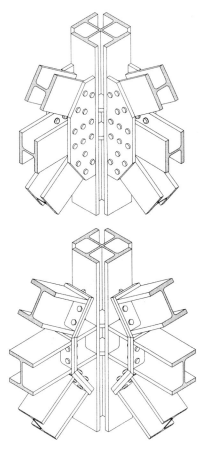

Bild 5.20 Detailausbildung von Fachwerksystemen aus vertikalen X-Verbänden

In der Entwurfsphase wird bei zentrisch ausgesteiften Stockwerkrahmen für die Aussteifungsfelder ein Verhältnis von Höhe zu Breite von 8 : 10 angestrebt. Dies steht jedoch öfters in Konflikt mit den architektonischen Erschließungsanforderungen des Gebäudekerns, so daß auf weniger optimierte Geometrieverhältnisse zurückgegriffen wird. Aussteifende Verbände, die in einem Winkel von

45° gegenüber den Stützen oder Riegeln verlaufen, sind optimal wirksam. Rein zugbeanspruchte Diagonalen können in Winkeln von 30–60° gegenüber den druckbeanspruchten Aussteifungsgliedern eingebaut werden. In Kernbereichen, die mit Nutzungsöffnungen vorgesehen werden sollen, werden öfter die K- und V-förmig geführten Verbände mit druckbeanspruchten Diagonalen ausgeführt. Die aussteifenden Verbände können hier auch über mehrere Geschosse durchlaufen.

Kerne aus ausgesteiften Stockwerkrahmen können anhand von Stahl- oder auch Stahl-Beton-Verbundquerschnitten hergestellt werden. Die Tragglieder werden in der Regel aus warmgewalzten, geschweißten Doppel-T-Profilen gebildet. Die Aussteifungsdiagonalen können auch mit U- oder Winkelprofilen hergestellt werden. Die Anschlüsse der Diagonalen erfolgen durch Knotenbleche, die an die vertikalen bzw. horizontalen Tragglieder angeschweißt sind, und die Knotenpunkte können teilweise geschweißt und geschraubt, oder auch vollständig geschraubt sein (Bild 5.20).

5.2.3 Kern aus Wandscheiben

Kerntragwerke aus Wandscheiben zeigen im Vergleich zu den zwei bisher aufgeführten Kerntragsystemen sehr günstige Steifigkeitseigenschaften. Sie sind in der Lage, sowohl Vertikal-, als auch Horizontalbelastung aufzunehmen. Durch eine möglichst große Aufnahme der vorhandenen Nutz- und Verkehrslasten im Einzugsbereich des Hochhausgrundrisses nimmt der Aufwand für die Biegebewehrung der Wandscheiben sowie für die Gründung des Systems zur Gewährleistung der Kippsicherheit ab (Bild 5.21).

Für die Nutzung des Gebäudekerns sollten Öffnungen in einzelnen Wandscheiben so angeordnet werden, daß der Biegewiderstand der Wandscheiben nahe bei den Druckrändern nicht gefährdet wird. Dasselbe gilt für den vertikalen und horizontalen Schubwiderstand, der im System erhalten bleiben soll, damit die Biegeüberfestigkeit der Wandscheiben während einer Horizontalbelastung mobilisiert werden kann. Dies bedeutet, daß die einzelnen Rahmenfelder geschoßweise übereinander, jeweils um ein Feld versetzt, geschlossen ausgeführt werden sollen (Bild 5.22). Dadurch wird die Ausbildung von Druck- und Zugdiagonalen im System ermöglicht.

Bild 5.22 Anordnung von Öffnungen in Wandscheiben zur Bildung einer Fachwerkstruktur

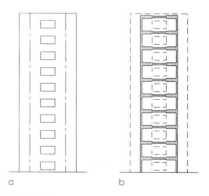

Bild 5.23
a) Wandscheibe mit regelmäßig über die Höhe angeordneten Öffnungen
b) Modellierung der regelmäßig perforierten Wandscheibe als Stockwerkrahmen mit gedrungenen Stäben

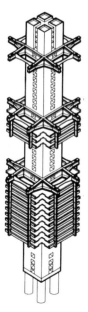

Bild 5.21 Tragsystem mit einem Kern aus Wandscheiben. Standard Bank, Johannesburg [5.5]

Bei den meisten ausgeführten Beispielen sind die Wandscheiben durch zahlreiche Öffnungen perforiert, die über die Wandhöhe weitgehend regelmäßig angeordnet sind (Bild 5.23a). Der aussteifende Kern zerfällt somit in einzelne Wandbereiche mit unterschiedlicher Querschnittsform, die durch Kopplungsriegel schubsteif miteinander verbunden sind. Während für den Kern ein Ebenbleiben des Querschnitts nicht zutrifft, und demzufolge die Nachgiebigkeit der Riegel bei der Schnittgrößenermittlung der Teilquerschnitte berücksichtigt werden muß, stellt der einzelne Teilquerschnitt ein stabartiges, durch zweiachsige Biegung und Normalkraft beanspruchtes Bauteil dar, für das die üblichen Regeln der Stahlbetonbemessung Anwendung finden (Bild 5.23b).

Die Kopplungsriegel erfahren aus der Horizontalverformung des Tragsystems sehr hohe Schub- und Biegebeanspruchungen und können im Tragsystem im elastoplastischen Beanspruchungsbereich sehr gute Energiedissipationseigenschaften mobilisieren. Die kurzen, gedrungenen Kopplungsriegel sind erheblich weicher als die Wandscheiben – im Extremfall wird die Kopplung ausschließlich durch die Deckenscheiben gewährleistet –, und können durch geeignete konstruktive Durchbildung der Bewehrung erhöhte Duktilitätswerte erreichen (siehe auch Abschnitt 8.2).

5.3 Röhrentragwerke

Die am Hochhaustragwerk angreifenden Horizontallasten können am effizientesten abgetragen werden, wenn die Tragstruktur als Hohlkasten mit maximalem Durchmesser, bzw. innerem Hebelarm, und zusätzlichen inneren Versteifungen ausgebildet wird. Diese Überlegung hat zum Prinzip des Röhrentragwerks geführt, bei dem das für die Abtragung der Horizontallasten verantwortliche Tragsystem kontinuierlich am Rande des Gebäudes liegt und eine räumlich geschlossene Form besitzt. Röhrentragwerke bilden aus heutiger Sicht mögliche Tragkonstruktionen zum wirtschaftlich vertretbaren Bau von Hochhäusern mit einer Höhe von über 200 m.

Bei einem Röhrentragwerk werden, wie bei einem Kerntragwerk, die Außenwände schubsteif miteinander verbunden. Dazu werden die Außenstützen mit steifen horizontalen Trägern biegesteif verbunden (Stockwerkrahmenröhre), oder zusätzlich durch Aussteifungsdiagonalen (Fachwerkröhre, Röhre als Gitterstruktur) verstärkt. Eine weitere Röhrentragwerksalternative bilden perforierte Wandscheiben als Stahl-Beton-Verbundkonstruktionen (Röhre aus Wandscheiben). Auch die Bildung von Mischsystemkonstruktionen ist möglich, wobei die Tragebenen der Röhre unterschiedlich ausgeführt werden. Dies kann im Einzelfall beurteilt werden. Neben diesen drei Aussteifungsgrundsystemen kann die Röhrensteifigkeit dadurch weiter gesteigert werden, daß die räumliche Geometrieordnung der Tragglieder (Röhre mit Wendelverlauf, Megaröhrentragwerke) entsprechend angepaßt wird, oder dadurch, daß eine Kopplung von mehreren Röhrentragwerken im gesamten Tragsystem (Rohr-in-Rohr, gebündelte Röhre) erzielt wird.

5.3.1 Stockwerkrahmenröhre

Stockwerkrahmenröhren bestehen aus mehreren miteinander schubsteif verbundenen Stockwerkrahmen. Die Rahmentragglieder werden nach dem Prinzip „starke Riegel – weiche Stützen" ausgeführt. Die Beschränkung der Hochhausverformungen erfordert eine möglichst hohe Biegesteifigkeit der Rahmenknoten, sowie einen vergleichsweise engen Stützenabstand von 1,20 m bis max. 3,50 m und relativ starke Riegel mit Konstruktionshöhen von 0,60 bis 1,20 m. Nach diesem Prinzip wird eine Verformung der Stützen nur im Bereich zwischen den Riegeln angestrebt (Bild 5.24). Die erforderliche Steifigkeit der Riegel kann durch ihre Ausformung als vollwandige Brüstungsträger, oder auch als Fachwerke erreicht werden (Bild 5.25a,b).

Unter Horizontalbelastung verhält sich ein Hohlkasten aus Rahmen gleichzeitig wie ein Kragbalken und wie ein Rahmen. Die Horizontalbelastung wird zunächst durch die Geschoßdecken in die in Lastrichtung angeordneten Rahmen (Steg-Rahmen) eingeleitet.

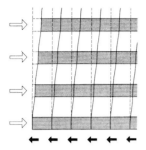

Bild 5.24 Ausbildungsprinzip und idealisiertes Verformungsverhalten der Röhrentragebene aus Stockwerkrahmen

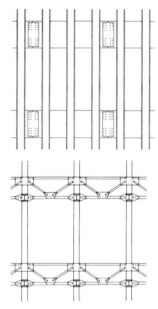

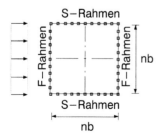

Bild 5.25 Konstruktionsansicht der Stockwerkrahmenröhre
a) Riegel als vollwandiger Brüstungsträger
b) Riegel als Fachwerk

Das daraus resultierende globale Moment des Systems wird, infolge der Balkenwirkung des Hohlkastens, weitgehend durch das Kräftepaar der Stielnormalkräfte aufgenommen (Bild 5.26).

Das Tragverhalten des Röhrentragwerks kann zunächst überschläglich untersucht werden, indem die Querschnittsfläche A aller Stiele, im Umfang des Gebäudes L durch eine äquivalente Wandstärke $t = A/L$ ersetzt wird. Vernachlässigt man die Trägheitsmomente der Flansche um ihre eigene Achse, so können die aus der Horizontalbelastung resultierenden Spannungen σ_e und Normalkräfte N_e in den Stielen der normal zur Lastrichtung angeordneten Rahmen (Flansch-Rahmen) eines quadratischen Hohlkastens wie folgt berechnet werden:

$$\sigma_e = \frac{3\,M}{4\,B^2\,t} \qquad (5.1)$$

$$N_e = \sigma_e\,dt = \frac{3}{4}\frac{M}{B}$$

$$N_e B = 0,75\,M \qquad (5.2)$$

M: Gesamtes Moment am Auflagerbereich des Tragsystems
B: Achsabstand zwischen Flansch-Rahmen, in diesem Fall Breite bzw. Länge der Röhre

In einer quadratischen Röhre werden also 75% des resultierenden Momentes von den Flansch-Tragebenen und der übrige Anteil von 25% von den Steg-Tragebenen aufgenommen. Die in den Steg-Rahmen auftretenden

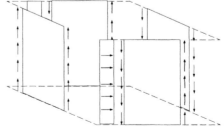

Bild 5.26 Tragwirkung des Hohlkastens aus Wandscheiben

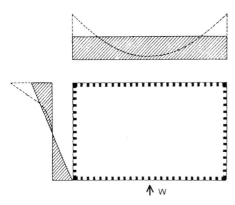

Bild 5.27 Shear-Lag-Effekt in der Stockwerk-rahmenröhre

Normalkraftverformungen haben zur Folge, daß sich die Flansch-Rahmen aus Kontinuitätsgründen an der Lastabtragung beteiligen. Diese durch Schubkräfte gewährleistete Mitwirkung führt zu einer Entlastung der Steg-Rahmen und zu einer entsprechenden Belastung der Flansch-Rahmen. Aufgrund der Schubverformbarkeit der Rahmen weicht jedoch die Verteilung der Stielnormalkräfte über den Hohlkastenquerschnitt gegenüber den oben aufgeführten Ergebnissen nach der Navier-Biegetheorie ab [5.4]. Aufgrund dieses sogenannten „Shear-Lag-Effekts" nehmen die entwickelten Normalkräfte an den Eckbereichen des Systemquerschnitts zu und in Richtung der inneren Stiele ab (Bild 5.27). Die aus der Belastung resultierende Querkraft wird von den Steg-Rahmen durch die Rahmenwirkung, d.h. über die Biegung ihrer Stiele und

Riegel, abgetragen, wodurch in diesen zusätzliche Biegebeanspruchungen erzeugt werden. Theoretisch läßt sich daraus der Schluß ziehen, daß in einer Stockwerkrahmenröhre Shear-Lag-Effekte vermieden werden könnten, wenn die Schubsteifigkeit der Flansch-Rahmen und die Biegesteifigkeit der Steg-Rahmen unendlich groß wären.

Durch die Verformung der obersten Riegelreihen kann sich noch ein weiterer Effekt einstellen, der durch die Vertikalverschiebung der Knoten einen zusätzlichen Einfluß auf die Normalkräfte in den Stielen ausübt (Bild 5.28). Dieser Beanspruchungsanteil ist in der untersten Riegelreihe nicht vorhanden und nimmt nach oben mit der Entfernung von der Einspannung zu. Er kann unter Umständen insgesamt so groß werden, daß sich bei hohen Rahmensystemen im oberen Bereich das Vorzeichen und auch der qualitative Verlauf der Normalkräfte in den Randstielen ändern. Dieser Effekt bewirkt ein anderes Vorzeichen der Kraft nur in den äußeren Randstielen; die relativen Vertikalverschiebungen der Riegelendknoten, und damit auch die Querkräfte in den Riegeln, nehmen von außen nach innen ab. Da an den gemeinsamen Knoten lediglich die Differenz der Riegelquerkräfte von den Stielen aufgenommen wird, muß damit bereits im zweiten Stiel eine, im Vergleich zum Randstiel im Vorzeichen unterschiedliche Normalkraft (Zug +, Druck –) vorhanden sein.

Das hierbei beschriebene Tragverhalten wurde in [5.12] anhand einer Finite-Elemente-Studie der Normalkraftverteilung in den Stielen

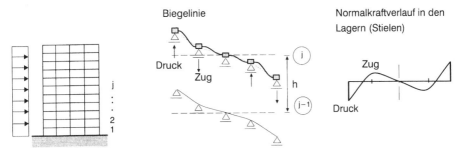

Bild 5.28 Anteil an Normalkraft in den Stielen aus der Rahmenknotenverschiebung eines Geschosses. Modellierung der Riegelreihe als flexibel gelagerter Durchlaufträger ($EA_S \neq \infty$) [5.12]

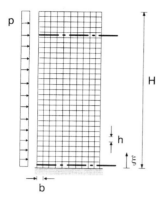

Systemwerte: Stiel, Riegel: HE−M240
              H=90,0 m
              h=3,0 m
              b=3,0 m
              p=10,0 kN/m
              n=10

Bild 5.29 Modellierung einer schubweichen
Stockwerkrahmenröhre [5.12]

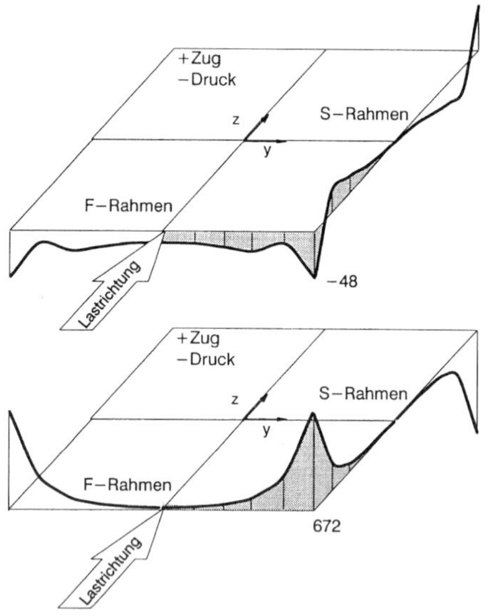

Bild 5.30 Normalkraftverlauf in den Stielen der
Stockwerkrahmenröhre vom Bild 5.29 [5.12]

einer schubweichen Stockwerkrahmenröhre, mit gleichen Stiel- und Riegelquerschnitten, gezeigt (Bild 5.29). Im Querschnitt $\xi = 0$ erfahren die Normalkräfte im Eckbereich einen starken Anstieg und sind wesentlich größer als im Innenbereich. Im Querschnitt $\xi = 5/6$ wirkt sich der Einfluß aus den Knotenverformungen (Längsdehnungen der Stiele) der darunterliegenden Stockwerke so stark aus, daß die qualitative Beanspruchung der Eckstiele sich ändert (Zug → Druck) (Bild 5.30).

Prinzipiell läßt sich feststellen, daß eine Stockwerkrahmenröhre nicht in der Lage ist, die potentielle Steifigkeit und Festigkeit der Hohlkastenstruktur zu erreichen. Die Rahmenverformungen aufgrund der Schub- und Biegeverformungen der Tragglieder, und aufgrund der Knotenverdrehungen, verringern die maximale effektive Steifigkeit des idealisierten Kragsystems. Die Begrenzung von Shear-Lag-Effekten in der Tragstruktur spielt demzufolge eine sehr wichtige Rolle in der Entwicklung eines optimierten Stockwerkrahmen-Röhrentragwerks. Die Effektivität des Tragsystems sollte von einem Biegeverformungsanteil infolge Horizontalbelastung von minde-

stens 75% gekennzeichnet sein. Dieses Kriterium könnte bereits im Anfangsstadium des Hochhausentwurfs berücksichtigt werden, weil die Steifigkeitsverhältnisse der Tragglieder, wie auch die geometrische Form der Hohlkastenstruktur, einen direkten Einfluß auf den Shear-Lag-Faktor – Verhältnis der resultierenden Spannungen in den mittigen Stielen zu den Spannungen in den Randstielen – haben. Anhand eines Hochhausentwurfs wurde in [5.7] gezeigt, daß achteckige Hohlkastenquerschnitte verminderte Shear-Lag-Faktoren gegenüber quadratischen Formen bewirken.

Eine erste Optimierungsüberlegung besteht darin, die Stockwerkrahmenröhre aufgrund der inhomogenen Lastverteilung in ihren einzelnen Stützen, entsprechend dem unterschiedlichen Spannungsverlauf zu dimensionieren. Dies würde aber zu Problemen in der Standardisierung und Detaillierung der nichttragenden Elemente (Fassade, Innenwände, abgehängte Decken) führen. In diesem Zusammenhang muß auch beachtet werden, daß die schubsteife Kopplung der einzelnen Stützen der Rahmenröhre, vornehmlich eine Verteilung der Vertikallasten gemäß ihren anteiligen Querschnittsflächen bewirkt, und nicht entsprechend den im Grundriß festgelegten Lasteinzugsbereichen. Dieses gewinnt besonders an Bedeutung, wenn, aufgrund der Querschnittsoptimierung der Stützen, einzelne Stützen der Röhre einen größeren Querschnitt erhalten, als aufgrund der Lasteinzugsbereiche erforderlich ist.

Während in den Eckstielen der Normalkrafterhöhung infolge von Horizontallasten eine geringere Belastung aus den herrschenden Vertikallasten gegenübersteht, verhindert mit zunehmender Gebäudehöhe die vor allem im unteren Bereich hohe Biegebeanspruchung der Steg-Rahmenstiele die Effektivität der Tragkonstruktion. Eine Möglichkeit zur Optimierung der Struktur in dieser Hinsicht besteht darin, alle Stützen mit gleichen Profil-Außenabmessungen auszuführen, und lediglich die Steifigkeit des Tragwerks im unteren Bereich zu vergrößern. Dies kann durch den Einsatz von zusätzlichen Aussteifungselementen, wie z.B. Wandscheiben, erreicht werden (Bild 5.31a). Das unterschiedliche Verformungsverhalten der letzteren und der Rahmenröhre würde im unteren Bereich die notwendige Entlastung der Schubkräfte in der Rahmenstruktur ermöglichen. Als Folge tritt eine erhebliche Verringerung der Biegebeanspruchungen der Steg-Rahmenstiele ein. Gleichzeitig nimmt der Schubanteil der Horizontalverschiebung stark ab.

Die Optimierung der Tragstruktur, im Sinne einer unregelmäßigen Steifigkeitsverteilung über die Gebäudehöhe, mit dem Einzug von zusätzlicher Steifigkeit im unteren Tragwerksbereich, steht im Zusammenhang mit der Gebäudenutzung in den unteren Geschossen des Gebäudes. Aus architektonischer Sicht ist im Eingangsbereich des Gebäudes der in den Obergeschossen in der Regel mögliche enge Stützenabstand der Tragstruktur nicht akzeptabel, so daß entsprechende Abfangkonstruktionen zu einer Änderung des Aussteifungssystems im unteren Bereich erforderlich werden (Bild 5.31b,c).

Stockwerkrahmenröhren können in Stahl-, in Stahlbeton, oder auch in Verbundbauweise hergestellt werden. Bei den biegesteifen

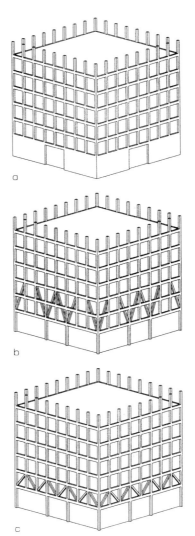

Bild 5.31 Modifizierungen der Stockwerkrahmenröhre im unteren Bereich
a) Einzug von zusätzlichen Wandscheiben
b) Einzug von Diagonalgliedern
c) Einzug von Abfangträgern

Stahlrahmen in der Röhrenstruktur werden Schweißverbindungen in den Knoten erforderlich, damit die Kontinuität und die Festigkeit der Struktur gewährleistet ist. Die werksmäßige Vorfertigung von kreuzförmigen Traggliedern ermöglicht ein praktisches und effizientes Tragsystem. Die kreuzförmigen Tragglieder werden aufgestellt, indem die Riegel

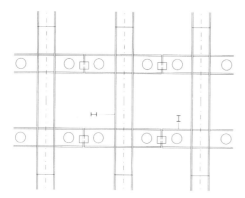

Bild 5.32 Typische Stockwerkrahmeneinheit aus vorgefertigten kreuzförmigen Traggliedern

in der Spannmitte, an den Stellen mit den geringsten Biegemomenten, durch Bolzen verbunden werden (Bild 5.32).

Die monolithische Natur der hochfesten Stahlbetonkonstruktionen, und die Entwicklung geeigneter Schalungssysteme, ermöglichen auf der anderen Seite ununterbrochene Verbindungen der Tragglieder und wirtschaftlich vertretbare Konstruktionen. Im Einzelfall erfahren die Stahlbetonkonstruktionen durch den Verbund mit Stahl, in Kombination mit der Materialersparnis, eine Erhöhung ihrer Steifigkeit (siehe auch Abschnitt 5.3.3).

5.3.2 Fachwerkröhre

Fachwerkröhren sind dreidimensionale Struktursysteme, die aus diagonal ausgesteiften Stockwerkrahmen oder aus Fachwerkträgern zusammengesetzt sind. Die Diagonalglieder verleihen der Tragstruktur durch ihre gemeinsamen Schnittpunkte an den Ecken des Gebäudes die notwendige Kontinuität, so daß die Fachwerkstruktur in beiden Tragebenen der Röhre und in deren Eckbereichen vorhanden ist (Bild 5.33). Das Tragwerk ist ein sehr steifes System mit Biegeverformungen, da aus der Horizontalbelastung nur Normalkräfte in der Achsrichtung der Tragglieder hervorgerufen werden. Dies ermöglicht einen im Vergleich zu einer Stockwerkrahmenröhre wesentlich effektiveren Materialeinsatz und eine

Vergrößerung der Fassadenflächen des Gebäudes.

Die Verwendung einer begrenzten Anzahl von steifen Diagonalgliedern in der Röhrentragebene ermöglicht eine weite Positionierung der vertikalen Fachwerkglieder, die durch die in der Regel um 45° geneigten Diagonalen auch mit den horizontalen Trägern gekoppelt werden. Die Diagonalen der Tragstruktur gleichen an erster Stelle die aus der Vertikalbelastung entstehenden Spannungen in den vertikalen Fachwerkgliedern aus. Hierbei werden die gekoppelten horizontalen Träger zugbeansprucht, außer dem obersten Träger (Bild 5.34). Diese Umverteilung der Vertikalbelastung auf die vertikalen Fachwerkglieder hat positive Auswirkungen auf die Querschnittsabmessungen der Tragglieder und auf die Fundamente des Systems aufgrund der damit verbundenen Reduzierung der Kippgefährdung der Konstruktion.

In Tragebenen mit einfacher Diagonalaussteifung ist diese, im Sinne des oben genannten Spannungsausgleichs, relativ unwirksam, da die Diagonalen mit den horizontalen Trä-

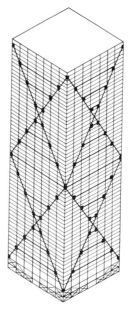

Bild 5.33 Geometrische Ausbildung einer Fachwerkröhre

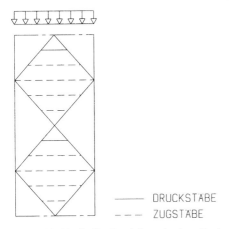

Bild 5.34 Vertikalkraftverteilung in einer Fachwerkröhre

—— DRUCKSTÄBE
− − − ZUGSTÄBE

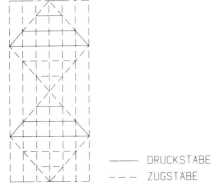

—— DRUCKSTÄBE
− − − ZUGSTÄBE

Bild 5.35 Horizontalkraftverteilung in der der Horizontalkraft ausgesetzten Flanschebene einer Fachwerkröhre

gern nicht kreuzgebunden sind. In diesem Fall sind die Diagonalen nicht in der Lage, negative Auflagerkräfte zu entwickeln, um die vertikalen Kräfte von den Mittelstützen zu den Randstützen weiterzuleiten.

Infolge einer Horizontalbelastung des Tragsystems werden die Längskräfte in allen Stützen durch die Diagonalen den Flanschebenen der Röhre gleichgesetzt. Die gekoppelten Träger in der vorderen Flansch-Tragebene, oberhalb und unterhalb des Schnittpunkts der X-förmigen Aussteifung, erfahren eine Zug- bzw. Druckbeanspruchung (Bild 5.35). In der hin-

teren Flanschebene der Tragstruktur haben die Kräfte eine entgegengesetzte Richtung.

Die Superposition der Lastverteilung in den Flanschebenen der Tragstruktur aufgrund Vertikal- und Horizontalbelastung zeigt, daß alle Diagonalen der hinteren Flanschebene druckbeansprucht werden. Somit kann die volle Querschnittsfläche der vertikallastabtragenden Tragglieder bei der Entwicklung des „Bruttoträgheitsmomentes" des Hohlkastens aktiviert werden. Die horizontalen Träger werden hierbei zugbeansprucht, ein unvermeidbarer Nachteil in diesem Zusammenhang. Die resultierenden Kräfte in der vorderen Flansch-Tragebene und in den Stegebenen der Tragstruktur richten sich hingegen nach den relativen Größen der entsprechenden Kräfte aus der Vertikal- bzw. Horizontalbelastung.

Das Tragverhalten der Fachwerkröhre zeigt keine Shear-Lag-Effekte und die Geschoßdecken tragen nicht mehr notwendigerweise in ihrer Gesamtheit zur Horizontalaussteifung bei. Diejenigen horizontalen Randträger, die sich nicht an der primären Fachwerkstruktur

Bild 5.36 Röhrentragwerk aus biegesteifen Stockwerkrahmen und ausgesteiften Stockwerkrahmen

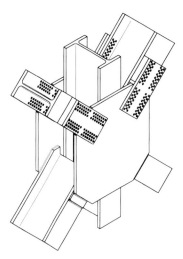

Bild 5.37 Typisches Aussteifungsknotendetail aus I-Stahlprofilen in einer Fachwerkröhre

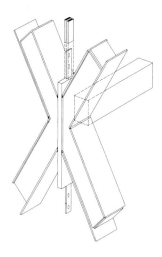

Bild 5.38 Typisches Aussteifungsknotendetail aus Stahlhohlprofilen in einer Fachwerkröhre

beteiligen, werden lediglich für die lokalen Deckenlasten dimensioniert.

Das Prinzip der Fachwerkröhre kann auch in Stockwerkrahmenröhren zur Minimierung der Shear-Lag-Effekte angewandt werden. Die Stockwerkrahmenröhre kann z.B. an den Eckbereichen durch ein Fachwerksystem in Form eines Winkelprofils aus mehr- oder eingeschossigen Aussteifungsverbänden ersetzt werden, so daß eine Verstärkung des Systems im Sinne einer Zunahme der Biegeverformungen aus Horizontalbelastung erzielt wird (Bild 5.36).

Für die konstruktive Ausbildung der Fachwerkstruktur aus Stahl werden schwere, fast geschoßhohe Knotenbleche mit geschweißten und geschraubten Montageanschlüssen verwendet. Die Stützen und die Diagonalen sind schwere geschweißte I-Profile, mit einer Brandschutzisolierung und einer Blechverkleidung (Bild 5.37). Alternativ dazu können für die Fachwerktragglieder geschweißte Hohlprofile verwendet werden, die an vorgefertigte Knotenelemente gestoßen werden. Die Knotenelemente werden aus Diagonalhohlprofilen, die mit einem Knotenblech verschweißt sind, zusammengesetzt (Bild 5.38).

Die Anwendung des Fachwerkröhrenprinzips in einer Stahlbetonkonstruktion kann ermöglicht werden, wenn die Öffnungen einer Stockwerkrahmenröhre zwischen den vertikalen und den horizontalen Traggliedern, in Richtung der Diagonalaussteifung der entsprechenden Fachwerkstruktur, mit Wandscheiben ausgefüllt werden (Bild 5.39). Die Beton-

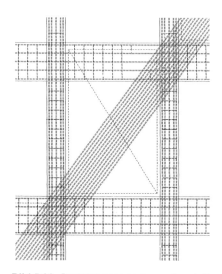

Bild 5.39 Bewehrungsprinzip von Aussteifungsbetonpaneelen

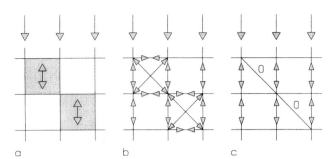

Bild 5.40 Modellierung von Betonpaneelen
a) Wandscheibenelement
b) Äquivalenter X-Verband
c) Äquivalente einzige Aussteifungsdiagonale

paneele nehmen sowohl Axialkräfte, als auch Schubkräfte auf. Die Effizienz der Stockwerkrahmenröhre wird vergrößert, indem die Shear-Lag-Effekte aus der Biegung der Riegel und Stiele reduziert werden. Die Umverteilung der Vertikallasten in den Stielen des Systems durch die Paneele begünstigen die Minimierung der unterschiedlichen Stauchungen der Stiele. In der statischen Analyse können die Betonpaneele mit Finite-Elementen oder mit einem X-Verband im Rahmenfeld modelliert werden. Nur diese zwei Methoden erlauben die Berücksichtigung der Vorspannung aus der Vertikalbelastung, welche nicht möglich ist, wenn die Paneele nur mit einer Diagonale modelliert werden (Bild 5.40).

5.3.3 Röhre aus Wandscheiben

Das Röhrentragwerk aus Wandscheiben besteht aus einzelnen, schubsteif miteinander verbundenen Wandscheiben. Um der Gesetzmäßigkeit einer Röhre zu folgen, sollten Stö-

rungen und Öffnungen sehr gering gehalten werden. Nur in dieser Weise kann ein Maximum an Steifigkeit für die Tragstruktur erreicht werden. Diese Einschränkung behindert aus architektonischer Sicht die Anwendung des Systems auf die Hochhaustragfassade. Das geschlossene Röhrensystem kann im Hochhausgrundriß statt dessen nur als innerer Kern verwendet werden.

Die Röhre aus Wandscheiben bildet also eine Abweichung vom idealisierten Kragbalkensystem, nachdem in den Fassaden-Tragebenen Öffnungen mit einer bestimmten Regelmäßigkeit vorgesehen werden. Daraus entwickelt sich eine Stockwerkrahmenröhre aus hochfesten Stahlbetonstabgliedern (Bild 5.41). Die Tragstruktur kann eventuell, wie im vorherigen Kapitel beschrieben wurde, zu einer Fachwerkröhre weiterentwickelt werden. Die Auswahl der Materialbauweise und festigkeit für die Stockwerkrahmenröhre erfolgt im Einzelfall nach statisch-konstruktiven Kriterien (siehe auch Kapitel 2).

Eine aus statisch-konstruktiven und wirtschaftlichen Gründen vielversprechende Alternative bildet die Ausbildung der Stockwerkrahmenröhre in einer Stahl-Beton-Verbundbauweise, so daß die Vorteile beider Kon-

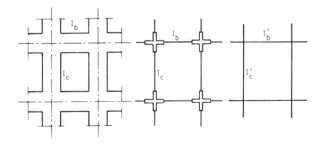

Bild 5.41 Stockwerkrahmenröhrenfeld aus steifen Riegeln und Stielen, Modellierung

struktionsbauweisen vereint werden – schnelle Bauzeiten bei Stahl, hohe Druckfestigkeit und Brandschutz bei Beton. In diesem Fall besteht die Verbundkonstruktion aus einem leichten Stahlskelett, das nachträglich, mit Bewehrung verstärkt, einbetoniert wird (Bild 5.42).

Die bei diesem System schwachen Stahlriegel dienen zur Stabilisierung der Stahlstiele und haben kaum Einfluß auf die Steifigkeit und Festigkeit des Querschnitts. Statt dessen kann der Riegelquerschnitt ausschließlich aus Stahlprofilen bestehen (Bild 5.43).

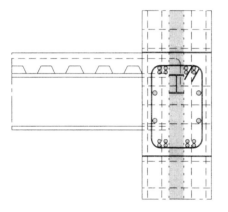

Bild 5.42 Typisches Konstruktionsdetail einer Stockwerkrahmenröhre in Stahl-Beton-Verbundbauweise

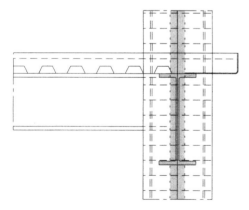

Bild 5.43 Typisches Konstruktionsdetail einer Stockwerkrahmenröhre mit Stahl-Beton-Verbundstielen und Stahlriegeln

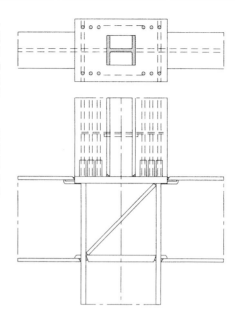

Bild 5.44 Typisches Anschlußdetail eines Stahl-Beton-Verbundstieles an einen Stahlstiel

Der Stahl-Beton-Verbundbau kann auch aus Gründen der Vereinfachung der Knotenverbindungen in der biegesteifen Stahlrahmenstruktur bevorzugt werden. Nach dieser Überlegung können hybride Konstruktionen entstehen, wobei die Stockwerkrahmenröhre im unteren und im oberen Bereich ausschließlich in Stahl- bzw. in Stahl-Beton-Verbundbauweise erstellt wird. In diesem Fall sind zusätzliche Schweißverbindungen zwischen den oberen Stielen, der Betonbewehrung, wie auch den Riegeln und den Verstärkungsplatten mit der unten stehenden Stahlkonstruktion erforderlich, damit eine ausreichende Biegesteifigkeit der Tragglieder erreicht werden kann (Bild 5.44).

In allen Systemen bildet das Stahlskelett die Hilfskonstruktion für die Errichtung des Tragsystems, so daß der Bauablauf entflochten und beschleunigt werden kann. Während des Bauablaufs übernimmt das Stahlskelett die horizontale Aussteifung des Systems. Wenn dies aufgrund mangelnder Steifigkeit nicht möglich ist, werden die Stahlrahmen durch temporäre Aussteifungsverbände weiter ver-

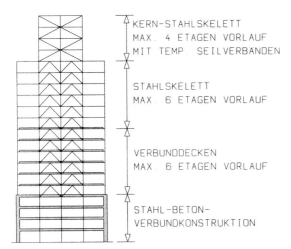

KERN-STAHLSKELETT
MAX. 4 ETAGEN VORLAUF
MIT TEMP. SEILVERBANDEN

STAHLSKELETT
MAX. 6 ETAGEN VORLAUF

VERBUNDDECKEN
MAX. 6 ETAGEN VORLAUF

STAHL-BETON-
VERBUNDKONSTRUKTION

Bild 5.45 Bauablauf einer Stockwerk-rahmenröhre in Stahl-Beton-Verbundbau-weise

stärkt. Die Aufstellung des Stahlskeletts hat gegenüber dem Betonieren der Verbund-röhrenkonstruktion einen Vorlauf von bis zu 10 Geschossen (Bild 5.45). Das Betonieren der jeweiligen Verbundkonstruktion erfolgt, wie bei den Stahlbeton-Stockwerkrahmen, unter Einsatz einer selbstkletternden Schalung.

5.3.4 Röhre als Gitterstruktur

Röhren als Gitterstrukturen sind effiziente und materialsparende Tragstrukturen, da alle Tragglieder als vorwiegend zug- und druck-beanspruchte Elemente ausgebildet werden (Bild 5.46). Die ebenen Gitterstrukturen der Tragebenen können als Fachwerke mit enger Stabvernetzung betrachtet werden, in welchen die vertikalen Tragglieder in der Ebene ver-dreht sind. Die Diagonalen des Systems bil-den erst durch ihre Verbindung mit den Dek-kenscheiben bzw. mit horizontalen Rand-trägern geschlossene Fachwerkdreiecke.

Bei der Abtragung der Vertikallasten in die Fundamente des Systems zeigen die Trag-glieder der Gitterstruktur gegenüber vertika-len Traggliedern eine verminderte Effektivität. Auf der anderen Seite benötigen sie im Ver-gleich zu den orthogonalen Tragstrukturen infolge von Horizontalbelastung verminderte Querschnittsabmessungen. Die Tragglieder folgen dem Verlauf der Trajektorien der ent-sprechend belasteten Ebene. Die für die Kraft-

ableitung eingeführten Richtungen der Trag-glieder sollten dabei gleiche Kraft-Weglängen aufweisen, um eine gleichmäßige Belastung der Tragglieder zu gewährleisten.

In einer rechteckigen Röhre erfordert die schubsteife Verbindung der einzelnen Gitter-tragebenen die Ausführung von vertikalen Traggliedern an den Eckbereichen des Quer-

Bild 5.46 Röhre als Gitterstruktur mit quadrati-schem Grundriß

schnitts, welche die Umleitung der resultierenden Kräfte im Hohlkastensystem gewährleisten. Die vertikalen Tragglieder und der
obere bzw. untere Randträger übernehmen
hauptsächlich die vertikalen Lasten der entsprechenden Gitterstruktur in der Außenfläche
des Gebäudes. Bei hohen Gebäuden kann
das Tragwerk durch die Ausführung steifer
horizontaler Randträger in vertikale Abschnitte
von Gittertragebenen aufgeteilt werden. Im
unteren Hochhausbereich muß die Tragstruktur jedoch an die architektonischen Anforderungen angepaßt werden. Dies kann im
Extremfall bedeuten, daß das Tragsystem
durch einen Abfangträger in ein schubweiches
System übergeht.

Eine effektivere Tragwirkung des Systems bei
Horizontalbelastung kann bei kreisförmigen
Röhrenquerschnitten mit Gitterstrukturen erreicht werden. Bei diesen Systemen entfällt
die Bedingung einer schubsteifen Verbindung
der einzelnen Tragebenen durch vertikale
Sondertragglieder, und damit die hierarchische Gesetzmäßigkeit innerhalb der Tragstruktur in der Horizontalen (Bild 5.47). Das
Tragwerk besteht lediglich aus einer durch-
gehend im Umfang des Gebäudes angeleg-

ten Gitterstruktur und aus horizontalen Ringträgern, die das Tragwerk in einzelne Abschnitte aufteilen und die Druck- bzw. Zugkräfte zur Stabilisierung der Gitterstruktur aufnehmen. Bei ungleichmäßiger Horizontalbelastung werden die Ringträger biegesteif an
die Struktur angeschlossen. Die Gittertragglieder bestehen aus zwei, über die Tragwerkshöhe diagonal gegenüberlaufenden
geraden Scharen.

Das ungünstige Tragverhalten der Tragglieder
der Gitterstruktur in der Vertikallastabtragung
und die teilweise komplexen Knotenverbindungen mit den Deckenscheiben können
durch den Einsatz von zusätzlichen Stützen
im Inneren des Gebäudes relativiert werden.
So übernimmt die äußere Gitterstruktur an
erster Stelle eine Aussteifungsfunktion im
gesamten Tragwerk gegen Horizontalbela-

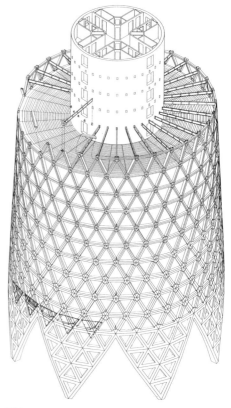

Bild 5.47 Röhre als Gitterstruktur mit kreisförmigem Grundriß

Bild 5.48 Röhre als Gitterstruktur mit innerem
Kern aus Wandscheiben [5.14]

stung. Eine für die Auflagerung der Deckenscheiben sinnvolle Anwendung dieses Prin-
zips bildet die Kombination von Wandscheiben
im inneren Bereich und horizontal umlaufen-
den Ringträgern auf jedem Geschoß, die
gleichzeitig mit der Gitterstruktur geschlossene Fachwerkdreiecke bilden (Bild 5.48).

Röhren als Gitterstrukturen entwickeln infolge von Horizontalbelastung ein ähnliches
biegeweiches Verformungsverhalten, wie das
von Röhren mit massiven Wandscheiben.
Trotz ihres günstigen horizontalen Tragverformungsverhaltens findet dieses System
selten Anwendung im Hochhausbau, da sich
seine konstruktive Ausbildung nur mit einer
großen Anzahl von Knoten- bzw. Durch-
dringungspunkten im Primärtragwerk realisieren läßt. Eine weitere Schwierigkeit bildet der
daraus erforderliche hohe Detaillierungsgrad
der konstruktiven Verbindungen der Fassa-
denelemente mit dem Tragwerk.

Die Knotenverbindungen bei Röhren aus ebenen Gitterstrukturen haben eine Schlüssel-
funktion zur Gewährleistung der axialen Lastabtragung innerhalb der Gitterstruktur. Sie
können in Stahlbauweise, mit Rohrhohl-
profilen oder auch mit Knotenblechen erstellt
werden. Rohrknoten erfordern eine sorgfältige Abstimmung des Durchmessers und der
Wandstärke der zu verbindenden Rohre, damit Krafteinleitungsprobleme vermieden werden können. Die Verwendung von Knoten-

Bild 5.50 Knotenverbindung einer Gitterstruktur
mit zweiteiligen Rohrknoten. Bush Lane House,
London, Arch., Ing. Arup + Ass. [5.1]

blechen ermöglicht eine einfache und kosten-
günstige Konstruktionsform. Dieses Ver-
bindungselement verhindert im Vergleich zu
den anderen Konstruktionsweisen die Umsetzung der als Gelenke definierten Knotenpunkte am besten. Es entstehen Biegespannungen
in den einzelnen Traggliedern, die für die Planung der Gitterstruktur als primäres Tragelement im Tragsystem, statisch und konstruktiv nicht unberücksichtigt bleiben dürfen. Die
Profilwahl der Tragglieder steht im direkten
Zusammenhang mit der ausgewählten Knotenverbindung. Rechteckrohrprofile, Doppel-
T-, U- und vergleichbare Querschnitte werden
über Knotenbleche zusammen verbunden
(Bild 5.49). Die Verbindung von Rundrohren
ist durch Verschweißen mit den Rohrknoten
möglich (Bild 5.50).

Bei einem kreisförmigem Röhrenquerschnitt
bilden die aus dem geometrischen Wendelverlauf der Tragglieder resultierenden verwundenen Flächen in eckigen Profilen, eine besondere konstruktive Schwierigkeit (siehe
auch Abschnitt 5.3.5). Hier werden runde
Profilquerschnitte bevorzugt, weil sich das
Verbindungsdetail um das runde Profil beliebig ausrichten läßt (Bild 5.51).

In Stahlbetonbauweise kann die Gitterstruktur
durch eine Elementierung der einzelnen Tragglieder in Stahlbetonfertigbauteile hergestellt
werden. Eine Voraussetzung dafür ist die Vorspannung der Stabelemente, und somit die
Aktivierung des Verbunds. Die Elementierung

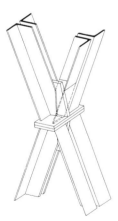

Bild 5.49 Typische Knotenverbindung einer
Gitterstruktur mit Knotenblechen

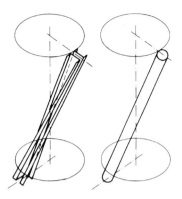

Bild 5.51 Verwindung gerader Stabelemente mit eckigem Profil, übertrieben dargestellt, nicht verwundenes Rohrelement

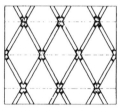

a

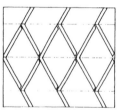

b

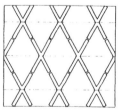

c

Bild 5.52 Elementierung der Stahlbeton-gitterstruktur
a) Knoten und Einzelstäbe
b) V-förmige Elemente
c) X-förmige Elemente

des Tragwerks ist in verschiedenen Formen möglich. Dazu können Einzeldiagonalen mit vorgefertigten Knotenelementen (Bild 5.52a), V-förmige Tragelemente aus je zwei gleich-seitigen Diagonalen (Bild 5.52b), oder auch X-förmige Halbverbände (Bild 5.52c) mitein-ander kraftschlüssig verbunden werden.

5.3.5 Röhre mit Wendelverlauf

Bei sehr hohen Tragwerken kann das Prinzip der Röhre als Gitterstruktur weiter entwickelt werden, indem angestrebt wird, die Anzahl der erforderlichen Knotenverbindungen zu redu-zieren und die vertikalen Lasten der primären Tragglieder des Aussteifungssystems zur Horizontallastabtragung heranzuziehen. Aus-gehend von den geometrischen Gesetzmä-ßigkeiten der Tragglieder der Gitterstruktur in einem kreisförmigen Röhrenquerschnitt, kön-nen sich die Tragglieder der Konstruktion auf wenige Stützen konzentrieren, die einen Wendelverlauf über die Höhe besitzen. Die schubsteife Verbindung der Megastützen mit-einander erfolgt an Mehrpunktquerschnitten hoher Steifigkeit durch steife horizontale Trä-ger entlang der äußeren Gebäudeabmes-sungen (Megastockwerkrahmenröhre) oder durch Diagonalen (Megafachwerkröhre) (Bild 5.53).

Der rotationssymmetrische Baukörper hat eine geringere Angriffsfläche bei Wind, die zu einer Verringerung der resultierenden Längs-kräfte und Biegemomente im Tragwerk führt. Zusätzlich dazu zeigt die Tragstruktur durch die Faltung der Oberfläche eine geringere Anfälligkeit für Querschwingungen aus der Windbelastung. Durch ihren Wendelverlauf, im Verbund mit den biegesteif angeschlosse-nen Deckenscheiben ermöglichen die Mega-stützen des Systems bei asymmetrischer Horizontalbelastung eine hohe Torsions-steifigkeit des Systems.

Als Werkstoff bietet sich für die Megastützen Stahlbeton oder hochfester Beton an, wobei der Querschnitt als Verbundkonstruktion – Betonquerschnitt mit eingestelltem Stahlprofil – ausgeführt wird. Der dem inneren Kraft-verlauf angepaßte Stützenquerschnitt wird meistens eine polygonale Form besitzen. Der Wendelverlauf der Megastützen ist auf der anderen Seite für die Strukturform des gesamten Tragsystems maßgebend und in erster Linie weniger statischen, sondern mehr konstruktiven und wirtschaftlichen Kriterien unterworfen. Bereits beim konstruktiven Entwurf des Systems muß der Gefahr von verwundenen Flächen im Profilquerschnitt eine besondere Beachtung geschenkt werden. Dies würde die Möglichkeit einer Vorfertigung von Teilen der primären Tragkonstruktion ausschließen, und vor allem eine über die Tragwerkshöhe ständige und unterschiedliche Anpassung des Schalungsgerüsts an die Stahlbetonkonstruktion erfordern.

Wie im Bild 5.51 gezeigt wird, bewirkt die Rotation von parallelen Linien über eine bestimmte Höhe unterschiedliche horizontale Abstände zwischen diesen. Der kleinste Abstand bildet sich auf halber Höhe der größte Abstand im untersten bzw. obersten Querschnitt. Auch die Winkel zwischen den Stützenebenen ändern sich entlang der Richtung des Elements. Wenn der unterste und oberste Querschnitt des Körpers entsprechend rotiert werden, können gleiche Abstände zwischen den Kanten der anfänglich parallelen Linien, und konstante Winkel zwischen den Ebenen jedes Querschnitts, nur durch eine gewindeförmige Rotation erhalten bleiben. Die gewindeförmige Rotation mit konstanten Winkelunterschieden über die gesamte Höhe bildet die natürliche Rotationsform. Aufgrund der Gesetze der Tragwerksanalyse nimmt der Querschnitt der Megastützen von unten nach oben ab. Die Winkel der Stützenebenen sollten dabei jedoch konstant bleiben.

Der für den konstruktiven Aufbau der Tragstruktur idealisierte gewindeförmige Verlauf der Megastützen ermöglicht durch die so entstehenden größeren Lastwege zu den Fundamenten des Systems keine vorteilhafte Abtragung der vertikalen Lasten des Gebäudes.

Eine Alternative bildet ein diagonal geradliniger Verlauf der Megastützen bis zur jeweiligen Ebene der horizontalen schubsteifen Kopplungsträger. In diesen Bereichen werden

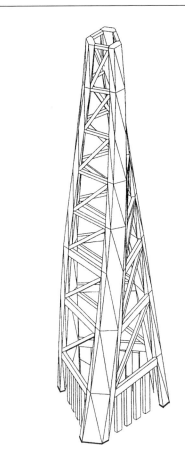

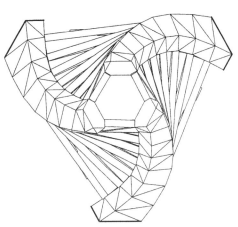

Bild 5.53 Fachwerkröhre mit Wendelverlauf, Isometrie und Tragwerksaufsicht. Projekt „Philippine Centennial Tower", Arch. F. Grimm, Ing. Leonhardt, Andrä und Partner

für die biegesteife Verbindung der einzelnen Stützenabschnitte Knotenelemente angesetzt, die konstruktiv stark verwundene Querschnittsflächen aufweisen. Die Stützenabschnitte unterliegen keiner Verdrehung um ihre eigene Achse, sondern lediglich einer entsprechenden Rotation um den Schwerpunkt des gesamten Tragsystems (Bild 5.54). Dadurch kann ein Kompromiß für eine wirtschaftlich vertretbare Elementierung der primären Tragglieder mit einem günstigeren statischen Tragverhalten des Systems erzielt werden.

Röhren mit Wendelverlauf verlangen aufgrund ihrer Geometrie eine besondere Detaillierung der Fassadenanschlüsse. Eine besondere Schwierigkeit bildet auch die Rotation der Deckenscheiben und dementsprechend der Nutzungsflächen des Gebäudes. Eine Abhängung der Stockwerke ist bei diesem System auszuschließen. Wie bei einer Röhre als Gitterstruktur wird auch bei diesem System die Ausführung von vertikalen Traggliedern im inneren Bereich bzw. Wandscheiben mit torsionssteifen Ringträgern erforderlich. Die Deckenträger können dann auf eine innere Ringträgerkonstruktion aufgelagert werden und zu den äußeren Ebenen der Röhre hin auskragen. An diesen Stellen sind sie mit Kragkonsolen versehen, die in der endgültigen Stellung ausgeklappt und versteift werden.

5.3.6 Rohr-in-Rohr

Die Kopplung von einem inneren Kern- und einem Röhrentragwerk kann auf der Basis aller bisher ausgeführten Aussteifungstragsysteme erfolgen (siehe Abschnitte 5.2.1 bis 5.2.3 und 5.3.1 bis 5.3.5), so daß die Effektivität und die Tragfähigkeit des Hochhaustragsystems gegenüber Vertikal- bzw. Horizontalbelastung erhöht wird. Der schubsteife Verbund zwischen dem Kern- und dem Röhrentragwerk erfolgt durch die Deckenscheiben oder auch zusammen mit einem Outriggersystem (Bild 5.55). Das Rohr-in-Rohr Tragwerk erweist sich im Bereich bis zu 80 Geschossen als eine wirtschaftliche Hochhaustragwerksalternative.

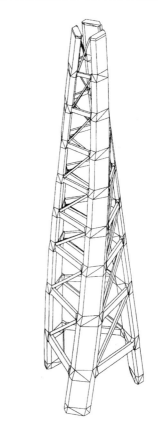

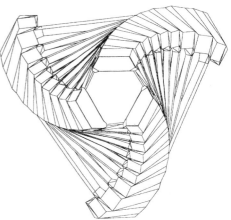

Bild 5.54 Fachwerkröhre mit Wendelverlauf durch Elementierung von geradlinigen Megastützenabschnitten und -knoten, Isometrie und Tragwerksaufsicht. Projekt „Philippine Centennial Tower", Arch. F. Grimm, Ing. Leonhardt, Andrä und Partner

Bei diesem Kopplungssystem wird eine für den Hochhausbau günstige Lösung zur Bildung des Deckentragwerks mit einer wirtschaftlich optimalen Konstruktionshöhe geschaffen. Dabei bietet sich die Möglichkeit eines stützenfreien Bereichs zwischen den Einzeltragsystemen an, indem die Vertikallasten durch das Deckentragwerk zu den Stützen transportiert werden. Die stützenfreie Spannweite liegt zwischen 10–12 m.

Bei der Horizontallastabtragung erfahren die zwei Einzeltragsysteme eine einheitliche Verformung. Das gesamte Tragsystem erhält aus der Kopplung eine erhöhte Steifigkeit, die aus der Addition der Steifigkeiten eines jeden parallel gekoppelten Tragwerks resultiert. Dabei behält in der Regel das äußere Röhrentragwerk aufgrund seiner beträchtlich größeren effektiven Höhe bzw. Steifigkeit, eine dominante Rolle. Gleichzeitig wird die Kippgefährdung des Bauwerks reduziert. Das Kerntragwerk kann besonders die Schubsteifigkeit des gesamten Tragsystems erhöhen.

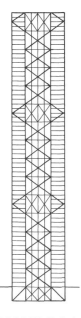

Bild 5.55 Rohr-in-Rohr Tragwerk bestehend aus einem ausgesteiften Stockwerkrahmenkern, einer Fachwerkröhre und einem Outriggersystem

Eine sinnvolle Zuweisung der Einzeltragwerke innerhalb des gesamten Tragsystems kann anhand ihres horizontalen Tragverhaltens lediglich mit dem Ziel einer Vergrößerung der Gesamtsteifigkeit des Systems, oder auch einer Verbesserung des qualitativen Tragverformungsverhaltens jedes einzelnen Kern-, bzw. Röhrentragwerks, begründet werden. Dies könnte mit der Kopplung einer Stockwerkrahmenröhre und eines Kerntragwerks mit überwiegend biegeweichem Verformungsverhalten (ausgesteifte Stockwerkrahmen, Wandscheiben) gleichbedeutend sein. Die vorteilhafte Wechselwirkung aus den zwei Tragsystemen erfolgt bei doppeltsymmetrischen Querschnitten, wie im Abschnitt 4.5 beschrieben wird. Voraussetzung dafür ist ein durch Öffnungen möglichst ungestörtes biegeweiches Tragverformungsverhalten des Kerns aus ausgesteiften Stockwerkrahmen bzw. aus Wandscheiben. Einer der wesentlichen Vorteile dieses Tragsystems ist die beträchtliche Reduzierung der Shear-Lag-Effekte in der äußeren Stockwerkrahmenröhre.

5.3.7 Gebündelte Röhre

Das gebündelte Röhrentragwerk besteht aus mehreren vertikalen Röhrentragwerken, wobei jedes mindestens eine Tragebene mit einem anderen Tragwerk gemeinsam hat. Die Röhren können aus Stockwerkrahmen oder Fachwerken bestehen, wobei eine Kombination beider Tragsysteme aus einem differenzierten Einsatz im inneren und im äußeren Bereich auch möglich ist (Bild 5.56). Die Bündelung von mehreren Röhrentragwerken bewirkt eine entsprechende additive Zunahme der horizontalen Biegesteifigkeit des Tragsystems. Die Gesamthöhe des Bauwerks erreicht mit diesem System ihre Grenze bei etwa 110 Stockwerken, auch wenn die einzelnen Röhren in ihrer Höhe unterschiedlich sind. Torsionsbeanspruchungen des Systems aus der unsymmetrischen Aufrißgestaltung können aufgrund der geschlossenen Querschnittsform der einzelnen Röhren kontrolliert werden.

Das Tragwerksprinzip von modulierten Röhren kann noch eine weite Anwendung haben.

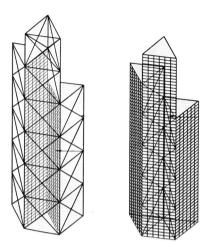

Bild 5.56 Gebündelte Röhre aus dreieckigen Röhrentragwerken als Mischsystem aus Stockwerkrahmen und Fachwerken

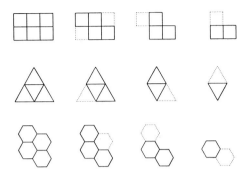

Bild 5.57 Mögliche Modulanordnungen zur Bildung von gebündelten Röhren

Die einzelnen Röhrentragwerke werden in ihrer Form rechteckig, quadratisch, drei-, vier- oder mehreckig ausgebildet (Bild 5.57). Die quadratischen Querschnittsformen sind am effektivsten, die dreieckigen am wenigsten effektiv. Darüber hinaus ist auch eine Mischung der Röhrenquerschnitte untereinander möglich, ohne daß die gebündelten Röhren dabei ihre Eigenschaften verlieren.

Die Bündelung von Stockwerkrahmenröhren bewirkt eine bedeutsame Reduzierung der Shear-Lag-Effekte im System. Bei einer Biegeverformung des Tragwerks aus der Horizontalbelastung erzwingen die starren Deckenscheiben die gleiche Verschiebung der inneren und äußeren Steg-Tragebenen. Die aufgenommenen Schubkräfte sind proportional der horizontalen Steifigkeit der Tragebenen. Aus der direkten Verformung der inneren Stegebenen resultiert eine Verlagerung der horizontalen Kräfte in die mit der rechtwinkligen Flanschebene gemeinsamen Stiele. Dies bedeutet, daß die entsprechenden Stiele der Flanschebene eine erhöhte Spannungsbeanspruchung erfahren als in einer Stockwerkrahmenröhre, bei der sie in der Verformung nur indirekt durch die Flanschriegel aktiviert werden. Daher verringern die inneren Steg-Tragebenen die uneinheitliche

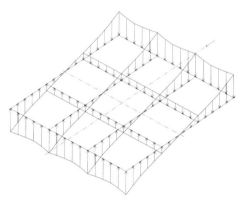

Bild 5.58 Spannungsverteilung in einer neunzelligen gebündelten Stockwerkrahmenröhre [5.6]

Lastverteilung in den äußeren Stielen aus dem Shear-Lag-Effekt (Bild 5.58).

Die verbesserte Tragwirkung der gebündelten Stockwerkrahmenröhre erlaubt einen größeren Stützenabstand im System als in einer Stockwerkrahmenröhre. Dieser sollte maximal 4,50 m betragen. Außerdem sollten die Riegel und die Stiele des Tragsystems so bemessen sein, daß sie eine maximale Verformung von H/1500 erfahren, um eine ausreichende Mitwirkung in der Biegeverformung des Gesamttragwerks erreichen zu können.

5.3.8 Megaröhrentragwerke

Megaröhrentragwerke bestehen aus wenigen primären vertikalen Megatraggliedern, den

Megastützen, die durch sekundäre eingestellte Tragwerke schubsteif miteinander gekoppelt werden. Bei diesem System entfallen im Inneren des Gebäudes so viele Stützen wie möglich, so daß sich sehr hohe vertikale Lasten auf die wenigen Megastützen konzentrieren (Bild 5.59). Die sekundären Kopplungssysteme sind für die Stabilität des gesamten Tragsystems und für die Bildung einer Schubmembrane im Megaröhrentragwerk verantwortlich. Gleichzeitig leiten sie die vertikalen Lasten ihrer Ebene an die Megastützen weiter. Sie können aus Outriggersystemen mit entsprechend hoher Steifigkeit aus ausgesteiften Stockwerkrahmen oder aus Vierendeelrahmen bestehen. Die schubsteife Verbindung der Megastützen durch ein Outriggersystem wird im Abschnitt 5.2.1 behandelt.

Bei der Ausführung der Schubmembrane aus ausgesteiften Stockwerkrahmen werden die Megastützen durch Aussteifungsdiagonalen, die über mehrere Geschosse laufen, zu einer Fachwerkstruktur gekoppelt (Bild 5.60). Die Aussteifungsdiagonalen übernehmen eine duale Tragwirkung, indem sie sowohl horizontale, als auch vertikale Lasten aufnehmen, und diese an die Megastützen weiterleiten. Die Tragstruktur kann aus ebenen Fachwerkscheiben bestehen und eine Megafachwerkröhre mit rechteckigem Querschnitt bilden.

Eine geometriebedingte Steigerung der Steifigkeit der Struktur kann durch die Bildung der Fachwerkröhre als Mega-Raumfachwerk erreicht werden. Megaröhrentragwerke aus Raumfachwerken erlauben eine Änderung der Geometrie des Querschnitts über die Höhe, durch die Zusammensetzung des Gebäudes aus einzelnen quaderförmigen Baukörpern unterschiedlicher Kantenlänge, die im Grundriß jeweils um einen bestimmten Grad verdreht übereinander gesetzt werden (Bild 5.61). Durch die Fachwerkebenen kann der Kraftfluß so gesteuert werden, daß das Tragwerk an der Basis nur auf vier Megastützen ruht.

Aufgrund der relativ komplizierten Knotenverbindungen bietet sich die Verbundbauweise bei diesem System an. Dadurch können die Knotenpunkte, insbesondere in den Gebäudeecken, in denen mehrere Fachwerk-

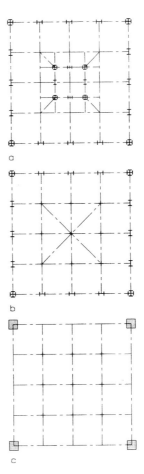

a

b

c

Bild 5.59 Entwicklung eines Megaröhrentragwerks aufgrund der Ausführungsmöglichkeiten von vertikalen Traggliedern im Hochhausgrundriß
a) Konventionelle Rahmen
b) Stockwerkrahmen mit Hängersystem im inneren Bereich
c) Megaröhrentragwerk mit Hängersystem im inneren Bereich

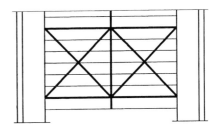

Bild 5.60 Schubsteife Kopplung von Megastützen durch Aussteifungsverband

ebenen schiefwinklig aufeinander stoßen,
denkbar einfach gehalten werden. Das Stahlskelett jeder Fachwerkebene hat dabei einen
eigenen Eckstiel, dessen Verbindung mit den
anderen Stielen erst nach Herstellung des
Verbundquerschnitts durch den Beton gewährleistet wird.

Eine weitere Alternative für die schubsteife
Verbindung der Megastützen bildet die Verwendung von Vierendeelrahmen, die zwischen den Megastützen frei spannen (Bild
5.62). Das System besteht aus Vierendeel-
trägern, die sich über fünf bis sechs Geschosse erstrecken und an den Megastützen biegesteif befestigt sind. Die vertikalen Glieder der
Vierendeelrahmen sind an die durchgehenden horizontalen Riegel biegesteif angeschlossen, und ihre Anordnung in der Vier-
endeelrahmenstruktur kann an die Nutzung
einzelner Geschosse angepaßt werden.

Die vertikale Verbindung der einzelnen Vierendeelrahmen erfolgt über einen schubsteifen
Anschluß der vertikalen Glieder, welcher aus
gleitfesten vorgespannten Schraubverbin-
dungen mit einem großen Toleranzbereich
besteht (Bild 5.63).

Prinzipiell sollte das Megaröhrentragwerk zur
Aufnahme der Kippmomente und Schubkräfte infolge Horizontalbelastung an erster Stelle Kontinuität zwischen seinen primären und
sekundären Traggliedern besitzen. Die vom
Tragsystem eingeschlossene Fläche sollte der
Struktur eine optimale Torsionssteifigkeit verleihen. Wenn dies nicht der Fall ist, werden
zusätzliche biegesteife Stockwerkrahmen am
Rand des Gebäudes notwendig.

Bei Ausführung von Megastützen und einer
Schubmembrane am Rand des Gebäudes
wird zur Übergabe der vertikalen Lasten an
die Außentragebenen ein nicht konventio-
nelles Deckentragsystem von relativ großer
Konstruktionshöhe erforderlich. Eine Alternative bieten bekannte Lösungen an, die zur
Abhängung der Geschosse im inneren Bereich auf die Implementierung von zusätzlichen horizontalen Trägern zurückgreifen. Die
Hängersysteme spannen dann zwischen den
Megastützen und können in der Regel eine

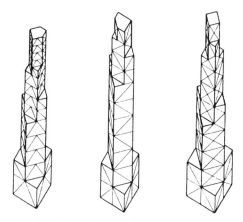

Bild 5.61 Mega-Raumfachwerke [5.3]

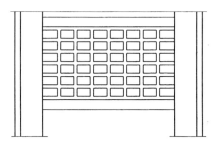

Bild 5.62 Schubsteife Kopplung von Megastützen durch Vierendeelrahmen

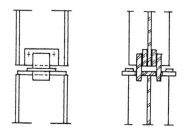

Bild 5.63 Typisches Anschlußdetail von
Vierendeelrahmen untereinander

Konstruktionshöhe von bis zu zwei Geschossen besitzen. Eine optimale Lösung bildet die
Verflechtung der Tragfunktion von vertikallastabtragenden Tragsystemen im Inneren des
Gebäudes mit der Tragfunktion der Schubmembrane des Megatragwerks. Das heißt, die
sekundären Tragglieder des Megaröhren-

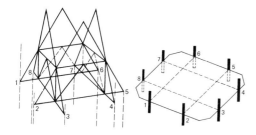

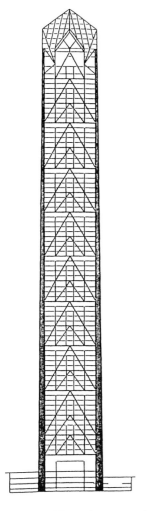

tragwerks könnten mehrere Funktionen im gesamten System übernehmen – Abtragung aller Vertikallasten und schubsteife Kopplung der Megastützen –, wenn sie im Inneren des Gebäudes angeordnet werden (Bild 5.64). In diesem System werden dann die Außenflächen frei, vorausgesetzt, daß die Torsionssteifigkeit des Megatragwerks ausreichend bleibt.

Wenn die Megastützen an den Eckbereichen des Gebäudes angebracht werden, kann die horizontale Biegesteifigkeit und die Torsionssteifigkeit des Tragsystems weiter vergrößert werden. Die schubsteife Verbindung im inneren Bereich des Hochhausgrundrisses findet in den Achsen der diagonal gegenüberliegenden Megastützen statt (Bild 5.65). Eventuell sorgt eine zusätzliche Stockwerkrahmenstruktur am Rand des Gebäudes für die erforderliche Torsionssteifigkeit des Systems. Aus einer solchen Orientierung der Hauptachsen des Hochhaustragwerks in der Diagonalen entstehen besondere Vorteile für die der Windbelastungsrichtung resultierende Tragwerksantwort aus möglichen Wirbelablösungen [5.2].

Die Megastützen können mit hochfestem Beton, in Stahl-Beton-Verbundbauweise oder auch in Stahlbauweise ausgeführt werden. Die Fachwerk- und Vierendeelstrukturen werden in der Regel in Stahl ausgeführt. Verbundquerschnitte sind insbesondere für die Raum-

Bild 5.64 Megaröhrentragwerk mit innerer Schubmembrane: innere Fachwerkstruktur, primäres Megatragwerk und Tragwerksschnitt. Projekt „Bank of Southwest Tower", Arch. Murphy/ Jahn, Lloyd Jones and Fillpot, Ing. LeMessurier Ass., Walter P. Moore Ass.

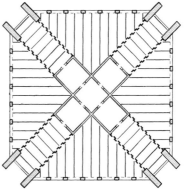

Bild 5.65 Megaröhrentragwerk mit innerer, diagonal laufender Schubmembrane

fachwerke vorteilhaft. Die Verwendung von hochfestem Beton in Verbundbauweise für die Megastützen kombiniert mit einer Schubmembrane aus Stahl macht sich die wirtschaftlich effektive Festigkeit und Steifigkeit des Betons unter Druckbeanspruchung zunutze.

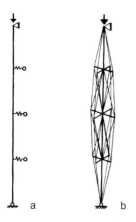

Bild 5.66
a) Statisches Modell eines verspannten Druckstabs
b) Elastisch seilverspannter Druckstab

5.4 Verspannte Tragsysteme

Die Tragfähigkeit von schlanken vertikalen Traggliedern kann erhöht werden, wenn entlang dieser Querstützungen eingeführt werden, d.h. wenn ein oder mehrere Punkte der Tragglieder so festgehalten werden, daß ein Ausweichen unter einer Druckbeanspruchung be- oder verhindert wird (Bild 5.66a). Eine Möglichkeit einer solchen elastischen Querstützung ist vorgespannte Zugglieder einzuführen, die am oberen, bzw. unteren Tragwerksbereich verankert sind, und über ein Outriggersystem, bzw. horizontale Kragträger, das primäre Tragglied stützen (Bild 5.66b). Grundprinzip der hier beschriebenen Bauweise ist es, wie bei der Ausführung eines Outriggersystems, Kräfte, die eine ungünstige Biegebeanspruchung im Tragsystem verursachen, in Komponenten von Zug und Druck aufzuspalten.

Eine Seilverspannung des Kerntragwerks im Hochhausbau könnte gleichzeitig für die Abhängung von Stockwerken genutzt werden, indem sie die vertikalen Lasten im Kerntragwerk direkt abträgt. Diese Methode ist eine Modifizierung des Kerntragwerks mit oberem

		Gurte	Flächen-diagonalen	Raum-diagonalen	Gurte und Flächen-diagonalen	Gurte und Raum-diagonalen	Flächen- und Raum-diagonalen	Gurte, Flächen- und Raum-diagonalen
gleiche Schüsse 	Zugglieder nur an den Knoten angreifend					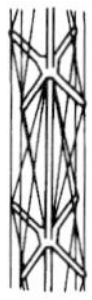		
	Zugglieder auch zwischen den Knoten angreifend			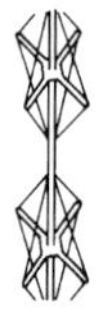		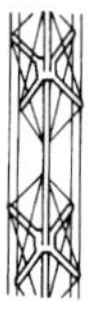		

Bild 5.67 Gliederung von regelmäßig seilverspannten Druckstäben [5.13]

Kragträger, wobei ein minimierter Gewichtsaufwand der Tragkonstruktion erzielt wird. Die Erhöhung der Tragfähigkeit des Kerntragwerks erfolgt erst durch die Kombination von am Rand des Tragwerks durchlaufenden Zuggliedern, den Gurten, und durch die von der Tragwerksachse zu den Kragträgerenden verlaufenden Zugglieder, den Raumdiagonalen (Bild 5.67).

Für die verschiedenen Systeme seilverspannter Druckstäbe gibt es zur Beteiligung der Seilkonstruktion an der Horizontallastabtragung jeweils eine optimale Vorspannung, die von der Steifigkeit der Zugglieder abhängig ist. Mit wachsender Steifigkeit der Zugglieder muß nämlich auch die Vorspannung erhöht werden, um eine zweckmäßige Ausnutzung des Tragwerks zu erreichen. Bei zu geringer Vorspannung werden die Zugglieder bereits bei kleinen Lasten schlaff, was zu einem schnellen Versagen des Tragsystems führt.

Wenn die Zugglieder schlaff werden, tritt eine Systemänderung ein, da sich die Seile dann der Mitwirkung entziehen. Dieses stellt sich im Kraft-Verschiebungs-Diagramm als mehr oder weniger stark ausgeprägter Knick der Kraft-Verschiebungskurve dar. Nach dem Ausfall der Zugglieder ist der Anstieg der Kurve wesentlich stärker als vorher. Diese Systemänderung kann auch in Stufen stattfinden, wenn z.B. zuerst die Zuggurte und dann die Zugdiagonalen schlaff werden. Dieses

führt dann zu einer Ausrundung des Knicks. Je nach Größe der Vorspannung tritt eine Systemänderung früher oder später ein, wodurch sich die kritische Last nach oben oder unten verändert (Bild 5.68).

5.4.1 Spannseilstrukturen

Die Kombination einer Verspannung mit einer Abspannung des Kerntragwerks ermöglicht ein Maximum an Gewichtsersparnis und eine filigrane Konstruktion. Durch die Auflösung des Querschnitts wird eine besonders intelligente Anpassung des primären Tragwerks an seine Verformungslinie angestrebt. In dieser Form lassen sich insbesondere Turmbauwerke optimal als verspannte und abgespannte Tragwerke realisieren. In erdbebengefährdeten Gebieten finden solche Systeme keine Anwendung, da sie aufgrund der fehlenden Duktilität von Seilen nur elastisch beansprucht werden können. Zusätzlich dazu weisen Hochhaustragwerke mit Zugaussteifungsdiagonalen unter Erdbebenbelastung ein ungünstiges Verhalten auf. Dieses hängt damit zusammen, daß innerhalb eines Belastungszyklus die Diagonalen nacheinander schlaff werden, und bei jedem Belastungsrichtungswechsel stoßartige Beanspruchungen entstehen, die zum Reißen der Seile führen.

Abgespannte Tragstrukturen zeigen in ihrem elastischen Tragverhalten eine direkte Abhängigkeit von der geometrischen Anordnung der Seile und von ihrer Steifigkeit. Die Steifigkeit der Seilabspannung richtet sich nach den maximalen horizontalen Lasten, die sie vom Kerntragwerk in den tragfähigen Baugrund des Systems abzutragen hat. Das gesamte Seilgewicht bleibt unabhängig von der Art der Abspannung etwa gleich hoch. Bei Kerntragwerken mit zunehmender Anzahl von Abspannungen reduziert sich deshalb der Seildurchmesser, da die anteilige Horizontalkraft kleiner wird.

Turmtragstrukturen können mit einer Entflechtung oder Verflechtung des Verspannungs- und Abspannungssystems des Kerntragwerks entwickelt werden.

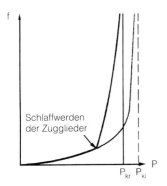

Bild 5.68 Qualitativer Verlauf der Kraft-Verschiebungskurve von seilverspannten Druckstäben

Bild 5.69 Prinzipdarstellung eines abgespannten seilverspannten Druckstabs

Bei einer Verflechtung der Spannseilstrukturen im Tragwerk werden die Kragträger als biegesteife, den Kernquerschnitt stabilisierende Tragglieder ausgebildet. An diesen werden vertikal laufende Spannseile angeschlossen (Bild 5.70). Um die axialen Druckkräfte aus der Horizontalbelastung aufnehmen zu können, müssen die Seile entsprechend vorgespannt werden. Die Kräfte aus jedem Spannseil werden beispielsweise über eine Tellerfederkonstruktion, welche eine konstante Vorspannung trotz thermischer Längenänderungen gewährleistet, in den Stahlbetonsockel geleitet. Bei dieser Rückkopplung mit dem Kerntragwerk liegt ein in sich geschlossenes Kräftesystem vor, weshalb im Gegensatz zu abgespannten Konstruktionen aufwendige Schwergewichtsfundamente oder Erdanker entfallen.

Bild 5.70 Prinzipdarstellung einer Outriggerkonstruktion mit Spannseilen

Bei einer Entflechtung der Seilkonstruktion in die Abtragung von vertikalen und horizontalen Kräften greifen die Abspannseile an der Systemachse des geschlossen verspannten primären Tragwerks an (Bild 5.69). Ihre Verankerung erfolgt mittels betonverpreßter Erdanker. Die in den Kernwänden entwickelten Schubkräfte werden von den Abspannseilen aufgenommen. Um diese Kräfte ins Gleichgewicht setzen zu können, sind spezielle Konstruktionen erforderlich. Üblich sind hier Fachwerkkonstruktionen oder Biegeelemente wie z.B. Ringaussteifungen bei Rohrquerschnitten. Das System der Seilverspannungen läuft über die am Kern radial angeschlossenen Kragträger und schließt an den Enden des Kerns an.

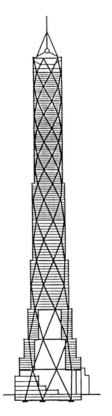

Bild 5.71 Seilspann-Stützen-Tragwerk. Projekt „Coliseum", Arch. Eli Attia [5.8]

Eine direkte Übertragung des Tragprinzips von Spannseilkonstruktionen auf den Hochhausbau, wie es bei der Konstruktion von Fernmeldetürmen vorstellbar wäre, würde bedeuten, daß die gesamten Geschoßlasten vom Kerntragwerk über seine Seilverspannung aufgenommen werden, und ein Anteil der am Gebäude horizontal angreifenden Windkräfte von der außen angebrachten Seilabspannung in die entgegengesetzte Richtung ihres Lastangriffs abgeführt wird. Das Abspannsystem des Tragwerks ist allerdings im städtebaulichen Kontext nicht einsetzbar. Aus diesem Grund orientiert man sich eher an Spannstützentragwerken, bei denen das Spannstützennetz am Rand des Gebäudes das primäre Tragsystem bildet (Bild 5.71). Dieses Tragsystem, das sich eher auf das Prinzip einer hybriden Konstruktion aus einem Röhrentragwerk mit Wendelverlauf und einer Gitterstruktur gründet, kann Gebäudehöhen von 500 bis 700 m ermöglichen, und im Vergleich zu allen anderen Hochhaustragsystemen die höchste Trageffizienz erreichen.

6 Gründung

6.1 Allgemeines

Das Fundamentsystem des Hochhaustragwerks nimmt die vertikal anfallenden Kräfte auf und überträgt sie in den tragfähigen Baugrund. Dabei erfährt das Bauwerk aufgrund der Zusammendrückbarkeit des Untergrunds Setzungen, die bei maximalen Belastungswerten und einer minimalen Festigkeit des Baugrunds zu örtlichem Fließen, und eventuell zu einem Bruch des Bodens führen können. Die Standsicherheit des Gebäudes erfordert aber nicht nur eine ausreichende Sicherheit gegen Grundbruch, sondern schon vor Beginn des Bruchs minimale Setzungen und Setzungsunterschiede aus veränderlichen Nutzlasten, Wind oder Erdbeben, welche keine schädlichen Auswirkungen auf die Bauwerkskonstruktion haben. Eine uneingeschränkte Nutzbarkeit des Hochhauses während seiner gesamten Lebensdauer wird in erster Linie durch ein konstruktiv und wirtschaftlich optimiertes Fundamentsystem gewährleistet.

Die oben genannten Projektziele stehen im Zusammenhang mit der Beherrschung der Bauwerks- und Untergrundverformungen und setzen bei der Tragwerksplanung und Konstruktion eine einheitliche Berücksichtigung des Gesamtsystems aus dem Bauwerk (Hochhaustragwerk und Fundamentsystem) und dem noch im Einwirkungsbereich der Bauwerkslasten liegenden Baugrund (lokale geologische und Grundwasserverhältnisse) voraus (Bild 6.1).

6.2 Flachgründung

Flachgründungen leiten die Bauwerkslasten ohne bedeutende Einspannwirkungen ausschließlich über eine horizontale Sohlfläche in den Baugrund ein. Sie stellen die einfachste und wirtschaftlichste Lösung dar, sofern in geringer Baugrundtiefe ausreichend tragfähige Bodenschichten vorhanden und die Tragglieder des Hochbaus so angeordnet sind, daß die Gründung möglichst gleichmäßig belastet wird.

Als Flachgründungen werden im Hochhausbau flächig ausgedehnte Platten verwendet, die elastisch auf dem Baugrund gelagert sind. Das Realisierungspotential dieser Gründungsart wird durch eine während der Rohbauzeit vorgenommene Bodenverbesserung erhöht.

6.2.1 Plattengründung

Die Plattentragwirkung beruht auf dem elastischen Tragverhalten von Bauwerk und Bau-

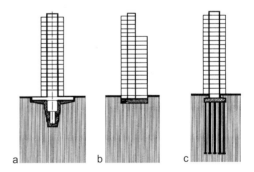

Bild 6.1 Gesamtsystem Baugrund-Bauwerk, am Beispiel von Hochhäusern mit unterschiedlichem Gründungssystem [6.19]
a) Pilzfundament
b) Plattengründung mit Nachstellvorrichtung
c) Kombinierte Pfahl-Plattengründung

grund. Die meistens getroffene Annahme einer gleichmäßigen Verteilung des Bodengegendrucks, ohne Berücksichtigung der Plattendurchbiegungen, führt zu größeren Biegemomenten und Schubkräften und zu einer Übersteifigkeit der Gründungsplatte. Die Dicke einer Platte, die sich aus der Biegebemessung ergibt, wird entscheidend von der Sohldruckverteilung beeinflußt. Dies erfordert die Berücksichtigung der Baugrund-Bauwerk Interaktion, welche unter anderem die Eigenschaftsparameter des Baugrunds und des Baugrundmodells und das Steifigkeitsverhältnis von Bauwerk zu Boden beinhaltet (siehe Abschnitt 6.4).

Bei einem sehr steifen Bauwerk werden beispielsweise die unterschiedlichen Setzungsbeträge unter den Tragelementen des Überbaus ausgeglichen, so daß sich in der Momentenlinie des Plattensystems ein durchlaufträgerähnliches Ergebnis mit Stütz- und Feldmomenten wechselnden Vorzeichens einstellt. Dies bedeutet, daß die sich ohne Mitwirkung des Bauwerks einstellende Momentenlinie, mit gleichem positiven Vorzeichen über die ganze Länge, durch den starren Überbau in den negativen Bereich verschoben wird (Bild 6.2). Andererseits hat selbst ein sehr steifes Bauwerk auf die Gründung keinen Einfluß, wenn die ohne den Überbau auftretenden Setzungsbeträge unter den lastabtragenden Tragelementen nahezu gleich sind, wie z.B. bei einer sehr steifen Gründungsplatte.

Einflüsse, wie veränderliche Belastungen während der Bauzeit, Betonkriechen, Langzeitsetzungen und eine Verminderung von Biege- und Dehnsteifigkeiten im Bauwerk infolge von Rißbildungen im Stahlbeton, führen dazu, daß sich die ermittelte Übersteifigkeit der Gründungsplatte vermindert. Bei dicken Fundamentplatten auf weichem Baugrund ergeben sich aus diesen Wirkungen keine nennenswerten Veränderungen gegenüber der Annahme eines elastischen Plattentragverhaltens. Die Schwindbeanspruchungen des Betonmaterials bleiben in diesem Zusammenhang unbedeutend klein.

Die Horizontallasten im Baugrund werden in der Gründungssohle über Reibung übertra-

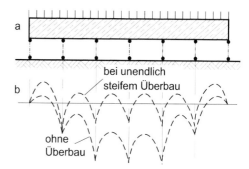

Bild 6.2 Einfluß der Überbausteifigkeit bei großer Mächtigkeit der zusammendrückbaren Schicht [6.19]
a) System
b) Biegemomentenverlauf für zwei Grenzfälle

gen und durch Sohlschubkräfte aufgenommen. Dabei treten auch geringe Vertikalverschiebungen durch Setzungen des Baugrunds auf.

Die Bewehrung der Bodenplatten wird zur Aufnahme des nach oben wirkenden Baugrundgegendrucks wie eine umgekehrte Deckenbewehrung angeordnet. Es werden bevorzugt Baustahlmatten als Doppelbewehrung eingesetzt, um sowohl positiven, als auch negativen Biegemomenten je nach der Durchbiegung Rechnung zu tragen. Bei der Biegebemessung von Platten entspricht das maximal zulässige Biegebruchmoment einer Betonrandstauchung von 0,35% und einer Stahldehnung von 0,5% [6.19]. Die untere Biegezugbewehrung kann aus konstruktiven Gründen auch bei kleineren Plattendicken durchlaufen. Zur Fixierung der oberen Bewehrung bei dicken Platten dient eine zusätzliche Stahlbaukonstruktion, die gleichzeitig die Schubbewehrung der Platte bildet.

Eine besondere Problematik bildet der konstruktive Anschluß der Skeletthochhausbauten an die Stahlbetonplatte. Denn hierbei wird ein relativ hochfestes Bauteil an ein niedrigfestes Bauteil angeschlossen, insbesondere wenn in diesem Bereich ein Querschnittssprung, und bei Stahl- oder Verbundbautraggliedern ein eventueller Werkstoffwechsel stattfindet. Sehr hohe Normalkräfte, z.B. aus den Stahlstützen des Hochhaus-

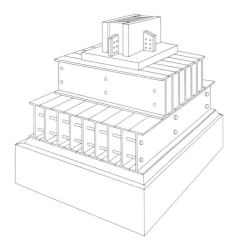

Bild 6.3 Anschlußdetail der Stahlkernstützen des Hochhauses „World Trade Center", New York, an den Stahlbetonfundamentsockel

tragwerks, sollten erst durch eine horizontal liegende, aufgeschweißte Tragkonstruktion, z.B. aus Doppel-T-Profilen, in die Fundamentplatte eingeleitet werden (Bild 6.3). Auf diese Weise wird eine großflächige, und daher mit niedrigen Betonpressungen verbundene Eintragung der Querkräfte in das Fundament ermöglicht. Die Einleitung der Biegemomente folgt den oberen Gesetzmäßigkeiten, da diese aus Kräftepaaren von Zug- und Druckkräften bestehen.

Bei Kerntragwerken mit Outriggersystem werden die am Tragsystem angeschlossenen Randstützen sowohl auf Druck, als auch auf Zug beansprucht (siehe Abschnitt 5.2). Die Zugkräfte sollen durch eine entsprechend tiefe Verankerung über Kopfbolzen, mit den entsprechenden Kraftausbreitungsmechanismen, in die Bewehrung des Stahlbetonfundaments eingeleitet werden.

Hochhausplattengründungen zeigen bei weichem Untergrund, wie bei den Tonschichten in Frankfurt am Main, eine erhöhte Setzungs- und Verkantungsempfindlichkeit. Die 2 bis 4 m dicken Fundamentplatten der an diesem Standort errichteten Hochhäuser haben dabei Setzungen zwischen 15 und 35 cm erfahren [6.1]. An den Hochhausrändern entwik-

keln sich Setzungssprünge, die zwischen 40–75% der Randsetzung des Hochhausfundaments betragen und demzufolge zu erheblichen konstruktiven Schwierigkeiten führen können [6.8].

Besondere Setzungsprobleme treten im allgemeinen bei monolithischen Bodenplatten auf, die unterschiedliche Beanspruchungen aus verschiedenen Bauwerksabschnitten nicht aufnehmen können. Diese Probleme resultieren aus stark wechselnden Bodenverhältnissen zwischen einzelnen Bauabschnitten, aus dem unterschiedlich tiefen Einbinden verschiedener Gebäudeteile, oder aus sehr unterschiedlichen Lasten. Mit den Setzungen entwickelt sich aus der resultierenden Durchbiegung der Fundamentplatte eine entsprechend große Biege- und Schubbeanspruchung der Fundamentplatte und der aufgehenden Konstruktion. Insbesondere schlanke Hochhäuser neigen durch geringe Lastexzentrizitäten zu ungleichmäßigen Setzungen, die zu einer Schiefstellung des Gebäudes führen, welche die Betriebssicherheit der Konstruktion beeinträchtigt.

Nach der Größe und Lage der zu erwartenden Setzungssprünge können in der Hochhauskonstruktion, und eventuell in der Fundamentplatte, Fugen angeordnet werden, welche die Platte ganz durchtrennen, oder in Form eines weichen Übergangs bzw. gelenkigen Anschlusses unterteilen.

Im ersten Fall werden die Plattenfugen nach der Fertigstellung der obenliegenden Konstruktion ausbetoniert. Zum Ausgleich der nachträglich auftretenden Setzungsunterschiede in der Fundamentplatte werden zusätzliche Fugen in der steifen Hochhausskelettkonstruktion benötigt. Besteht die Gefahr von Lastexzentrizitäten und Bodenunregelmäßigkeiten, so sollte die Fundamentplatte unterschnitten, und unter dem Hochhausfundamentteil eine elastische Lagerung aus Elastomeren angeordnet werden (Bild 6.4).

Die Geschoßdecken von angrenzenden Flachbauten werden als Gelenkplatten an die Hochhauskonstruktion angehängt, um die Setzungsdifferenzen schadlos aufnehmen zu

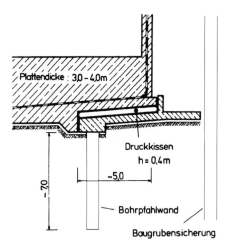

Bild 6.4 Konstruktionsdetail der Unterschneidung der Fundamentplatte des Hochhauses „Dresdner Bank", Frankfurt am Main, mit Anordnung von Druckkissen aus zusammengeklebten Weichgummiplatten [6.8]

können. Die Übergangskonstruktionen an den Randfugen der Fundamentplatte sollen eine dauerhafte Druckwasserdichtigkeit aufweisen. Diese kann nur mit unterhaltungsintensiven Dichtungskonstruktionen realisiert werden (Bild 6.5).

Bei schlechtem Baugrund und relativ gedrungenen Hochbauten (bis sieben Geschosse) kann eine Plattengründung in Kombination mit einer Bodenverbesserung erfolgreich eingeplant werden. Somit wird eine Erhöhung der

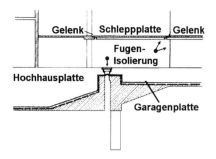

Bild 6.5 Druckwasserdichte Setzungsfuge zwischen einer Hochhausfundamentplatte und dem angrenzenden Flachbau [6.8]

Tragfähigkeit des Baugrunds und eine Verringerung der Setzungen des flächigen Gründungskörpers ermöglicht. Bei den vorherrschenden Lasten von Hochbauten erweist sich eine Bodenverbesserung mit Tiefenrüttlern als geeignet (Bild 6.6). Das Verfahren schließt auch einen Teilersatz des schlechten Baugrunds in einer Stärke von 0,5 bis 1,0 m ein.

Besteht der Baugrund aus locker gelagerten Sanden und Kiesen mit einem kleineren Schluffanteil als 5%, kann die Tragfähigkeit des Baugrunds durch eine Rütteldruckverdichtung mit Tiefenrüttlern erhöht werden [6.15]. Dadurch wird die Lagerungsdichte der nichtbindigen, umlagerungswilligen Böden verbessert. Voraussetzung dafür ist ein ausreichender Sicherheitsabstand zu den angrenzenden Gebäuden. Dieses Verfahren, bei dem die Schwingungen im wesentlichen vertikal sind, hat den Nachteil, daß mit zunehmender Eindringtiefe des Gerätes die Dämpfung zunimmt und der Wirkungsgrad abnimmt. Die wirtschaftlichen Tiefen liegen zwischen 4 und 25 m [6.9]. Dabei richtet sich die erforderliche Verdichtungstiefe nach der zulässigen Setzung bzw. Setzungsdifferenz.

Mit zunehmenden Schluff- und Tonanteilen findet durch die hervorgerufenen Vibrationen keine Eigenverdichtung mehr statt. In diesen Fällen kann zur Verbesserung des Setzungsverhaltens der bindigen Böden die Tiefenrüttlung mit einer Zugabe von grobkörnigem Material (Rüttelstopfverdichtung), Zement (vermörtelte Stopfsäule) oder Beton (Betonrüttelsäulen) kombiniert werden. Dieses Verfahren wird häufig in Tiefen von 5 bis 10 m ausgeführt. Bei einer Rüttelstopfverdichtung können die Steifigkeiten der verbesserten Schichten maximal etwa um den Faktor 4 bis 5 erhöht werden. Für vermörtelte Stopfsäulen und Betonrüttelsäulen beträgt die äußere Tragfähigkeit ca. 400 bzw. 600 kN, wenn von einer Einbindung in den tragfähigen Baugrund und einer Setzung von etwa 2 cm ausgegangen wird. Die innere Tragfähigkeit ist bei Betonrüttelsäulen in der Regel nicht maßgebend. Bei vermörtelten Stopfsäulen ist der Wasser-Zementwert der Suspension auf die äußere Tragfähigkeit abzustimmen [6.7].

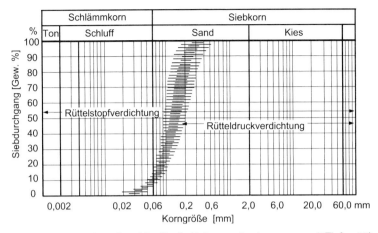

Bild 6.6 Anwendungsbereiche für die Untergrundverbesserung mit Tiefenrüttlern [6.15]

6.3 Tiefgründung

Bei einer nicht ausreichenden Tragfähigkeit der oberen Baugrundlagen wird eine Tiefgründung des Bauwerks erforderlich, so daß die anfallenden Lasten des Überbaus in den ausreichend tragfähigen Untergrund eingeleitet werden. Haupttragelemente einer Tiefgründung können Pfähle, Pfahlwände und Schlitzwandelemente sein. Pfähle werden aus Ortbeton- oder für den Hochbau auch als Fertigelemente aus Stahl, Stahlbeton oder Spannbeton hergestellt. Aus Gründen der Homogenität werden die Einzelpfähle gemeinsam an einer Pfahlkopfplatte angeschlossen, die eventuell auch zur Lastabtragung anteilig beitragen kann. Eine Erhöhung der horizontalen Steifigkeit des Fundamentsystems ist durch eine Addition von Pfahl- oder Schlitzwänden bzw. Schlitzwandelementen möglich.

6.3.1 Pfahlgründung

Nach der Art der vertikalen Lastabtragung wird zwischen folgenden Pfahltragsystemen unterschieden:

1. Spitzendruckpfähle übertragen die Pfahllasten vorwiegend durch den Druck der Pfahlspitze auf tiefer liegende, tragfähige Bodenschichten, während die Mantelreibung im höherliegenden Teil des Pfahls eine untergeordnete Rolle spielt (Bild 6.7a). Die Spitzendruckpfähle müssen tief im tragfähigen Boden stehen, in Kies- und Sandböden im allgemeinen etwa 3 m, sofern nicht aus anderen Gründen eine größere Einbindelänge erforderlich, oder in sehr tragfähigen Böden eine kleinere Einbindelänge ausreichend wäre.

2. Reibungspfähle übertragen die Pfahllasten vorwiegend durch die Mantelreibung am Pfahlumfang auf die tragfähigen Baugrundschichten (Bild 6.7b). Dieses Pfahltragsystem wird bei nur bedingt tragfähigem Baugrund als „schwebende Pfahlgründung" angewandt. Hierbei werden die Bauwerkslasten nicht unmittelbar auf den tiefer liegenden, tragfähigen Baugrund, sondern auf stark zusammendrückbare Schichten übertragen.

3. Pfähle, die kombiniert durch Spitzendruck und Mantelreibung tragen.

Bei Horizontalbelastung werden die Pfähle auf Biegung beansprucht. Wesentliche horizontale Kraftanteile können durch Schrägstellung von dünnen Pfählen (Schrägpfähle), oder durch flachliegende Verankerungskonstruktionen, z.B. Ankerpfähle, Ankerplatten oder Ankerwände aufgenommen werden [6.15]. Im Hochhausbau werden zur Abtragung der Horizontalkräfte meistens die Großbohrpfähle

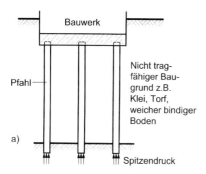

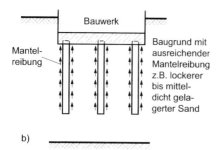

Bild 6.7 Pfahltragsysteme nach der vertikalen Lastabtragung [6.5]
a) Spitzendruckpfähle
b) Mantelreibungspfähle

durch ihre elastische Einspannung in den Baugrund herangezogen. Das statische System ist ein biegesteifer Stab, der durch den umgebenden Erdkörper gestützt, und demzufolge als ein elastisch gebetteter Balken charakterisiert wird.

Die äußere Tragfähigkeit der Pfähle hängt von vielen Faktoren ab, u.a. von der Zusammensetzung und den Eigenschaften des Baugrunds, von der Einbindelänge der Pfähle in die tragfähigen Schichten und insbesondere vom Pfahlabstand, -querschnitt und -baustoff, sowie der Ausbildung des Pfahlfußes und der Pfahlherstellung. Die Auswahl des Pfahltragsystems erfolgt aber auch in Anbetracht der Einflüsse der Zeit, der negativen Mantelreibungen (wenn sich z.B. die Bodenschichten infolge Geländeauflast stärker als die Pfähle setzen), der seitlichen Flächenbelastung und

der dynamischen Beanspruchung. Eine differenzierte Darstellung des Tragverhaltens von Pfählen erfolgt nach ihrer Herstellungsart. Man unterscheidet primär zwischen Verdrängungspfählen für den Hochbau und Bohrpfählen für den Hoch- und Hochhausbau. Im ersten Fall wird der dem Volumen des Pfahlschafts entsprechende Boden zur Seite und nach unten verdrängt, und somit in diesen Bereichen verdichtet. Auf diese Weise wird die Mantelreibung des Verdrängungspfahls erhöht (Bild 6.8a). Im zweiten Fall läßt sich die verhältnismäßig geringe Tragfähigkeit des Pfahls nur dadurch erhöhen, daß der Frischbeton unter Druck gesetzt wird (Bild 6.8b).

Fertig-Verdrängungspfähle beinhalten die vorgefertigten Rammpfähle aus Stahl oder Stahlbeton und werden in gleichmäßiger Qualität und vorgegebenen Längen gefertigt. Vor allem haben Stahlrammpfähle aus Walzprofilen eine gewisse Flexibilität in den Abmessungen und im Querschnitt, da sie durch Schweißverbindungen verlängert, und im unteren Bereich verstärkt werden können (Bild 6.9). Eine Vergrößerung ihres Gewichtes und damit der Standsicherheit gegen Horizontalkräfte kann dadurch ermöglicht werden, daß Stahlhohlprofile nachträglich innen mit Beton gefüllt werden. Stahlbeton-Fertigrammpfähle werden liegend gefertigt und schlaff bewehrt (mit

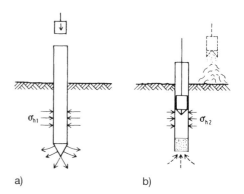

Bild 6.8 Einfluß der Pfahlherstellung auf die Mantelreibung [6.18]
a) Verspannung durch Bodenverdichtung beim Verdrängungspfahl
b) Entspannungsgefährdung des Bodens beim Bohrpfahl

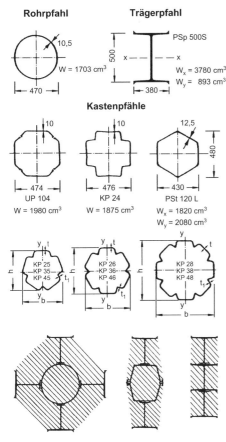

Bild 6.9 Stahlpfahlprofile ohne und mit Fußverstärkungen für den Hochbau [6.2]

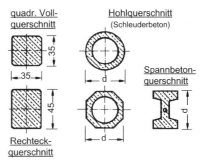

Bild 6.10 Querschnittsformen für Stahlbeton-Fertigrammpfähle [6.2]

Ortbeton-Verdrängungspfähle werden dadurch hergestellt, daß ein mit einem Vertreibrohr gefertigter Hohlraum mit Beton aufgefüllt und bewehrt wird. Der Pfahlquerschnitt ist im allgemeinen kleiner als 60 cm. Auf diesem Gebiet wird eine Vielzahl von Systemen mit Herstellungsmethoden wie Rammen oder Rütteln, Drehen oder Drehen und Drücken, sowie Drücken und Pressen angeboten (Bild 6.11). Ein detaillierter Einblick in die verschiedenen Techniken ist in [6.2, 6.15, 6.18] möglich. Im allgemeinen werden beide Gruppen von Fertig- und Ortbeton-Verdrängungspfählen, bei Pfahlachsabständen von etwa dem drei- bis sechsfachen Pfahldurchmesser, für Belastungen von 0,5 bis 2,5 MN ausgeführt.

Bei verpreßten Verdrängungspfählen wird nur eine Teillänge des Pfahlschafts im Bereich der Krafteintragungslänge (Pfahlfußbereich) mit einem größeren als dem hydrostatischen Druck (Luft- oder Flüssigkeitsdruck) verpreßt, wobei die Verpressung entweder unmittelbar beim Ziehen der Verrohrung (Primärverpressung) oder nach dem Erhärten des Pfahlmörtels durch ein- oder mehrmalige Nachpressung erfolgen kann (Bild 6.12) [6.15]. Diese Pfähle werden überwiegend bei hohen Zugkräften aus Seilabspannungen oder zur Übertragung von Teilmomenten aus der Horizontalbelastung verwendet. Die Lasten werden über Mantelreibung, und gegebenenfalls zusätzlich mittels einer Fußverbreiterung, auf den Baugrund übertragen. Der Zugwiderstand der lotrechten verpreßten Verdrängungspfähle setzt sich zusammen aus dem Eigengewicht

einem größeren Längsbewehrungsanteil als 0,8% des Pfahlquerschnitts, bei Längen über 10 m); sie können auch nach verschiedenen Verfahren vorgespannt werden. Meistens werden quadratische Querschnitte angefertigt mit Seitenlängen zwischen 25 bis 40 cm und Längen bis ca. 19 m (Bild 6.10) [6.5].

Nachteilig für die Verdrängungsrammpfähle ist die Tatsache, daß das Rammen in dicht besiedelten Gebieten, aufgrund der Belästigungen durch Lärm und Erschütterungen, meist nicht zulässig ist. Auch Rammhindernisse oberhalb der tragfähigen Schicht erschweren den Vorgang, oder machen ihn unmöglich, so daß in solchen Fällen Ortbeton-Verdrängungspfähle oder Bohrpfähle bevorzugt werden.

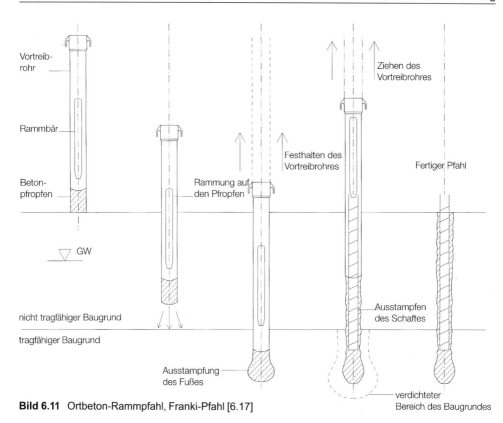

Bild 6.11 Ortbeton-Rammpfahl, Franki-Pfahl [6.17]

und der Mantelreibung, welche aber unter Schwell- oder Wechselbelastung stark abnehmen kann [6.12]. In diesem Hinblick zeigt der Einzelpfahl ein anderes Tragverhalten als ein Gruppenpfahl. Beim Einzelpfahl ist die aufnehmbare Zugkraft von der Mantelreibungsgröße, bei der Zugpfahlgruppe vom Gegengewicht des Bodens abhängig (Bild 6.13).

Zur Verbesserung des Baugrunds kann bei einer Pfahlgründung des Hochbaus eine Bodenvernagelung aus Verpreßpfählen mit kleinem Durchmesser (kleiner als 300 mm) angewandt werden. Hierbei handelt es sich um dünne Bohrpfähle als Ortbeton- oder Verbundpfähle, welche in mehreren hintereinander liegenden Reihen angeordnet werden, und begrenzte Vertikal- und Seitendruckkräfte aufnehmen können. Sie dienen der Verdübelung des Baugrunds und können gleichzeitig die Dämpfungskapazität des Fundamentsystems bei starker passiver Horizontal-

belastung erhöhen. Schließlich können dadurch Bodenverflüssigungseffekte aus einer starken Erdbebenerregung verhindert werden.

Die Anzahl, der Durchmesser und die Bewehrung der Verpreßpfähle hängen neben den Vertikallasten vorwiegend von den aufzunehmenden Biegemomenten ab. Wenn die einzelnen Pfähle mit kleinen Zwischenabständen angeordnet sind, werden sie mit dem dazwischen verbleibenden Boden als quasi-monolithischer Tragkörper aufgefaßt. In dieser Weise wirken die Pfähle als Bewehrung des Bodens, der ausschließlich Druckspannungen aufnimmt.

Voraussetzung für eine Erhöhung der Tragfähigkeit des Baugrunds durch diese Pfahlkonstruktion ist eine ausreichende Haftung zwischen Pfahl und anstehendem Boden. Diese wird durch die hohe Mantelreibung der Betonpfähle erreicht. Zur Erhöhung der Däm-

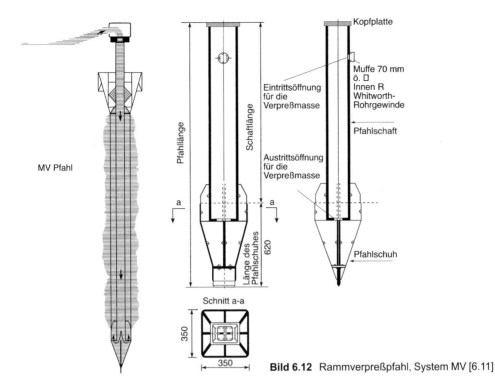

Bild 6.12 Rammverpreßpfahl, System MV [6.11]

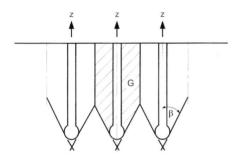

Bild 6.13 Begrenzung der aufnehmbaren
Zugkraft durch das verfügbare Gegengewicht des
Bodens [6.15]

pfungskapazität des Fundamentsystems sollten die einzelnen Pfahlreihen vorwiegend in
den Randgründungszonen angeordnet werden. Das Maß der in dieser Weise positiven
Dämpfungswirkung muß im Zusammenhang
mit dem gesamten Fundamentsystem, dem
Baugrund und der zu erwartenden Horizontallasten im Einzelfall beurteilt werden.

Bohrpfähle werden durch eine Ortbeton-
Verfüllung eines hergestellten Hohlraums im
Untergrund erzeugt [6.2, 6.18]. Die Bohrloch-
wandung wird bis zum Betonieren durch eine
Verrohrung oder einen Flüssigkeitsüberdruck
aus Bentonitsuspensionen gestützt, damit
eine Auflockerung und Entspannung der angrenzenden Bodenschichten verhindert wird.
Der Pfahlschaft kann lediglich aus unbewehrtem Beton bestehen, wenn die Einwirkun-
gen aus der äußeren Belastung nur axiale
Druckspannungen im Pfahlschaft erzeugen.
Im bewehrten Beton kann die Stahlbewehrung
auch durch Stahlprofile, -rohre oder -fasern
ersetzt werden (Bild 6.14). Weitere Alternati-
ven bieten Betonfertigteile (auch vorgespannt)
oder Stahlrohre, bei denen der Ringspalt zwischen dem Fertigteil oder dem Rohr und dem
Baugrund mit Beton, Zement- oder Zement-
Bentonit-Mörtel ausgefüllt wird.

Der Bewehrungskorb wird nach entsprechender Aussteifung möglichst in ganzer Länge in
das Bohrloch gestellt. Nach seiner Ausrich-

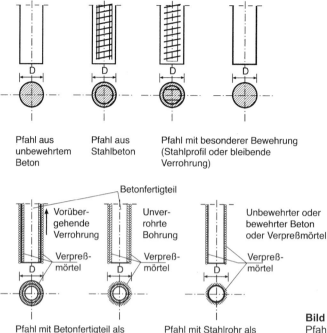

Pfahl aus   Pfahl aus   Pfahl mit besonderer Bewehrung
unbewehrtem   Stahlbeton   (Stahlprofil oder bleibende
Beton   Verrohrung)

Betonfertigteil

Vorüber-   Unver-   Unbewehrter oder
gehende   rohrte   bewehrter Beton
Verrohrung   Bohrung   oder Verpreßmörtel

Verpreß-   Verpreß-   Verpreßmörtel   mörtel   mörtel

Pfahl mit Betonfertigteil als   Pfahl mit Stahlrohr als
Haupt- oder Zusatzbauteil   Haupt- oder Zusatzbauteil

D: Pfahldurchmesser

Bild 6.14 Ausbildung des bewehrten Pfahlschaftes bei Bohrpfählen, nach EN 1536:1999

tung in Lage und Höhe kann dann der Pfahl betoniert werden. Der Bewehrungskorb besteht aus folgenden Elementen:

1. Längsbewehrung, die möglichst symmetrisch ausgebildet wird. Sie wird an die Aussteifungsringe angeschweißt und am unteren Ende des Bewehrungskorbs in das Pfahlinnere kurz abgebogen. Mehrlagige Längsbewehrungen sollten soweit wie möglich vermieden werden. Andernfalls darf die Zahl der Lagen für zylindrische Bohrpfähle höchstens zwei betragen, und die Stäbe der einzelnen Lagen müssen radial hintereinander liegen. Der kleinste lichte Abstand zwischen Stäben verschiedener Lagen muß größer als der zweifache Stabdurchmesser oder das 1,5fache des Größtkorns der Zuschläge sein; der größere Wert ist maßgebend [6.18].

2. Querbewehrung, welche die Längsbewehrung in der vorgesehenen Lage hält, die

Schubspannungen aufnimmt und die Tragfähigkeit des Querschnitts unter Drucklasten verbessert. Sie kann aus aufeinanderfolgenden Bügeln bestehen, die als einzelne Kreisringe aus Stabstahl oder bei Stabdurchmessern bis 12 mm als Spirale ausgeführt werden.

3. Aussteifungsringe, die der Montage der Längsbewehrung und der Aussteifung des Korbs bei Transport und Einbau dienen. Sie wirken nur dann, wenn sie selbst sehr steif ausgebildet und mit den Längsstäben verschweißt sind. Bei sehr langen Körben mit einer hohen erforderlichen Biegesteifigkeit werden statt dessen Stahlringe aus Querstäben und angeschweißten, kurzen Längsstäben angesetzt (Bild 6.15).

4. Abstandhalter, die für eine ausreichende Betonumhüllung der Bewehrung sorgen. Die Betondeckung darf bei Pfählen mit größerem Durchmesser als 0,6 m nicht kleiner als 60 mm sein. Die Abstandhalter

werden aus Beton oder aus Betonstahl
gefertigt und starr mit der Längsbewehrung verbunden.

Bohrpfähle haben in den meisten Fällen runde Querschnitte mit Durchmessern zwischen
0,3 und 3 m oder auch größer. Großbohrpfähle
können Belastungen von mehr als 3 MN aufnehmen, und sind wirtschaftlicher als mehrere kleinere Bohrpfähle. Ihre Tragfähigkeit läßt
sich durch Fußerweiterungen vergrößern.
Untersuchungen in [6.18] haben gezeigt, daß
Fußerweiterungen am wirkungsvollsten in festen, felsähnlichen Böden sind, weil dort die
Gefahr einer Auflockerung über dem Fuß und
plastischer Verformungen unter der Auf-
standsfläche gering ist. In solchen Bau-
gründen ist außerdem die mögliche Pressung
noch nicht so hoch, als daß eine Erweiterung
überflüssig wäre.

Das Tragverhalten von Pfählen wird auf folgende Anforderungen zurückgeführt:

1. Ausreichende innere Tragfähigkeit zur
   schadensfreien Pfahlmontage und zum
   Eintrag der Belastung. Sie ist von den
   Baustoffeigenschaften und Pfahlabmes-
   sungen abhängig.

2. Ausreichende äußere Tragfähigkeit zur
   Aufnahme der Belastung von Pfählen
   ohne unzulässige große Setzungen. Sie
   ist von den Festigkeitseigenschaften des
   umgebenden Baugrunds abhängig.

Die Grundlage zur Beurteilung der äußeren
Tragfähigkeit von Pfählen, d.h. der Last-
übertragung der Pfähle auf den Boden, bilden – außer bei Felsböden – neben den statischen Werten die Pfahlsetzungen. Bei Felsböden ist die Tragwirkung der Pfähle aus
Spitzendruck und Mantelreibung nicht an Setzungen gekoppelt. Bei den Lockergesteinen
hat sich jedoch ein Setzungsmaß von 2 bis
4 cm, und 1 bis 2 cm bei vorwiegend auf
Spitzendruck bzw. auf Mantelreibung tragenden Pfählen bewährt [6.3]. Weitere Pfahlsetzungen können durch eine Vorbelastung des
Untergrundes im Pfahlfußbereich und eine
Erhöhung der Mantelreibung am Pfahlschaft
minimiert werden (Bild 6.16). Die Methode

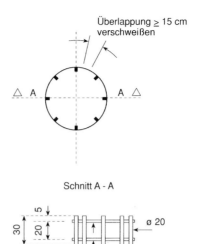

Schnitt A - A

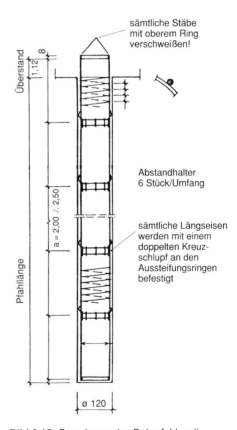

Bild 6.15 Bewehrung des Bohrpfahls mit
Stahlringen [6.18]

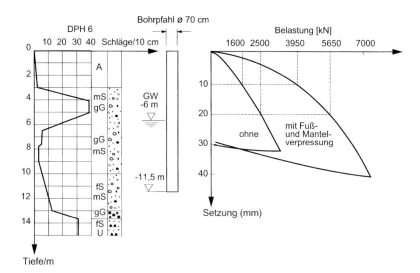

Bild 6.16 Vergleichsprobebelastung bei Druckpfählen in Mannheim, ohne und mit Fuß- und
Mantelverpressung [6.15]

bewirkt zugleich eine Steigerung der Pfahl-
grenzlast ohne Veränderung der Pfahlab-
messungen.

Für eine einheitlich tragende Gründung werden die Pfähle an einer gemeinsamen Pfahlkopfplatte zur Bildung eines Pfahlrostes angeschlossen. In diesem Fall bilden sich in der
verhältnismäßig dicken Pfahlkopfplatte steile
Druckstreben zwischen den lastabtragenden
Traggliedern, Stützen und Pfählen. Die Horizontalkomponenten werden von den im unteren Plattenbereich angeordneten Zugbe-
wehrungsstäben aufgenommen (Bild 6.17).
Hochhäuser können vollständig auf durchgehende Pfahlrostplatten gestellt werden, die
dann auf gleichmäßig flächig verteilten Pfählen ruhen. Eine solche Lösung eignet sich insbesondere, wenn die Bauwerkssohle unterhalb des Grundwassers liegt und eine Wan-
nengründung erforderlich wird.

Hauptbestandteil eines Pfahlrostentwurfs ist
die zweckmäßigste Anordnung der Pfähle.
Hierbei ist anzustreben, daß die zulässigen
Pfahllasten so weit wie möglich ausgenutzt
werden, und die Laständerungen der Pfähle
bei den verschiedenen Belastungsfällen nicht

zu groß sind. Bei der Berechnung des entworfenen Pfahlrosts wird angenommen, daß
sich die Pfähle linear elastisch verhalten und
hinreichend tief in den tragfähigen Baugrund
einbinden, so daß theoretisch von einer
Unverschieblichkeit der Pfahlfußpunkte ausgegangen werden kann. Dabei wird voraus-

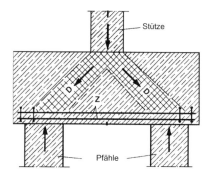

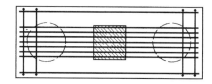

Bild 6.17 Kraftverlauf in einer einfachen
Pfahlkopfplatte eines Hochbaus für zwei Pfähle
unter Einzelstützen und zugehörige Bewehrung
[6.13]

gesetzt, daß sich die Rostplatte wie ein starrer Körper verhält. Abweichend davon, bei Ausbildung einer „schwebenden Pfahlgründung", überträgt die Pfahlkopfplatte einen Teil der vertikalen Lasten direkt auf den Baugrund. In diesem Fall existiert eine kombinierte Pfahl-Plattengründung, bei der die Pfähle nur über Mantelreibung mittragen (siehe Abschnitt 6.3.2).

Bei der vertikalen Lastabtragung beeinflussen sich die Gruppenpfähle gegenseitig. Bei unverminderter Belastung der einzelnen Gruppenpfähle nehmen die zugehörigen Verschiebungen zu, oder, bei unveränderten zulässigen Setzungen wird die Belastung der einzelnen Pfähle wegen der Gruppenwirkung abgemindert [6.15]. Bei Druckpfählen auf hartem Fels entsteht keine „negative" Gruppenwirkung. Ansonsten sind die Baugrundverhältnisse, die Pfahlabstände und das Herstellungsverfahren die wichtigsten Einflußparameter des Tragverhaltens der Gruppenpfähle. Gruppen von Spitzendruckpfählen werden als tiefe Flächengründung angesehen. Es kann ausgeschlossen werden, daß der Grenzzustand der Tragfähigkeit des Systems erreicht wird, weil die Bruchlast der Gruppe stets größer ist als die der Summe der Einzelpfähle. Reibungspfähle erfahren dagegen durch die Gruppenwirkung eine Konzentration der Mantelreibung am unteren Ende des Pfahlschafts (Bild 6.18).

Die Einbindung von Pfählen in einer gemeinsamen Kopfplatte hat auch einen positiven Effekt auf die Reduzierung der Pfahlverschiebungen unter horizontalen Lasten. Dies kann auf die starre Einspannung der Pfählköpfe in die Platte, und auf die in dieser Weise gebildeten biegesteifen Rahmen aus den Pfählen und der Kopfplatte, zurückgeführt werden. Dabei wird angenommen, daß alle Gruppenpfähle trotz unterschiedlicher Lastanteile mit einem etwas kleineren maximalen Biegemoment als beim Einzelpfahl beansprucht werden. In Wirklichkeit übernehmen die Randgruppenpfähle größere Horizontallasten als die Innenpfähle. Die Kraftverteilung hängt von der Anzahl, dem gegenseitigen Abstand und der Steifigkeit der Pfähle, sowie von der Bodenschichtung ab.

In diesem Hinblick unterscheidet einen Gruppenpfahl von einem einzeln stehenden Pfahl auch der Verlauf der Schnittkräfte mit zunehmender Tiefe. Die Querkraft und das Biegemoment des Gruppenpfahls nehmen langsamer als beim Einzelpfahl mit der Tiefe ab, da der Baugrund gleichzeitig von den benachbarten Pfählen beansprucht wird. Somit kann der Einfluß der obersten Bodenschichten auf die Horizontalsteifigkeit beim Gruppenpfahl beträchtlich geringer sein als beim einzeln stehenden Pfahl [6.21].

Bei dynamischer Belastung der Pfahlgruppe hängt der Verlauf der Pfahlkräfte mit zunehmender Tiefe auch von den Schwingungsformen der Bodenschichten ab. Bisher durchgeführte theoretische Untersuchungen zum Verhalten von Pfahlgründungen unter dyna-

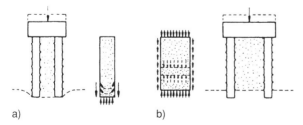

a)   b)

Bild 6.18 Wechselwirkung zwischen langen Reibungspfählen einer Gruppe und dem eingeschlossenen Boden [6.18]
a) Mitnahme der Bodensäule infolge Verspannung zwischen den Pfahlfüßen, bei eng stehenden Pfählen
b) Stauchung der Bodensäule durch Pfahlkopfplatte und Mantelreibung infolge Einstanzen der Pfahlfüße in die Aufstandsebene, bei großen Pfahlabständen

mischer Belastung haben gezeigt, daß bei tiefen Anregungsfrequenzen, zwischen 0,5 bis 3 Hz, wie es bei der Erdbebenbelastung von Bauwerken vorkommt, die dynamische Pfahlgruppensteifigkeit immer beträchtlich kleiner ist als die entsprechende Summe der statischen Steifigkeiten der Einzelpfähle [6.17]. Die Untersuchungen beschränken sich jedoch weitgehend auf ein lineares Verformungsverhalten des Baugrunds und der Pfahlgründung.

Aus diesen Gründen – der Ungenauigkeit der Materialparameter und der Modellbildung – gewinnt im Zusammenhang mit Erdbebenlasten die Zähigkeit der Pfahlgründung eine besondere Bedeutung. Grundsätzlich sollte diese mit einer ausreichenden Tragreserve versehen werden, so daß zuerst die zur Energiedissipation notwendigen plastischen Verformungen bei der oberirdischen Struktur auftreten, bevor das Fundamentsystem ein Versagen erfährt. Dazu gelten die gleichen konstruktiven Regeln wie bei den vertikallastabtragenden primären Tragelementen des Hochhaustragwerks (siehe Abschnitt 8.2), auch wenn die Einspannung der Pfähle in der Pfahlkopfplatte die horizontale Tragfähigkeit und das plastische Arbeitsvermögen der Pfähle bei der Wechselbelastung erhöht. Der Beton soll eine gute Stahlumschnürung haben, besonders dort, wo er am stärksten beansprucht wird.

6.3.2 Kombinierte Pfahl-Platten-Gründung

Eine kombinierte Pfahl-Plattengründung liegt vor, wenn die vertikale Belastung anteilig von der Pfahlkopfplatte und den Pfählen auf den Baugrund übertragen wird. Das Tragverhalten von kombinierten Pfahl-Plattengründungen hängt von den Wechselwirkungen der zwei Gründungselemente und des Baugrunds ab. Bei derartigen kombinierten Pfahl-Plattengründungen, die z.B. bei einem bindigen Baugrund wie dem Frankfurter Ton zur Ausführung kommen, können die Pfähle aufgrund eines ideal-plastischen Tragverhaltens planmäßig bis zur äußeren Bruchlast beansprucht werden. Somit reduzieren sie die Setzungen

einer reinen Plattengründung und beeinflussen günstig den Momentenverlauf in der Platte (Bild 6.19).

Da die Pfähle ihre Lastanteile in tiefere Bodenschichten einleiten, können hierdurch die Gesamtsetzung und die Setzungsunterschiede der Gründungsplatte deutlich reduziert werden, so daß gleichzeitig die Gefährdung der Betriebssicherheit des Hochhauses vermindert wird. Darüber hinaus bewirkt die entsprechende Anordnung und Konzentration der Pfähle unter einem eventuell exzentrisch angeordneten Aussteifungstragwerk eine Zentrierung der Reaktionskräfte im Gründungssystem.

Das Hauptkriterium für eine wirtschaftliche Verstärkung der Flachgründung durch Pfähle ist die „Gebäudeschlankheit", also das Verhältnis der Gesamtgebäudehöhe H zur kleinsten Gründungsbreite B. Nach bisherigen Erfahrungen kann bei Bodenverhältnissen wie im Frankfurter Ton eine kombinierte Pfahl-Plattengründung, bei größeren Gebäudeschlankheiten als 4, besondere wirtschaftliche Vorteile in der Hochhausgründung bringen [6.14]. Ein zweites Kriterium bildet die Gründungstiefe. Mit zunehmender Gründungstiefe wird die Verminderung der Entspannung des Baugrunds beim Aushub der Baugrube, d.h. die Vermeidung einer Entfestigung der oberen Schichten, zunehmend wichtiger. Die Pfähle behindern eine derartige Entspannung des Baugrunds, da sie wie Zugglieder und Dübel im Baugrund wirken.

6.3.3 Bohrpfahlwandgründung

Die Steifigkeit des Gründungssystems wird erhöht, wenn zusätzlich Bohrpfahl- oder Schlitzwände angeordnet werden. Diese werden insbesondere bei verformungsreichen Böden angewandt, oder wenn das Fundamentsystem wasserundurchlässig sein muß, z.B. bei geplanter Aushubsohle unter dem Grundwasserspiegel.

Bohrpfahlwände bestehen aus einzelnen gleichartigen Bohrpfählen mit Durchmessern von 0,3 bis 1,5 m. Die maximale Tiefe ist in

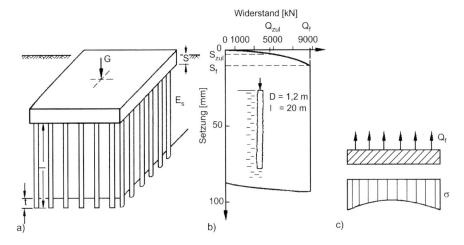

Bild 6.19 Kombinierte Pfahl-Plattengründung [6.15]
a) Bauwerk
b) Widerstands-Setzungslinie eines Großbohrpfahls in Ton
c) Statisches System bei einer Plattengründung mit Pfahlunterstützung

der Regel mit 25 m durch die Genauigkeits-
anforderungen begrenzt. Im Grundriß ist jede
geometrische Form ausführbar. Aussparungen in der Pfahlwand sind durch das Weglas-
sen einzelner Pfähle möglich. Die Öffnungen
können nachträglich, z.B. durch Injektionen,
geschlossen werden.

Prinzipiell gibt es drei Bohrpfahlwandtypen:

1. Aufgelöste Bohrpfahlwände, die nur die
    statisch erforderliche Anzahl an bewehr-
    ten Bohrpfählen enthalten. Der Achs-
    pfahlabstand beträgt üblicherweise 1,0
    bis 3,0 m, und die Zwischenräume wer-
    den während des Aushubs durch Ort-
    beton oder Spitzbeton ausgefacht. Die
    Ausfachung wird entweder bewehrt aus-
    geführt, zur Aufnahme von Biegemo-
    menten, oder unbewehrt, mit einer Ge-
    wölbegeometrie (Bild 6.20a,b). Aufge-
    löste Bohrpfahlwände weisen im Ver-
    gleich zu den anderen Wandtypen die
    geringste Steifigkeit auf, und können nur
    oberhalb des Grundwasserspiegels lie-
    gen.

2. Tangierende Bohrpfahlwände, die aus
    aneinandergereihten bewehrten Pfählen

bestehen (Bild 6.20c). Der lichte theoretische Pfahlabstand beträgt aus Herstel-
lungsgründen in Abhängigkeit von der
Bodenart ca. 2 bis 5 cm. Dieser Wandtyp
erlaubt einen geringen Wasserandrang.

3. Überschnittene Bohrpfahlwände, die als
    durchgehende Betonwände aus abwech-
    selnd eingeschnittenen unbewehrten Pri-
    märpfählen und Sekundärpfählen beste-
    hen (Bild 6.20d). Letztere wirken als Trag-
    pfähle, vor allem für horizontale Lasten.
    Das Überschneidungsmaß beträgt in Ab-
    hängigkeit von Bohrherstellung, Wand-
    tiefe, statischer Belastung und Wasser-
    druck in der Regel 10 bis 20% des Pfahl-
    durchmessers, sollte aber nicht kleiner als
    10 bis 15 cm sein [6.15].

Die Bewehrung der Pfähle sollte wie bei den
einzelnen Bohrpfählen kreissymmetrisch angeordnet werden. Bei entsprechender Überwachung kann sie aber auch unsymmetrisch
und damit im Einzelfall an die Belastungs-
situation angepaßt werden. Darüber hinaus
können in Sonderfällen zur Aufnahme von
großen Momenten, z.B. am Pfahlkopf, exzentrische Vorspannglieder mit nachträglichem
Verbund eingebaut werden.

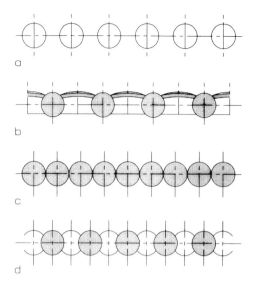

Bild 6.20 Bohrpfahlwandtypen
a) Aufgelöste Wand ohne Ausfachung
b) Aufgelöste Wand mit Spritzbetonausfachung
c) Tangierende Wand
d) Überschnittene Wand

6.3.4 Schlitzwandgründung

Ortbeton-Schlitzwände sind Wandscheiben aus Beton oder Stahlbeton, die in flüssigkeitsgestützten Schlitzen im Boden hergestellt werden. Als tragende Konstruktion sind Schlitzwände zur Aufnahme von normal zur Wandfläche wirkenden, horizontalen Erd- und Wasserlasten geeignet, und zur Übertragung vertikaler Druck- und Zuglasten aus dem Bauwerk auf den Baugrund. Breite und Tiefe von Schlitzwänden können an jeder Stelle den veränderlichen Belastungs- und Baugrundverhältnissen angepaßt werden. Die üblichen Wandstärken liegen zwischen 0,4 und 1,2 m, können aber in Verbindung mit speziellen Fräsverfahren bis 3,0 m betragen. Die erreichbaren Wandtiefen sind theoretisch unbegrenzt, bei Tiefen von über 40 m können aber durch Abweichungen von der Vertikalen Spaltöffnungen entstehen.

Die planmäßige Ausführung von Schlitzwänden ist nur wenig von der Beschaffenheit des Baugrunds abhängig. Sie sind sowohl in bindigen, als auch in nichtbindigen Böden herstellbar. Gegenüber Bohrpfahlwänden ermöglichen Schlitzwände eine kontinuierliche Bewehrung und weisen wesentlich längere Bauelemente auf. Aus diesem Grund verringert sich die Zahl der Fugen erheblich, was zeit- und kostensparend ist, und der Dichtigkeit der Wand zugute kommt. Bei kleinen Wandflächen, geringen Tiefen und beengten Platzverhältnissen werden jedoch Bohrpfahlwände bevorzugt. Aussparungen bei Schlitzwänden sind problematisch.

Schlitzwände werden meistens nach dem Kontraktorverfahren – Einbau von Beton unter stützender Flüssigkeit oder unter Wasser – erstellt (Bild 6.21). Als stützende Flüssigkeit wird eine Suspension von sehr feinkörnigen, festen Stoffen in Wasser verwendet, vorzugsweise Bentonite oder andere ausgeprägt plastische Tone. Diese stützen während des Bodenaushubs und Betonierens die Wandungen des Schlitzes und werden von unten nach oben verdrängt und ausgetauscht.

Sofern keine Stahlbetonfertigteile verwendet werden, wird die Bewehrung der Schlitzwände als vorgefertigter Korb vor dem Betonieren eingebaut. Bei besonders langen Schlitzwänden werden mehrere Bewehrungskörbe nebeneinander eingebaut, und bei besonders tiefen Schlitzwänden wird der Korb aus einzelnen, mit Seilklemmen verbundenen Schüssen im Schlitz hängend zusammengebaut. Die Vertikalbewehrung wird von horizontalen Bügeln umschlossen und am Kopf des Korbs mit einem horizontalen Aussteifungsrahmen starr verbunden.

Bohrpfähle mit nicht kreisförmigem Querschnitt werden als Schlitzwandelemente betrachtet, und wie die Schlitzwände mittels bentonitgestützten Bohrverfahren hergestellt. Durch den entsprechenden Elementquerschnitt kann eine optimale Anpassung an die statischen Erfordernisse des aufgehenden Bauwerks ermöglicht werden (Bild 6.22). Dabei wird angenommen, daß im Vergleich zu verrohrt hergestellten Pfählen, die Suspension als stützende Flüssigkeit keine Auswirkung auf das Mantelreibungsvermögen der Tragelemente hat [6.18].

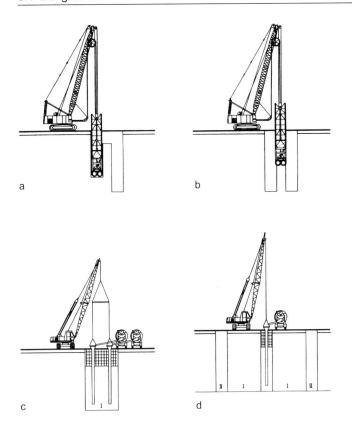

Bild 6.21 Schlitzwandherstellung [6.20]
a,b) Herstellung eines dreiteiligen Primärschlitzes
c) Betonieren eines langen Primärschlitzes
d) Betonieren eines kurzen Sekundärschlitzes

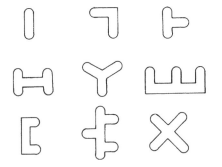

Bild 6.22 Querschnittsformen von Schlitzwandelementen [6.18]

6.4 Baugrund-Bauwerk Interaktion

Zur Ermittlung der Lastverteilung von statischen Horizontalersatzlasten auf die Tragglieder des Hochhaustragwerks wird in der
Regel eine starre Einspannung der Aussteifungstragwerke im Gründungskörper angenommen. Bei den Verformungen aus Windbelastung wird eine Baugrund-Bauwerk Interaktion vereinfacht so berücksichtigt, daß das
Bauwerk infolge Setzungen lediglich eine
Starrkörperverdrehung ausführt (Bild 6.23).
Bei dem zugrundegelegten Baugrundmodell
wird davon ausgegangen, daß die durch Setzungen entstehenden Bodenpressungen proportional zu den entsprechenden Setzungen
verlaufen (Winkler-Modell).

Infolge starker Erdbebenbelastung können
übermäßige Verformungen Schäden im Fundamentsystem verursachen, die äußerst
schwer zu beheben sind, und die sogar dazu

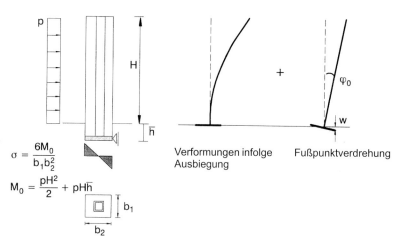

$$\sigma = \frac{6M_0}{b_1 b_2^2}$$

$$M_0 = \frac{pH^2}{2} + pH\bar{h}$$

Verformungen infolge   Fußpunktverdrehung
Ausbiegung

Bild 6.23 Vereinfachte Baugrund-Bauwerk-Interaktion anhand unterschiedlicher Verformungsanteile eines Kerntragwerks [6.16]

führen können, daß das gesamte Hochhaustragsystem in einen kinematischen Mechanismus überführt wird. Diese können nur vermieden werden, wenn der Standort nicht durch unzulässige Verformungen infolge einer Verwerfung, erdbebeninduzierter Bodenverflüssigung, Geländeinstabilität oder Setzungen bei mächtigen Untergrundschichten aus losen, ungesättigten, kohäsionslosen Materialien, gefährdet ist.

Im elastischen Beanspruchungsbereich kann die Wechselwirkung zwischen Baugrund und Bauwerk das Verformungsverhalten des Bauwerks stark beeinflussen. Die Interaktion bezieht sich auf die Masse des Tragwerks (Trägheitsinteraktion, Reaktion des Fundamentsystems auf die erdbebenerregten Trägheitskräfte des Überbaus) und auf die Steifigkeit des Fundaments (kinematische Interaktion, Reaktion des Fundamentsystems auf die erdbebenerregten Bodenbewegungen bei massenlos angenommenem Überbau).

Um den Vorgang einer Trägheitsinteraktion zu verdeutlichen, können zuerst zwei Grenzfälle betrachtet werden: Der Fall absolut starrer Bauwerke, die auf Fels gegründet sind, und der Fall von Bauwerken ohne Federsteifigkeit (Lagerung auf reibungslosen Rollenlagern, als unendlich weicher Boden).

Im Grenzfall des starren Baukörpers überträgt sich die Bodenbewegung auf die daraufliegende Masse in voller Größe und mit gleicher Beschleunigung. Da die Steifigkeit des Bauwerks unendlich ist, entstehen auch keine Schwingungen (Bild 6.24a).

Bei dem theoretischen Grenzfall einer rollenden, reibungsfreien Auflagerung des Bauwerks bewirkt die Bodenbewegung keine Widerstandskräfte im dynamischen System. Die Masse des daraufliegenden Überbaus bleibt unabhängig von der Beschleunigung der Bewegung in Ruhe, während das Fundament darunter die Bewegung mitmacht (Bild 6.24b).

Zwischen diesen beiden Grenzfällen liegt der Fall der Trägheitsinteraktion, bezogen auf elastisch-verformbare Bauwerke, die auf weichen Böden gegründet sind. Das Bauwerk kann wegen der Nachgiebigkeit des Bodens nicht die gesamte Bewegung mitmachen. In erster Linie entwickelt sich eine tendenziell kompensierende Kippbewegung, so daß der obere und untere Tragwerksabschnitt eine geringere Bewegungsamplitude als der Fußpunkt, bzw. als die ganze Freifeld-Wellenbewegung erfahren (die Bewegung, die der Boden in der Kontaktfläche Boden-Bauwerk ohne das Bauwerk erfahren würde) (Bild 6.24c). Somit werden vom Bauwerk im umliegenden Boden

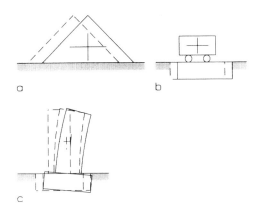

Bild 6.24 Baugrund-Bauwerk-Trägheits-
interaktion
a) Grenzfall eines starren Baukörpers
b) Grenzfall eines Baukörpers ohne Feder-
    steifigkeit
c) Gegründetes Bauwerk auf weichem Boden

zusätzliche Verformungen hervorgerufen, eine
Kippbewegung und eine Abnahme der hori-
zontalen Freifeldbewegung. Für das Bauwerk
selbst bedeuten die daraus entstehenden
Kippverformungen eine Vergrößerung seiner
Schwingungsperiode und die Entwicklung von

Lastexzentrizitäten aus der vertikalen Belastung.

Bei einer kinematischen Interaktion bewirkt ein
Fundamentsystem mit relativ großer Sohlfläche – als starrer Körper und vom Überbau
getrennt betrachtet – eine Abnahme der
Horizontalerregungskomponente in weichen
Böden, und es erfährt aus den Bodenbewegungen eine Kippverformung. Bei stark ein-
gebetteten Fundamenten, wie auch bei hohen Bauwerken mit einer großen Überbau-
masse, sind die Kippverformungen unbedeutend klein. In der kinematischen Interaktion
zwischen Baugrund und Bauwerk kann aber
eine deutliche Abschwächung der Erregung
entstehen, da höhere Frequenzen (Anteile der
kleineren Erdbebenwellenlängen) nicht auf
das Bauwerk übertragen werden. Eine derartige Abnahme der für den Standort charakteristischen Eigenfrequenz infolge der Nachgiebigkeit des Bodens kann unter Umständen zu
Resonanzerscheinungen im weichen Bauwerk führen (siehe auch Abschnitt 7.3). Bei
Pfahlgründungen, die in horizontaler Richtung
weich sind, kann die Beanspruchung aus der
kinematischen Wechselwirkung vernachlässigt werden [6.10].

7 Dynamische Hochhaustragverformungen

7.1 Allgemeines

Hochhäuser werden während ihrer Funktionsdauer außer den herkömmlichen vertikalen Belastungen (Nutz-, Verkehrslasten) vor allem dynamischen Horizontallasten aus Wind und den Trägheitskräften, welche durch die Bodenbewegungen aus Erdbeben entstehen, ausgesetzt. Die Entwicklung von neuen Tragsystemen, effizienten Materialien und Konstruktionsmethoden in den letzten Jahrzehnten hat immer noch zunehmende Forderungen nach leichteren Tragstrukturen mit kleineren Steifigkeiten bewirkt. Die Entwicklung des Hochhaustragwerks ist somit nur mit einer eingehenden Untersuchung seines dynamischen Verhaltens möglich.

Die horizontalen Hochhaustragverformungen werden von zeitabhängigen Kräften zufälliger Natur (aus Wind- und Erdbeben) hervorgerufen. Im Rahmen des Tragwerksentwurfs werden die Kräfte bestimmt und die Art und der Verlauf der Tragwerksantwort rechnerisch ermittelt. Aufgrund der Zufallsnatur der einwirkenden Kräfte ist ihre Beschreibung sehr komplex und sie beeinflussen in direkter Weise die Art der Charakterisierung des Gebäudes selbst. In der Praxis erfolgt diese Charakterisierung durch die Verwendung von spektralen Funktionen, d.h. durch die Beschreibung einer Zufallsvariable als eine Frequenzfunktion.

Wind wird in großen Höhen als annähernd gleichmäßige Strömung angesehen, die in der Nähe der strukturierten Erdoberfläche turbulent wird. Die Geschwindigkeit der oberflächennahen Strömung ist durch ihre turbulenzbedingten Schwankungen zeitlich und räumlich nicht konstant. Eine Schwingungserregung des Gebäudes kommt zustande, wenn die turbulenzbedingten Geschwindigkeitsschwankungen eine hohe Periode und eine hinreichende Energiedichte haben (böenerregte Schwingung). Aus dem gemessenen Windgeschwindigkeitsprofil wird eine mittlere Windgeschwindigkeit ermittelt, die in der Regel zur Erdoberfläche hin abnimmt. Der Verlauf der mittleren Windgeschwindigkeit über die Höhe ist abhängig von der Rauhigkeit und somit von der Bebauung der Erdoberfläche (Bild 7.1). Die gleichmäßige Windströmung verwirbelt bei der Umströmung des Gebäudes (Bild 7.2). Geschwindigkeitsmessungen in Windkanalversuchen, an der Oberfläche des umströmten Gebäudes, zeigen an jedem Punkt der Oberfläche unterschiedliche Geschwindigkeitsprofile und dementsprechend verschiedene mittlere Windgeschwindigkeiten, mit Hilfe derer die lokalen Staudruck- und Druck-Sog-Beiwerte gemessen werden. Aus der Winddruckverteilung lassen sich durch Integration Windkraftbeiwerte ermitteln, die für die Berechnung der auf das Bauwerk wirkenden Windkraft erforderlich sind. Solche Windkraftbeiwerte können auch direkt aus den Windkanalversuchen ermittelt werden.

Entsprechend dem Erregermechanismus unterscheidet man erzwungene und selbsterregte Schwingungen. Schwingungen können erzwungen werden durch die oben beschriebene Böigkeit des Windes (Böenresonanz), durch die Nachlaufturbulenz eines stromauf stehenden Gebäudes (Buffeting) und durch regelmäßige Wirbelablösungen am betrachteten Bauwerk (Kármán'sche Wirbelstraße). Galopping-Schwingungen sind die wichtigste Form der selbsterregten Schwingungen.

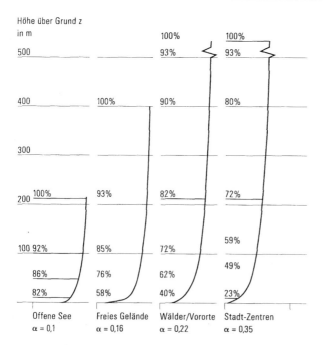

Bild 7.1 Windprofile der mittleren Windgeschwindigkeit in Abhängigkeit von Lage und Höhe [7.15]

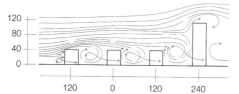

Bild 7.2 Windströmungsverlauf bei der Umströmung von Gebäuden [7.14]

Hochhäuser werden meist nur im Hinblick auf böenerregte Schwingungen untersucht. Für diese Beurteilung eignet sich besonders das Spektralverfahren. Eingangsgröße ist das Spektrum der Winddruck- bzw. Windsogschwankungen an den Gebäudeoberflächen. Unter Berücksichtigung der mechanischen Übertragungsfunktion wird der Resonanzfaktor berechnet, dessen Betrag eine Aussage hinsichtlich der Anfälligkeit des Bauwerks gegenüber windböenbedingten Schwingungen zuläßt. Dieser Resonanzfaktor beschreibt den Faktor, mit dem die quasistatischen Lasten multipliziert werden müssen, um die für die Bemessung maßgebenden statischen

Ersatzlasten zu erhalten, in denen die durch böenerregte Schwingungen induzierten dynamischen Lastanteile enthalten sind.

Erdbeben sind Erschütterungen des Erdbodens, die durch geologische Vorgänge (Dislokationen, Karsteinbrüche, Gebirgsschläge usw.) in der obersten Erdkruste ausgelöst werden und sich im Erdboden und an der Erdoberfläche wellenartig ausbreiten. Zur Abschätzung des seismischen Risikos eines Gebietes stehen die tektonischen Erdbeben (Dislokationsbeben) im Vordergrund. Diese entstehen infolge rasch verlaufender Verschiebungsvorgänge entlang von Bruchflächen in der Erdkruste und im oberen Erdmantel. Während dieser Vorgänge wird die in der Bruchzone gespeicherte, potentielle Verformungsenergie freigesetzt und teilweise in kinetische Energie von Erdbebenwellen umgewandelt. Die Größe der am Gebäude angreifenden Erdbebenlasten hängt in erster Linie von den Erdbebencharakteristika und von den dynamischen Eigenschaften des Gebäudes ab.

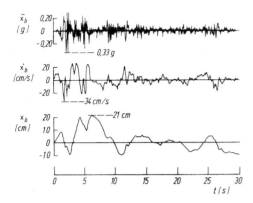

Bild 7.3 Zeitverlauf der Bodenbeschleunigung $\ddot{x}_b$, der Bodengeschwindigkeit $\dot{x}_b$ und der Bodenverschiebung x_b des El Centro Erdbebens 1940, N-S Komponente

An der Erdoberfläche offenbaren sich Erdbeben durch chaotische Bodenverschiebungen, sowohl in horizontaler, als auch in vertikaler Richtung. Die Charakteristika der Bodenbewegung werden mit speziellen Meßgeräten – Seismographen oder Akzellerographen – registriert. Diese zeitlichen Aufzeichnungen, üblicherweise in Form von Akzellerogrammen, geben den Zeitverlauf des Erdbebens wider. Sie liegen der rechnerischen Erfassung von seismischen Erregungen zugrunde. Betrachtet man vorhandene Aufzeichnungen schwerer Bodenverläufe, so zeigt sich, daß sie eine unregelmäßige Folge von Stößen unterschiedlicher Periode aufweisen (Bild 7.3). Jedes Akzellerogramm enthält eine Intensivbewegungsphase, die dem Auftreten der energietragenden Wellen (Transversal- und teilweise Oberflächenwellen) am Meßort entspricht. Nach dem Zeitverlauf dieser Phase werden die Erdbeben wie folgt klassifiziert [7.11]:

1. Erdbeben vom „Ein Impuls"-Typ, z.B. Port Huenemme 1957, Skopje 1963, u.a. Sie bestehen aus einem einzigen Stoß und sind von kurzer Schwingungsdauer (T=0,1 bis 0,2 s).
2. Erdbeben vom „Mehrere Sätze von Impulsen"-Typ, z.B. El Centro 1940, Ägion 1995, u.a. Sie weisen eine Reihe von starken, unregelmäßig verteilten Stößen auf, deren Schwingungsdauer zwischen 0,05 und 0,5 s liegt.
3. Erdbeben vom „Ein-Satz-Impuls"-Typ, z.B. San Francisco 1957, Bukarest 1977, u.a. Sie bestehen aus Hauptstößen, die sich über eine begrenzte Zeitdauer zusammenfassen lassen.
4. Erdbeben, die zu Langdauerbewegungen führen (Zeitverlauf über eine Minute), z.B. Mexiko Stadt 1964, 1985.
5. Lange Bodenbewegungen begleitet von bleibenden Bodenverformungen und Verflüssigungen, z.B. Anchorage 1964, Niigate 1964 u.a.

Aufzeichnungen bestimmter Erdbeben (z.B. Parkfield 1966, $a_0 = 0,51$ g m/s², Mexiko Stadt 1985, $a_0 = 0,2$ g m/s²) haben bewiesen, daß die Auswirkungen der Bodenbewegungen auf Bauwerke nicht nur von den maximalen Horizontalkomponenten der Beschleunigung, sondern auch von der Dauer der stärksten Impulse und von der Bauwerksform abhängen [7.2]. Die vertikalen Erdbebenstöße stellen in der Regel für die Bauwerke keine Gefahr dar, da einerseits ihre maximalen dynamischen Charakteristika um etwa zwei Größenordnungen kleiner als die der horizontalen Erdbebenkomponente sind, und sie andererseits vom Gewicht des Gebäudes kompensiert werden.

Infolge der beiden genannten dynamischen Belastungsarten werden differenzierte Anforderungen an das Hochhaustragwerk gestellt, so daß die Behaglichkeit der Einwohner des Gebäudes bzw. die Sicherheit der Tragkonstruktion gewährleistet werden kann.

Wenn der Wind zur bestimmenden Kraft wird, soll das Hochhaustragwerk nur im elastischen Bereich beansprucht werden und die ausgelösten Bewegungen sollen in einem nicht wahrnehmbaren Bereich bleiben. Die Aufnahme der dynamischen Windlasten von den Traggliedern und dem gesamten Tragsystem soll ohne bleibende Verformungen (plastische Verformungen) erfolgen. Die Systemantwort wird also von vergangenen Eingangsgrößen der Belastung um so weniger beeinflußt, je weiter diese zeitlich zurückliegen (System mit nachlassendem Gedächtnis) (Bild 7.4). Diese Systeme sind durch Relaxation, Kriechen sowie geschwindigkeitsabhängige Energie-

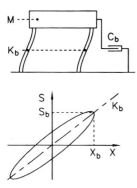

Bild 7.4 Dynamische Modellierung und Kraft-Verformungsdiagramm eines Einmassenschwingers mit linear elastischem Verhalten

dissipation gekennzeichnet (siehe auch Kapitel 8).

Im Erdbebenfall dagegen werden folgende Auswirkungsstufen auf die Bewohner und das Gebäude unterschieden:

1. Bewohnerunbehagen
2. Geringe Tragwerksbeschädigung
3. Beschädigung durch bleibende Deformation
4. Partieller Einsturz

Bei heftigen Beanspruchungen ist die Menge der Bewegungsenergie so groß, daß ihre rein elastische Aufnahme zu gewaltigen Abmes-

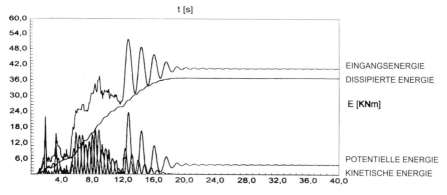

Bild 7.5 Energetisches Diagramm eines gedämpften 9-geschossigen Fachwerkes, berechnet für das El Centro Erdbeben 1940, N-S Komponente

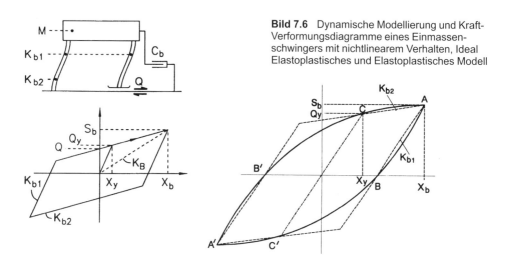

Bild 7.6 Dynamische Modellierung und Kraft-Verformungsdiagramme eines Einmassenschwingers mit nichtlinearem Verhalten, Ideal Elastoplastisches und Elastoplastisches Modell

sungen der Tragwerke führen würde, die wirtschaftlich nicht vertretbar sind. Demzufolge beruhen die meisten Normvorschriften zur Erdbebensicherung von Bauten auf einer Anpassungsfähigkeit der Tragstruktur durch plastische Verformungen. Ein Tragwerk muß im Stande sein, die vertikalen Lasten und die horizontal äquivalent statisch wirkenden Lasten elastisch abzutragen. Die Struktur muß durch konstruktive Maßnahmen so konzipiert werden, daß sie sich bei Erdbeben von niedriger Intensität elastisch verhält, und daß sie Erdbeben von mittlerer Intensität auch trotz geringer Schäden standhält. Während Bodenbewegungen von hoher Intensität soll die erforderliche Energiedissipation durch die Entwicklung von plastischen Verformungen in bestimmten sekundären Bereichen des Tragwerks ermöglicht werden. Dabei soll die gesamte und örtliche Stabilität des Gebäudes gewährleistet sein (Bild 7.5).

Zum qualitativen Erfassen des Tragverhaltens unter starken Erdbeben hat wesentlich das auf der gegenseitigen Erdbeben-Tragwerk-Energieübertragung aufbauende Konzept von Housner 1956 beigetragen (Grenzformänderungsverfahren) [7.6]. Die Baustoffe, Bauteile und das Tragwerk werden als zusammengesetztes System betrachtet, bei dem während des Erdbebens bleibende Verformungen stattfinden. Das Konzept setzt ein nichtlineares Verhalten voraus, wobei die Systemantwort von vergangenen Größen abhängig ist (Systeme mit perfektem Gedächtnis).

Von elastoplastischen Spannungs-Verformungsdiagrammen ausgehend, werden in der dynamischen Analyse praktisch anwendbare Hysteresemodelle mit Schadensakkumulation entwickelt, welche die Schädigungsvorgänge in Bauteilen bis zum Versagen wiedergeben (Bild 7.6) (siehe auch Kapitel 8).

7.2 Horizontalbelastung

Sowohl Wind- als auch Erdbebenkräfte stellen nichtperiodische, beliebige dynamische Erregungen dar, deren mathematische Beschreibung durch zeitabhängige Funktionen erfolgt. Ihr Verlauf wird in der Regel unabhän-

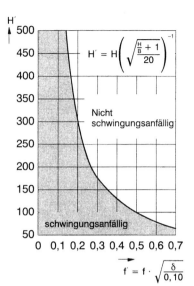

Bild 7.7 Kriterium für die Schwingungsanfälligkeit von Bauwerken [DIN 1055-4]

gig von der Bewegung des Systems angenommen.

Windlasten dürfen nach DIN 1055-4 und ENV 1991-2-4 nur bei nicht schwingungsanfälligen Bauwerken als statische Lasten angesetzt werden. Dazu muß das Schwingungsverhalten anhand der Eigenfrequenz der ersten Eigenschwingung beurteilt werden (Bild 7.7). Eine grundlegende dynamische Untersuchung des Tragwerks zur Ermittlung seiner Eigenfrequenzen und Eigenformen ist Voraussetzung dafür.

Im Hinblick auf die Erdbebenbemessung des Hochhaustragwerks ist die modale Analyse ein häufig verwendetes Verfahren zur Lösung der Schwingungsprobleme von äquivalent elastischen Systemen mit mehreren Freiheitsgraden. Die Vorgehensweise der modalen Superpositionsmethode besteht darin, daß die globalen Koordinaten in modale Hauptkoordinaten transformiert werden. Dadurch entkoppeln sich die Bewegungsgleichungen und können unabhängig voneinander durch die Untersuchung der Eigenschwingungsformen des Systems ermittelt werden. Ausgehend von elastischen Bemessungsspektren auf der Basis der Grundfrequenz des Bauwerks werden die statischen Ersatzkräfte bestimmt. Nach der Berechnung der Systemantworten werden die Ergebnisse wieder in die globalen Koordinaten rücktransformiert und zur Gesamtantwort überlagert [7.9].

Die von den Erdbebennormen unterstützten Bemessungsspektren für die Ermittlung der statischen Ersatzkräfte berücksichtigen unmittelbar Erdbeben mit verschiedenen Zeitverläufen, während eine dynamische Analyse im Zeitverlaufbereich jeweils für die Zeitverläufe des Bemessungsbebens durchgeführt wird. In diesem Zusammenhang kann sich eine detaillierte dynamische Analyse des Tragsystems auf die Verwendung von Zeitverläufen einer Bodenbewegungsgröße (v.a. Beschleunigungszeitverläufe) des zu wählenden Bemessungsbebens gründen. Grundlage dazu bilden direkte Zeitintegrationsverfahren, die als inkrementelle numerische Verfahren besonders für Computerberechnungen geeignet sind. Es sind Näherungslösungen, die keine Anforderungen an die Systemwerte stellen, und demzufolge auch für nichtlineares Tragverhalten einsetzbar [7.8].

7.2.1 Windbelastung

Wie aus dem oberen Abschnitt hervorgeht, entstehen die Windlasten auf das Gebäude aus seinem Strömungswiderstand, welcher aus der ungleichförmigen Winddruckverteilung an seinen Oberflächen resultiert. Wenn die Belastung als stationär angenommen wird, kann sie aus einem Grundausdruck in Grundhöhe ermittelt werden, aus dem sich das Staudruckprofil der Höhe nach aufbaut. Der Grundausdruck ist von der geographischen Lage und teilweise auch von der Exposition (z.B. Berg- oder Hanglage) des Bauwerks abhängig. Grundlage dazu ist das „Böengeschwindigkeitsprofil". Die Windlast kann dann wie folgt definiert werden:

$$w = c_f \, q \, A \tag{7.1}$$

c_f: Aerodynamischer Kraftbeiwert
q : Stau- oder Geschwindigkeitsausdruck der Bezugwindgeschwindigkeit
A: Bezugsfläche, auf die der Kraftbeiwert bezogen wird

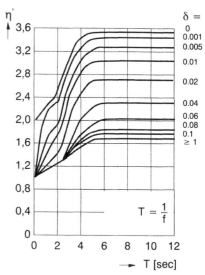

Bild 7.8 Faktor n' zur Ermittlung der statischen Windersatzlast [7.13]

Wenn das Tragwerk nach DIN 1055-4 und ENV 1991-2-4 als schwingungsanfällig einzustufen ist, kann der Staudruck in einen statischen und einen dynamischen Anteil im Verhältnis 0,4/0,6 aufgespalten werden [7.13]. Diese Methode bildet eine vereinfachte Alternative zu dem Spektralverfahren. Für den statischen Ersatzstaudruck wird nämlich in Abhängigkeit von dem Logarithmischen Dämpfungsdekrement δ (Verhältnis zweier aufeinander folgender Amplituden) und der Periode T (Schwingungsdauer) der ersten Eigenschwingung ein Vergrößerungsfaktor $n = (0{,}4 + 0{,}6\,n')$ ermittelt, der die dynamische Wirkung des Windes berücksichtigt. Dazu kann der Faktor n' aus Bild 7.8 entnommen werden.

Für die Stadt Frankfurt am Main liegt ersatzweise für schwingungsanfällige Bauwerke ein Ergänzungserlaß zur DIN 1055-4 „Windlasten bei hohen Hochhäusern in Frankfurt am Main" vor. Die Staudruckverteilung wird dabei mit einem Böenreaktionsfaktor beaufschlagt, der zusätzlich von einem Geländefaktor, einem Böengrundanteil und einem Böenenergiefaktor abhängt. Beispielsweise wurde für das Commerzbank Hochhaus in Frankfurt am Main ein Böenreaktionsfaktor von 1,97 ermittelt [7.7], der die statischen Lasten nach der DIN-Norm praktisch verdoppelt.

Die Spitzenfaktormethode dagegen ermöglicht die Angabe unterschiedlicher Lasten für die verschiedenen Einflußflächen des Gebäudes auf der Grundlage eines Windkanalversuches. Bei der Bestimmung der gesamten Windbelastung ist dann die zeitliche Korrelation der Druckverteilungen auf den unterschiedlichen Hochhauswänden zu berücksichtigen. In dieser Weise nehmen die Windlastannahmen keine unnötig großen Werte an [7.5]. Die im Gegensatz zu der quasistatischen Methode physikalisch begründbare Spitzenfaktormethode zur Bestimmung der Windlasten wurde in [7.3] formuliert. Die Windlast wird wie folgt ermittelt:

$$w = \hat{c}_p \, \frac{p}{2} \, u_{10min}^2$$

$$= (\bar{c}_p \pm k \, c_{pRMS}) \frac{p}{2} \, u_{10min}^2 \qquad (7.2)$$

p: Luftdichte (ca. 0,00125 kNs/m^4)
$\hat{c}_p$:   Spitzendruck- bzw. Spitzensog-koeffizient
$\bar{c}_p$:   Koeffizient des zeitlich gemittelten Drucks
c_{pRMS}:   Koeffizient des Effektivwertes der Druckschwankungen
u_{10min}:   10 Minuten-Mittelwert der Windgeschwindigkeit (Grundwindgeschwindigkeit)

In ENV 1991-2-4 wird die Grundwindgeschwindigkeit in Höhe z über Grund wie folgt gebildet:

$$v_m(z) = c_r(z) \, c_t(z) \, v_{ref} \qquad (7.3)$$

v_{ref}:   Referenz-Windgeschwindigkeit, 10 Minuten-Mittel in 10 m Höhe über Grund
$c_r(z)$:   Rauhigkeitskoeffizient
$c_t(z)$:   Topographiekoeffizient

7.2.2 Erdbebenbelastung

Die von Erdbeben ausgelösten wellenartigen Bewegungen der Erdoberfläche übertragen sich in erster Linie auf die Fundamente der Bauwerke mit der gleichen Amplitude, Geschwindigkeit und Beschleunigung und setzen diese in horizontaler und in vertikaler Richtung in Bewegung. Die Auswirkung und die Entwicklung der horizontalen Erdbebenkräfte auf das Gebäude hängt im wesentlichen von der Übertragungsweise der Bewegung vom Fundament zur Masse des Gebäudes ab. Je nach Schwingungsdauer beantwortet ein elastisch verformbares Tragsystem die erzwungene Beschleunigung des Fußpunktes $\ddot{x}_b$ mit einer Horizontalkraft, die sich mehr oder weniger von dem Wert $F(t) = -m \, \ddot{x}_b$ unterscheidet (siehe auch Abschnitt 6.4).

Wenn die Erdbebenbelastung als beliebige nichtperiodische Erregung angenommen wird $F(t) = F_0 \, f(t)$, kann sie als eine Reihe von unendlich kleinen Impulsen dargestellt werden $ds = F(\tau) \, d\tau$, die auf die Masse m, in der Zeitspanne $0 < \tau < t$ wirken. Die Bewegung des Systems mit geschwindigkeitsproportionaler Dämpfung unter der Wirkung aller Impulse ds ergibt sich als integrale Summe der Bewegungen, erzeugt von allen Impulsen ds in der Zeitspanne $0 - t$ (Bild 7.9):

$$x(t) = \frac{F_0}{m\omega_D} \int_0^t f(\tau) \, e^{-\zeta\omega(t-\tau)} \, \sin\omega_D (t - \tau) d\tau$$

$$\qquad (7.4)$$

Mit $F(t) = -m \, \ddot{x}_b$ für die Erdbebenbelastung gilt:

$$x(t) = -\frac{1}{\omega_D} \int_0^t \ddot{x}_b(\tau) \, e^{-\zeta\omega(t-\tau)} \, \sin\omega_D(t - \tau) \, d\tau$$

$$\qquad (7.5)$$

$\ddot{x}_b$:   Bodenbeschleunigung
ω, ω_D: Eigenkreisfrequenz der ungedämpften bzw. gedämpften Schwingung
ζ: Dämpfungsgrad: tatsächliche Dämpfung zu kritischer Dämpfung

Die Abhängigkeit zwischen der maximalen Massenbeschleunigung $\ddot{x}_{max}$ und der Periode T des äquivalenten Einmassenschwingers unter einer bestimmten Fußpunkterregung wird in Antwortspektren dargestellt. Für ein gegebenes Akzellerogramm $\ddot{x}_b(t)$ können die Spektralwerte Sd, Sv, Sa eines

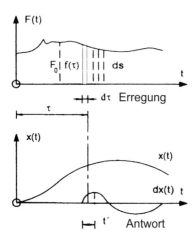

Bild 7.9 Dynamische Systemantwort bei beliebiger Belastung

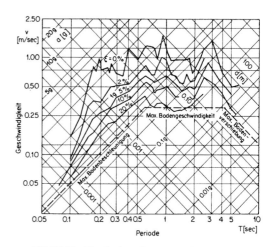

Bild 7.10 Elastisches Antwortspektrum des El Centro Erdbebens 1940, N-S Komponente [7.12]

Einmassenschwingers berechnet werden und in Abhängigkeit von der Periode T oder der Kreisfrequenz ω und dem Dämpfungsgrad ζ in einem doppelt-logarithmischen Koordinatensystem graphisch angegeben werden (Bild 7.10).

$Sd = \max |x(\omega,\zeta,t)|$: Spektralwert der relativen Massenverschiebung

$Sv = \max |\dot{x}(\omega,\zeta,t)|$: Spektralwert der relativen Massengeschwindigkeit

$Sa = \max |\ddot{x}(\omega,\zeta,t) + \ddot{x}_b(t)|$: Spektralwert der absoluten Massenbeschleunigung

Jede Erregung führt zum zugehörigen Antwortspektrum. Für die Überführung in ein Normenspektrum werden folgende Schritte unternommen (Bild 7.11):

1. Glättung und Bildung der Einhüllenden: Aufgrund der impulsartigen Erregung enthalten die Antwortspektren hohe Spitzenwerte, die für die Beanspruchung des Tragwerks nicht maßgebend sind, da das Bauwerk auf diese kurzfristigen Belastungen gar nicht reagieren kann. Die Spektren werden deshalb geglättet, und erst dann werden die einhüllenden Kurven gebildet.

2. Dämpfung: Für den üblichen Hochbau ist ein pauschaler linearer Dämpfungsgrad $\zeta = 0{,}05$ charakteristisch.

3. Normierung: Die Spektralwerte werden durch die maximalen Bodenbewegungsgrößen geteilt.

4. Abminderung wegen Plastifizierung: Die Antwortspektren nehmen keine Rücksicht auf den günstigen Einfluß durch die plastische Verformungsfähigkeit (Zähigkeit) des Bauwerks. Es wird deshalb aufgrund von energetischen Überlegungen, nichtlinearen Rechnungen und Erfahrungswerten pauschal um einen Faktor abgemindert (z.B. in EC 8 nach dem entsprechenden Verhaltensbeiwert des duktilen Tragsystems und in DIN 4149 um den Faktor 1,8), obwohl das Antwortspektren-Verfahren streng genommen bei nichtlinearem Verhalten unzulässig ist [7.16].

5. Konstanter Verlauf im Anfangsbereich: Da sich die plastischen Verformungen für kleine Perioden nicht einstellen können, wird der Verlauf im Anfangsbereich auf dem maximalen Wert festgehalten.

Zahlreiche Erdbeben in der Vergangenheit haben gezeigt, daß in seismisch stark bean-

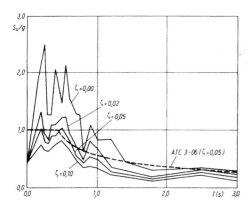

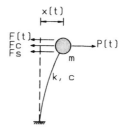

Bild 7.11 Beschleunigungs-Antwortspektrum *Sa* in Abhängigkeit vom linearen Dämpfungsgrad für das El Centro Erdbeben 1940, N-S Komponente und Normenspektrum [7.10]

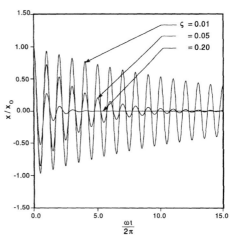

Bild 7.12 Einmassenschwinger: Dynamisches Kräftegleichgewicht und freie Schwingung bei variabler viskoser Dämpfung

spruchten Tragwerken, die nach den gültigen Normvorschriften bemessen wurden, inelastisches Verhalten unvermeidbar ist [7.2]. Aus diesem Grund ist in der Regel eine dynamische Analyse des Systems erforderlich, damit der Grad des inelastischen Verhaltens mit Genauigkeit abgeschätzt wird, und im weiteren konstruktive Maßnahmen zur Sicherheit vorgesehen werden.

7.3   Hochhausschwingung

Tragwerksparameter, die in direkter Weise das dynamische Tragverhalten beeinflussen, sind die Masse, die Steifigkeit und die Dämpfung, die das Gebäude besitzt. Die Bewegungsgleichung eines Systems ergibt sich durch die Summierung aller Aktions- und Reaktionskräfte am System zu (Bild 7.12):

$$P(t) = F(t) + F_C + F_S \qquad (7.6)$$

$F(t)$:   Äußere Kraft

F_C: Dämpfungskraft, angenommen als geschwindigkeitsproportionale Kraft (viskose Dämpfung), $F_C = -c\,\dot{x}$ mit c: Dämpfungsmaß

F_S: Elastische Federkraft, oder Rückstellkraft des Systems, $F_S = -kx$, mit k: Federkonstante

Somit ist für den äquivalenten Einmassenschwinger:

$$m\ddot{x} + c\dot{x} + kx = F(t) \qquad (7.7)$$

Die Bewegungsgleichung des Mehrmassenschwingers, dargestellt als Matrize, hat den gleichen Aufbau wie Gleichung (7.7) [7.8]. Die Systemmatrizen K, M lassen sich direkt mit Hilfe des Verschiebungsgrößenverfahrens (dynamisches Gleichgewicht für jeden Freiheitsgrad) aufstellen. Bei der Modellbildung werden die verteilten Massen jeweils zur Hälfte an den Stabenden zusammengefaßt. Bei der Ermittlung der Dämpfungsmatrix ergeben sich besondere Probleme, da die Dämpfungsverteilung innerhalb des Tragwerks schwierig zu erfassen ist. Die Matrix C wird daher häufig analog den Matrizen K und M gebildet. Um rechnerische Schwierigkeiten zu überwinden,

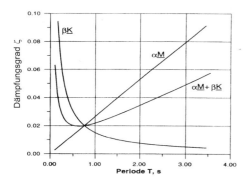

Bild 7.13 Modale Dämpfungsgrade bei Rayleigh-Dämpfung [7.9]

kann die Dämpfung aber auch sowohl an die Masse, als auch an die Steifigkeit des Tragwerks gekoppelt werden, wie z.B. die Rayleigh-Dämpfung (Bild 7.13). Dabei wird ein Ausdruck für die Dämpfung über zwei Beiwerte (α, β) erreicht:

$$C = \alpha M + \beta K \qquad (7.8)$$

Die Abhängigkeit der Systemantwort von den einzelnen Systemparametern kann durch die Umformung der Bewegungsgleichung im Frequenzbereich dargestellt werden, wobei alle angreifenden Horizontalkräfte einer spezifischen Reihenfolge von Frequenzen zugeordnet werden. Die Gleichung (7.7) kann für den Fall der Schwingungsform „r" wie folgt geschrieben werden:

$$\ddot{x}_r + 4\pi\,\zeta_r\,f_r\,\dot{x}_r + 4\pi^2\,f_r^2\,x_r = \frac{F_r}{m_r} \qquad (7.9)$$

f :   Eigenfrequenz

Der Laplace-Transformator kann an dieser Stelle benutzt werden, um die Gleichung in den Frequenzbereich umzuformen. Für diesen Zweck ist der Laplace-Operateur „s" eine Ableitung – abhängig von der Zeit – (in diesem Fall $\dot{x}_r$) und s^2 die zweite Ableitung ($\ddot{x}_r$). Somit ist

$$\left[s^2 + 4\pi\,\zeta_r\,f_r\,s + 4\pi^2\,f_r^2\right]x_r = \frac{F_r}{m_r} \qquad (7.10)$$

Der reale Teil von s kann vernachlässigt werden, da nur reale Systeme betrachtet werden. Deshalb gilt $s \rightarrow j\,\omega$ und die Gleichung (7.10) kann wie folgt neu formuliert werden:

$$\left[(j\omega)^2 + 4\pi\,\zeta_r\,f_r\,j\omega + 4\pi^2\,f_r^2\right]x_r$$
$$= \frac{F_r}{m_r} \qquad (7.11)$$

$$\left[-\frac{f^2}{f_r^2} + 1 + 2\,j\,\zeta_r\,\frac{f}{f_r}\right]x_r = \frac{F_r}{k_r} \qquad (7.12)$$

Das System kann mit Hilfe der Funktion $H(f)$ des komplexen Frequenzbereichs charakterisiert werden. Für eine Schwingungsform gilt:

$$x_r(f) = H_r(f) \cdot F_r(f) \qquad (7.13)$$

Wenn die Gleichung (7.12) in die Gleichung (7.13) eingesetzt wird, erhält man:

$$H(f) = \frac{\dfrac{1}{k_r}}{1 - \dfrac{f^2}{f_r^2} + j\,2\,\zeta_r\,\dfrac{f}{f_r}} \qquad (7.14)$$

Diese Funktion definiert die Charakteristika des Tragwerks im Frequenzbereich als Ausdruck der Eigenfrequenz und des Dämpfungsgrads (Bild 7.14). Im Resonanzfall, wenn die Erregerfrequenz mit der Systemfrequenz übereinstimmt, hängt der Wert des dynamischen Vergrößerungsfaktors nur vom Dämpfungsgrad des Systems ab. Hierbei wird die Steifigkeit des Systems als konstante Größe angenommen. Im statischen Fall, wenn die Erregerfrequenz gleich null ist, hängt die Systemantwort nur von der statischen Steifigkeit des Systems ab. Dies bedeutet, daß der Wert der statischen Steifigkeit k_r in Tests ermittelt werden kann, in denen sinusförmige Schwingungen des Systems veranlaßt werden; die Systemantwort mit einer Frequenz von null wäre die Summe der Beiträge aller Schwingungsformen.

Aus dem oberen Abschnitt geht hervor, daß die Tragwerksparameter mit jeder Schwingungsform des Tragwerks in Verbindung ste-

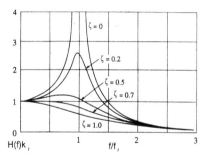

PHASE (grad)

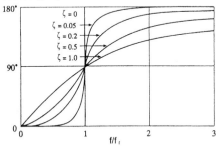

Bild 7.14 Systemantwort eines Einmassen-schwingers im komplexen Frequenzbereich, bei stationär harmonischer Erregung, mit variabler Eigendämpfung

hen. Eine Untersuchung jedes modalen Parameters der wichtigsten Schwingungsformen ermöglicht eine gute Annäherung für die Systemantwort im elastischen Bereich.

7.3.1 Systemmasse

Ein System mit beliebig über die Höhe verteilter Masse besitzt beliebig viele Schwingungsformen. Zur Beurteilung des dynamischen Verhaltens ist davon die Grundschwingungsform von Bedeutung, welche zu den maximalen Trägheitskräften führt. Die höheren Schwingungsformen sind nur dann wichtig, wenn das Bauwerk sehr schlank ist. Bei konstant über die Höhe verteilter Masse $m(z)$ gilt:

$$m_r = \int_0^H m(z)\, \Phi_r^2(z)\, dz \qquad (7.15)$$

Die drei Haupttypen der Schwingungsformen werden nachfolgend betrachtet, indem die

Schwingungsformen für sie idealisiert werden (Bild 7.15):

Geradliniger Verlauf

$$\Phi(z) = \frac{z}{H} \qquad (7.16)$$

$$m_r = \left[\frac{m(z)\, z^3}{3H^2}\right]_0^H = \frac{m_T}{3} \qquad (7.17)$$

m_T: Gesamte Masse des Gebäudes

Biegelinienverlauf

$$\Phi(z) = \left[1 - \cos\frac{\pi z}{2H}\right] \qquad (7.18)$$

$m_r =$

$$\int_0^H m(z)\left[1 - 2\cos\frac{\pi z}{2H} + \frac{1}{2}\left(1 + \cos\frac{\pi z}{H}\right)\right] dz$$

$$m_r = 0.227\, m_T \cong \frac{m_T}{4} \qquad (7.19)$$

Schublinienverlauf

$$\Phi(z) = \left[\sin\frac{\pi z}{2H}\right] \qquad (7.20)$$

$$m_r = \int_0^H m(z)\sin^2\left(\frac{\pi z}{H}\right) dz$$

$$m_r = \frac{m_T}{2} \qquad (7.21)$$

Eine Veränderung der effektiven Masse des Gebäudes m_r, definiert als der Teil der gesamten Gebäudemasse, die zur dynamischen Trägheit des Gebäudes beiträgt, kann also durch eine gezielte Neuanordnung der Steifigkeit des Tragwerks und Modifizierung der Grundeigenschwingungsform erreicht werden. Dabei sollten differenzierte Anforderungen auf das Hochhaustragwerk bei Wind- und Erdbebenbelastung gesetzt werden, und eventuell ein Gleichgewicht zwischen diesen angestrebt werden.

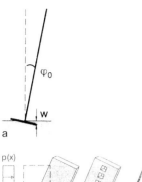

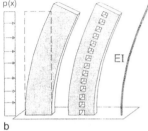

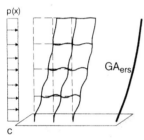

Bild 7.15 Ersatzstabmodelle und idealisierte Schwingungsformen
a) Geradliniger Verlauf
b) Biegelinienverlauf
c) Schublinienverlauf

Eine im Hinblick auf Windbelastung optimierte Schwingungsform des Hochhaustragwerks könnte erzielt werden, wenn das Tragwerk mit relativ kleiner Steifigkeit im unteren Bereich, mit großer Steifigkeit im mittleren Bereich zur Begrenzung seiner Schubverformungen, und mit einem Outriggersystem im oberen Bereich zur Vergrößerung seiner effektiven Masse versehen wird [7.1]. Eine planmäßige, gleichmäßig verteilte Verformungsbeanspruchung über das gesamte Gebäude im elastischen Bereich infolge Erdbebenbelastung kann jedoch ermöglicht werden, wenn das Tragwerk mit einer Steifigkeitsregelmäßigkeit über die ganze Höhe vorgesehen wird. Darüber hin-

aus würde eine vergrößerte effektive Masse die horizontal angreifenden Erdbebenkräfte an das Tragwerk vergrößern.

7.3.2 Systemsteifigkeit

Die Systemsteifigkeit, als Maß der elastischen Verformbarkeit des Tragwerks, wird definiert als diejenige Kraft F, die eine Einheitsverschiebung $x = 1$, am Angriffspunkt der Kraft hervorruft. Der direkte Zusammenhang zwischen modaler Masse, Dämpfung und Steifigkeit des äquivalenten Einmassenschwingers kann über die Eigenkreisfrequenz nach dem rechten Glied der Lösungsgleichung der Funktion $F(t)$ (7.7) wiedergegeben werden:

$$x_{1,2} = -\frac{c}{2m} \pm \sqrt{\frac{c^2}{4m^2} - \frac{k}{m}} \qquad (7.22)$$

$$\omega_D = \sqrt{\frac{c^2}{4m^2} - \frac{k}{m}} \qquad (7.23)$$

Bei Mehrmassensystemen ist die Anzahl der Elemente der Steifigkeitsmatrix gleich dem Quadrat der Anzahl der Freiheitsgrade des Systems. Dies beruht darauf, daß sich die Verschiebungen der benachbarten Freiheitsgrade gegenseitig beeinflussen. Sie rufen dadurch Rückstellkräfte nicht nur in Richtung des Freiheitsgrades selbst hervor, sondern auch in Richtung der anderen Freiheitsgrade. Dementsprechend stellen die Federkonstanten von Mehrmassensystemen keine absoluten Steifigkeitswerte dar, sondern relative Größen (von Massenpunkt zu Massenpunkt).

In den vorangegangenen Abschnitten wurde der Einfluß der Steifigkeit von Hochhaustragsystemen auf die Reduzierung der statischen Verformungen, insbesondere unter dem Aspekt der Wirtschaftlichkeit der Konstruktionen, behandelt. Im dynamischen Fall ist die Wechselwirkung der Systemsteifigkeit mit dem Tragverhalten komplexer. Die Zunahme der Systemsteifigkeit bewirkt kleinere Eigenperioden und demzufolge kleinere Tragverformungen im elastischen Bereich. Mit entsprechender Bestimmung der Systemsteifigkeit kann bei einer dynamischen Erregung also eine tiefe oder hohe Abstimmung des Systems erreicht werden, so daß der Resonanzbereich vermieden wird. Eine zu diesem Zweck weitere Vergrößerung der Systemsteifigkeit würde aber zu größeren Horizontalersatzkräften führen. Im plastischen Beanspruchungsbereich wirkt sich dies in Form von größeren Auslenkungen der Struktur aus.

Nach Festlegung der statischen Systemsteifigkeit muß demzufolge zu einer weiteren Optimierung des Hochhaustragwerks ein Interaktionsprozeß stattfinden, aufgrund der Charakteristika der Bemessungsbelastung und des daraus zu erzielenden dynamischen Tragverformungsverhaltens. Im Hinblick auf eine Erdbebenbelastung erfolgt dies durch die Bestimmung des zeitlichen Verlaufs der Steifigkeit auf der Basis der Kraft-Verformungscharakteristika des verallgemeinerten Systems (siehe auch Abschnitte 8.2, 8.3).

7.3.3 Systemdämpfung

Die innere Systemdämpfung beschreibt die Energiedissipation des Systems unter dynamischer Beanspruchung. Die Eigendämpfung des Systems setzt sich aus verschiedenen, unterschiedlich zu bewertenden Anteilen zusammen, wie Baustoffdämpfung (elastische, Hysterese), Strukturelle Dämpfung (Reibung zwischen verschiedenen Baustoffen oder bei Verbindungen), Plastische Dämpfung (plastische Hysterese), und kann nicht mit der gleichen Genauigkeit angegeben werden wie die anderen Tragwerksparameter. Eine Zusammenstellung von Dämpfungsgraden verschiedener Baustoffe zeigt die Tabelle 7.1.

Meistens wird im Entwurfsstadium ein linear-elastisches Stoffgesetz und eine viskose Systemdämpfung vorausgesetzt. In Anlehnung an Gleichung (7.7) besteht zwischen dem Dämpfungsgrad ζ des einer Schwingungsform r zugeordneten Einmassenschwingers und dem entsprechenden Dämpfungsmaß des Systems die Beziehung:

Tabelle 7.1   Dämpfungsgrade verschiedener Baustoffe [7.4]

Baustoff	Dämpfungsgrad	
	Im elastischen Bereich	Im elasto-plastischen Bereich
Stahlbeton	0,01–0,02	0,07
Spannbeton	0,008	0,05
Stahl verschraubt	0,01	0,07
Stahl verschweißt	0,004	0,04
Holz	0,01–0,03	
Mauerwerk	0,01–0,02	0,07

$$c_r = 2\, m_r\, \omega_r\, \zeta_r \qquad (7.24)$$

Aus der Berechnung der dissipierten Energie E_d bei Durchlauf einer Periode $T = \dfrac{2\,\pi}{\omega}$ unter einer sinusförmigen Erregung $F(t) = F_0 \sin \Omega t$ läßt sich ableiten, daß der Wert der dissipierten Energie von der Amplitude der Bewegung x_{max} abhängig ist:

$$
\begin{aligned}
E_d &= \int_0^T c\, \dot{x}\, d\, x = \\[4pt]
&= \int_0^T c\, \dot{x}^2\, d\, t = c\, \pi\, \Omega\, x_{max}^2
\end{aligned}
\qquad (7.25)
$$

Die Dämpfung eines Mehrmassensystems kann nicht in direkter Abhängigkeit vom Dämpfungsgrad bzw. vom Dämpfungsmaß ausgedrückt werden, wenn sich die Antwort des Systems nicht von einer Superposition der entkoppelten modalen Antworten geben läßt. Dieses kann auftreten bei einer nichtlinearen Systemantwort, bei der sich die modalen Schwingungsformen des Mehrmassensystems nach Steifigkeitsänderungen auch ändern, und wenn nicht proportionale Systemdämpfung vorhanden ist.

Die Dämpfungseigenschaften von Systemen mit nichtlinearem Verhalten (Systeme mit perfektem Gedächtnis) können rechnerisch nur durch das Integrieren der Bewegungsglei-chung $m\ddot{x} + F_{NL} = F(t)$ erfaßt werden, wo-bei F_{NL} für das Kraft-Verformungsgesetz des Systems steht. Ein Maß zur Abschätzung der Hysterese-Dämpfung wird demzufolge als Verlustbeiwert n angegeben, der das Verhält-nis der pro Zyklus dissipierten Energie E_d zur Verformungsenergie E_p (Potentielle Energie) ausdrückt

$$n = \frac{1}{2\pi}\frac{E_d}{E_p} \tag{7.26}$$

8 Dynamische Hochhaustragverformungskontrolle

8.1 Allgemeines

Das Hochhaustragsystem soll durch elastische und elastoplastische Verformungen die zusätzliche Eingangsenergie aus der Wind- bzw. Erdbebenbelastung abbauen können. Die geometrische und konstruktive Entwicklung des Hochhaustragsystems und die Ermittlung seiner Parameter (Masse, Steifigkeit, Dämpfung) ermöglichen in einem ersten Analyseschritt die Beurteilung des Tragverformungsverhaltens in bezug auf die Nutzbarkeit und die Standsicherheit des Systems unter der horizontalen Bemessungsbelastung.

Starke dynamische Belastungen aus Wind oder Erdbeben verursachen an den Hochhaustragwerken große Verformungen, welche von den Aussteifungstragwerken aufgenommen werden müssen. Dabei sind oft die Entwurfsziele der Nutzbarkeit, bzw. die Standsicherheit des Systems nicht mehr gegeben. Übermäßige Verformungen können zu Unbehagen der Bewohner, zu erheblichen Schäden oder auch zum Einsturz der Gebäude führen. Aus diesem Grund werden die Aussteifungstragwerke in kontrollierten Mechanismen mit konstanten oder belastungsabhängigen Parametereigenschaften ausgebildet, welche das lokale und globale Tragverformungsverhalten des Systems in bestimmten Beanspruchungsbereichen definieren.

Zur Erzielung einer Tragverformungskontrolle können die Aussteifungskontrollmechanismen in passiver Weise durch die Verformungen aktiviert, oder aktiv gesteuert werden. Die passive Tragverformungskontrolle gründet sich auf eine nach mechanischen und konstruktiven Kriterien differenzierte Ausbildung der Aussteifungstragglieder selbst, oder auf eine Einführung von separaten Kontrollanlagen im Aussteifungstragwerk, die zu den aus der Belastung resultierenden Wirkungen gleich große und entgegengesetzte Kräfte erzeugen können. In der Technik der aktiven Kontrolle werden die Aussteifungsmechanismen elektronisch gesteuert und zur Erzeugung der zeitlich gewünschten Reaktionskräfte mit Energie von außen versorgt (siehe Abschnitt 8.3).

8.2 Passive Tragverformungskontrolle

Das Hauptziel einer passiven Tragverformungskontrolle ist die elastische Aufnahme oder hysteretische Dissipation der aus der Horizontalbelastung in das Gebäude eingeführten Energie. Dies erfolgt an bestimmten Bereichen des Tragwerks durch die Kontrollmechanismen. Die Grundrichtungen der Tragverformungskontrolle können anhand einer Umformulierung der traditionell gültigen, dynamischen Bewegungsgleichung des Systems in einer Energiegleichung weiterhin verdeutlicht werden. In allgemeiner Form kann ein Energiegleichgewicht zwischen System und Erregung erzielt werden, indem die einzelnen Glieder (Kraftkomponenten) der Bewegungsgleichung (7.7) über die relative Tragverformung im ganzen Beanspruchungszeitraum integriert werden. Folgende Gleichung ist für das Konzept grundlegend:

$$E_K + E_D + E_P = E_I \tag{8.1}$$

wobei

$$E_K = \int m\,\ddot{x}\,d\,x = \frac{m\,\dot{x}^2}{2} \tag{8.2a}$$

$$E_D = \int c\,\dot{x}\,dx = \int c\,\dot{x}^2\,dt \qquad (8.2b)$$

$$E_P = \int k\,x\,dx = \frac{k\,x^2}{2} \qquad (8.2c)$$

$$E_I = E_{I_S} + E_{I_W} \qquad (8.2d)$$

mit

$$E_{I_S} = -\int m\,\ddot{x}_b\,dx \qquad (8.2e)$$

$$E_{I_W} = \int w\,dx \qquad (8.2f)$$

Die einzelnen Glieder der linken Seite der Gleichung (8.1) stellen die relative kinetische Energie der Masse (E_K), die durch innere Dämpfung dissipierte Energie (E_D) und die potentielle Energie des Tragwerks (E_P) dar. Die Summe dieser Energiebeträge soll im Gleichgewicht sein mit der gesamten ins Tragwerk eingeführten Energie (E_I), die sich zusammensetzt aus der von einer Erdbebenbeanspruchung eingeführten Energie (E_{I_S}) und der von einer Windbelastung eingeführten Energie (E_{I_W}). Jeder Energieausdruck ist anhand einer zeitlichen Funktion dargestellt, und das energetische Gleichgewicht ist während der Belastungsdauer in allen zeitlichen Abständen vorhanden.

Wenn die Eingangsenergie größer als die gesamte elastische Kapazitätsenergie des Tragwerks wird, z.B. im Fall einer starken Erdbebenbelastung, erfährt das System plastische Verformungen. Die Systemsteifigkeit ist nicht mehr eine Konstante, und die Federkraft ($F_S = -k\,x$) wird durch eine allgemeinere Funktion $F_S(x)$ ersetzt, welche die durch elastische und plastische Verformungen dissipierte Energie darstellt. Dementsprechend wird die Gleichung (8.2c) für die nicht elastische Antwort neu definiert:

$$E_P = \int F_S(x)\,dx = E_{P_E} + E_{P_P} \qquad (8.3)$$

E_{P_E} : Elastische potentielle Energie des Tragsystems
E_{P_P} : Plastische potentielle Energie des Tragsystems

Beim Tragsystem mit elastoplastischem Verhalten ruft das Auftreten örtlicher, nicht elastischer Verformungen während der Schwingungen den Bruch einiger innerer Verbindungen hervor. Ein solches Vorgehen führt zur Minderung der Struktursteifigkeit und dadurch zur Verlangsamung des Aufspeicherungsprozesses. Da außer dem Zeitverlaufsverfahren aber gegenwärtig kein anderes, einfacheres Verfahren zur praktischen Anwendung vorliegt, mit dem die Eingangsenergie der Systeme mit elastoplastischen Eigenschaften abgeschätzt werden kann, wird die Eingangsenergie auch dieser Systeme berechnet, ohne ihr plastisches Verhalten zu berücksichtigen. In [8.66] wird gezeigt, daß die Annahme einer idealisierten elastischen Verformungsenergie als Grundlage für die Ermittlung der Eingangsenergie nicht unbedingt konservativ ist.

Die zum Abbau der Eingangsenergie erforderlichen elastischen bzw. elastoplastischen Verformungen des Systems können in Dämpfungsanlagen auftreten, welche im Aussteifungssystem integriert sind. Durch die Einführung einer geschwindigkeitsproportionalen oder Hysteresedämpfung im System erfolgt eine Verbesserung des gesamten Tragverformungsverhaltens, und es entstehen keine bleibenden Deformationen in den Traggliedern, da der größte Teil der Energiedissipationsvorgänge von den im System gezielt eingebauten geschwindigkeitsproportionalen Dämpfern oder Hysteresedämpfern übernommen wird.

Den zusätzlichen Ausdruck der dissipierten Energie infolge der hysteretischen Passivkontrollanlagen E_A stellt das Integral der von der Anlage entwickelten Reaktionskraft F, im Beanspruchungszeitraum dar.

$$E_A = \int F\,dx \qquad (8.4)$$

Somit kann die Energiegleichung des Systems wie folgt neu geschrieben werden:

$$E_K + E_D + E_{P_E} + E_{P_P} + E_A = E_I \qquad (8.5)$$

Nach dem theoretischen Ansatz der dynamischen Energiegleichung (8.5) kann eine Optimierung des Tragverformungsverhaltens des Systems in folgenden Grundrichtungen erreicht werden:

1. Kontrolle der Systemmasse durch eine Veränderung der effektiven Masse, die sich an der Verformung des Systems beteiligt. Dies erfolgt durch die Ankopplung und Abstimmung von festförmigen oder flüssigen Zusatzmassen am Tragsystem, die in gegensätzlicher Richtung schwingen.

2. Kontrolle der elastischen Steifigkeit des Systems zur Vermeidung von Resonanzeffekten bzw. zu einer gezielten Aufnahme der elastischen Verformungsenergie des Aussteifungstragwerks.

3. Kontrolle der elastoplastischen Rückstellkraftcharakteristika des Systems durch die gezielte Ausbildung von Aussteifungstraggliedern mit plastischem Energiedissipationsvermögen.

4. Kontrolle der Dämpfungseigenschaften des Systems durch die Integration von geschwindigkeitsproportionalen oder plastischen Hysterese-Dämpfungsanlagen innerhalb der aussteifenden Tragwerke. Die Integration erfolgt aufgrund eines gewählten kinetischen Systems und kann in allen aussteifenden Tragwerken, wie Rahmen, Fachwerken, Wandscheiben oder auch gemischten Systemen, angewandt werden.

8.2.1 Passive Kontrollmechanismen

Die Ausbildung des Aussteifungstragwerks zu einem passiven Kontrollmechanismus bildet einen iterativen Prozeß mit der Entwicklung der Tragstruktur und der Bestimmung ihrer Parameter in Abhängigkeit von der bemessungsrelevanten Horizontalbelastung. An erster Stelle werden die Verteilung der Systemmasse und die elastische Systemsteifigkeit bestimmt (siehe auch Abschnitte 7.3.1 und 7.3.2). Somit werden das elastische Tragverformungsverhalten des Systems, seine dynamischen Eigenschaften, Eigenperioden

und freien Eigenschwingungsformen festgelegt.

Die Optimierung der dynamischen Antwort des Tragwerks gründet sich, wie bereits gezeigt wurde, auf die Vergrößerung der Dämpfung des Systems, welche in erster Linie die Resonanzschwingungen verhindert, und gleichzeitig die Schwingungsamplitude begrenzt. Die Größe der Reduktion ist von der Masse sowie den dynamischen Eigenschaften des Systems und von der Erregung abhängig.

Eine Modifizierung der Massenverteilung des Gebäudes über die Höhe bewirkt eine Änderung in seinem dynamischen Verformungsverhalten. Zu diesem Zweck können Dämpfer mit Zusatzmasse in Form von geregelten Schwingungstilgern verwendet werden (Bild 8.1). So werden z.B. Hochhäuser mit großer Schlankheit, Turmbauwerke oder schlanke Schornsteine gezielt an einer oder mehreren Stellen mit Tilgern ausgestattet (siehe Abschnitt 8.2.1.1).

Zur Dämpfung von Hochhäusern gegen Wind- und mäßige Erdbebenbeanspruchungen können im Aussteifungstragwerk auch viskose oder viskoelastische Dämpfer aus Polymerschichten in metallische Tragglieder integriert

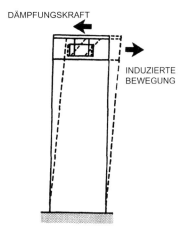

Bild 8.1 Kontrollkonzept des geregelten Schwingungstilgers anhand einer Pendelform

werden (Bild 8.2). Diese Dämpfungsanlagen erhöhen die geschwindigkeitsproportionale Dämpfungskapazität des Tragwerks im elastischen Bereich und verhindern bleibende Deformationen (siehe Abschnitt 8.2.1.2). Die Anzahl der Dämpfer richtet sich nach dem gewünschten äquivalenten Dämpfungsmaß.

Die Beobachtung des Tragverhaltens unterschiedlicher Strukturen unter starken Erdbeben hat gezeigt, daß unter bestimmten Umständen die plastischen Verformungen in ausgewählten Tragwerksbereichen kontrolliert lokalisiert werden können. So können Tragwerke mit gezielten Energieabsorptionslinien entstehen, wobei die Schäden auf diese Bereiche begrenzt bleiben.

Bei Stahlbetonrahmen sollen sich die plastischen Gelenke in erster Linie in den Endbereichen der Riegel, oder auch der Innenstützen, entwickeln, bis das Tragwerk durch das Entstehen der plastischen Gelenke an den unteren Außenstützenenden zu einem Mechanismus übergeht (Bild 8.3). Überall, außer in den plastifizierbaren Zonen, wird das Tragwerk mit einer reichlichen Festigkeitsreserve versehen, so daß die gewählte Fließfigur während des Schwingungsvorgangs erhalten bleibt. Die Außenstützen im oberen Bereich sollen in der gesamten Beanspruchungsdauer durchweg elastisch bleiben. Sie sind die primären lastabtragenden Tragglieder, und ihre Duktilität ist infolge der Längskräfte geringer als die der Riegel. Rahmen mit, im Vergleich zu den Riegeln, flexiblen Stützen sind für Erdbebengebiete nicht zu empfehlen. In diesen Tragwerken ergeben sie ungünstige Fließfiguren, bei denen sich sämtliche Stützenenden eines Stockwerks, meistens diejenigen im untersten Bereich, plastifizieren. Eine ausführliche Dokumentation zur Planung von Stahlbetonbauwerken für den elastoplastischen Beanspruchungsbereich ist in [8.52] enthalten.

Bei biegesteifen Stahlrahmen konzentrieren sich die plastischen Verformungen in den Riegeln am Rahmenknotenbereich unter Mitwirkung von vorgespannten Bolzenverbindungen, indem sich in diesen Bereichen, außerhalb der Rahmenknoten, Reibungsgelenke

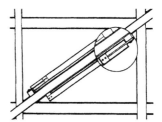

Bild 8.2 Aussteifung eines Rahmens mit viskoelastischen Dämpfern für Druck- und Zugbeanspruchung [8.33]

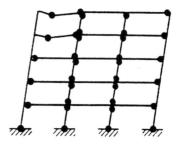

Bild 8.3 Kinetischer Mechanismus eines Stockwerkrahmens mit plastischen Gelenken

ausbilden [8.30] (siehe auch Abschnitt 8.2.1.4). Die konstruktive Ausbildung der Rahmenknoten sollte hierbei Einflußfaktoren berücksichtigen, die zu einem Verlust ihrer Steifigkeit und Tragfähigkeit führen. Diese schließen bei hoher Spannungskonzentration Verformungen der zentralen Stegzone der Knoten durch lokales Beulen, und Biegeverformungen der gedrückten Flansche und der Verbindungsstahlplatten ein. Obwohl das Tragverformungsverhalten der Trägerverbindungen bei nachgiebigen Rahmenknoten ohne Knotenaussteifung ein duktiles Verhalten aufweisen kann, bleibt die Energiedissipation in diesen Mechanismen gering. Eine derartige Kontrolle sollte nur an sekundären Traggliedern angewandt werden.

Eine große Energiedissipation unter Wechselbeanspruchung entsteht dagegen in exzentrisch ausgesteiften Stahlrahmenfeldern (Bild 8.4). Die Energiedissipation erfolgt durch pla-

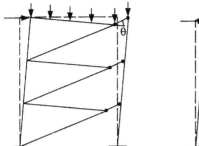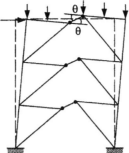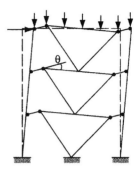

Bild 8.4 Kinetischer Mechanismus exzentrisch ausgesteifter Stockwerkrahmen mit plastischen Gelenken

stische Verformungen, infolge der plastischen Biegung der Riegelabschnitte in den gebildeten Schubgelenkzonen. Experimentelle Untersuchungen zur Anwendung des Verfahrens in Stahltragwerken werden in [8.25, 8.44] gemacht.

Bei Stahlbetonwandscheiben erfolgt die Energiedissipation durch Fließen der Biegebewehrung meistens am Wandfußpunktbereich bis zur Höhe des 1,5fachen der Wandbreite (Bild 8.5). Spröde Versagensarten, die unbedingt verhindert werden sollten, sind jene infolge schräger Druck- und insbesondere schräger Zugbeanspruchung durch die Querkräfte. Zu verhindern sind auch Instabilitäten dünner Wandscheiben oder der Druckbewehrung und Versagen infolge Gleitschubs entlang der Arbeitsfugen [8.52].

Bei gekoppelten Wandscheiben sollen zuerst nur die Kopplungsriegel plastische Verformungen erfahren. Wenn zusätzlicher Arbeitsverbrauch notwendig ist, kann eine zweite, aus kurzen Stielen bestehende Zerstreuungslinie am Fußpunkt der Wandscheiben entstehen (Bild 8.6a). Die plastifizierbaren Kopplungsriegel werden dabei Beanspruchungswechseln unterworfen und erhalten an den Anschlußpunkten sowohl eine Zug-, als auch eine Druckbewehrung. Wenn sie wie gewöhnliche Biegebalken bemessen sind, versagen sie zwangsläufig infolge schräger Zugbeanspruchung. Ein duktiles Verhalten dieser wird erst durch eine diagonale Anordnung der Bewehrungsstäbe ermöglicht, welche mit Hilfe von zusätzlichen Querbügeln oder einer Spiralbewehrung die volle Kraft ohne auszuknicken aufnehmen können (Bild 8.6b).

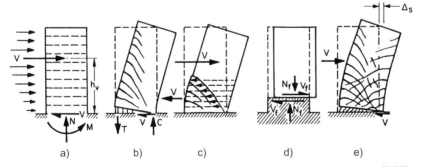

Bild 8.5 Versagensarten von Wandscheiben infolge starker Horizontalbelastung [8.52]
a) Kräfte und Reaktionen
b) Biegung
c) Schräger Zug
d) Gleitschub
e) Gleiten im Fließgelenk

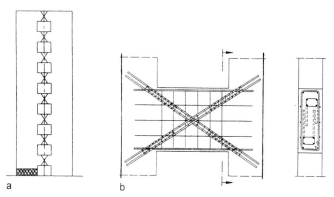

a   b

Bild 8.6
a) Gekoppelte Wandscheiben mit gezielter Anordnung plastischer Gelenke
b) Zweckmäßige Bewehrung hoher Riegel von gekoppelten Wandscheiben

Mit der gezielten Anordnung von energie-absorbierenden plastischen Gelenken in den Aussteifungstraggliedern soll gleichzeitig die Gesamtstabilität des Systems gewährleistet werden. Dementsprechend wird die Kontrolle der Steifigkeit und des Widerstands der Trag-elemente so ausgeübt, daß nach dem Versagen die bleibende Struktur mindestens als ein statisch-bestimmtes System mit elastischem Verhalten bestehen bleibt. Hochhaustrag-werke bilden mehrfach statisch unbestimmte Systeme, so daß eine in der Planungsphase ausreichende Verteilung von potentiellen pla-stischen Gelenken in der Struktur die Gefahr eines Auftretens von Instabilitäten verhindern soll. Als Nachteil bleibt jedoch die Tatsache, daß die passive Kontrolle der elastoplasti-schen Rückstellkraftcharakteristika der Aus-steifungstragglieder die Entstehung starker struktureller Schäden im Hochhaustragwerk zur Folge hat, die nach jeder starken Erd-bebenbeanspruchung mit großem Aufwand zu beheben sind.

Eine Erweiterung der klassischen erkennba-ren Grenzen von konstruktiven Möglichkeiten zur Energiedissipation im plastischen Bean-spruchungsbereich bildet die Einführung von gesonderten passiven Energiedissipationsan-lagen in das Tragwerk, die mit angemesse-nen Dämpfungseigenschaften versehen sind. Diese Mechanismen wirken also als Soll-Bruch-Stellen im Tragwerk. Die Kopplung der nichtlinearen Dämpfungsanlagen als plasti-sche Hysteresedämpfer oder Reibungsdäm-pfer im System bewirkt eine Änderung des Tragverformungsverhaltens des gesamten Systems nach den Eigenschaften beider Kom-ponenten (Tragsystem, Dämpfungsanlagen).

Die Verteilung der Dämpfungskräfte in Hoch-haustragwerken mit einer vorherrschenden Eigenschwingungsform erfolgt unter Berück-sichtigung der Dämpfungskräfte. Die horizon-talen Dämpfungskräfte, wie auch alle angrei-fenden Kräfte, sollen von den Tragelementen möglichst direkt zu den Fundamenten weiter-geleitet werden. Somit sollen die Dämpfer in einer zu planenden Tragstruktur so verteilt werden, daß die Steifigkeitsregelmäßigkeit im Grundriß und im Aufriß unverändert im Sy-stem bleiben.

Die entstehenden nichtlinearen Systeme wer-den nach dem Verhältnis Feder- zu Däm-pfungskraft von charakteristischen nicht-linearen Skelettkennlinien gekennzeichnet. Systeme mit hartwerdender Steifigkeit bewir-ken bei den stochastischen Vorgängen eine Vergrößerung der Bandbreite des Verstär-kungsbereichs und eine geringere Abschwä-chung im Abschirmbereich (Bild 8.7a). Syste-me mit weichwerdender Steifigkeit bewirken eine Verringerung der Bandbreite des Verstär-kungsbereichs und eine größere Abschwä-chung der Einwirkung im Abschirmbereich (Bild 8.7b). Schließlich wirken Systeme mit konstanter Steifigkeit, wie z.B. bei einer

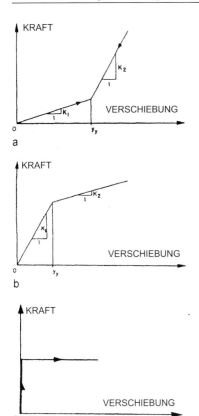

Bild 8.7 Tragverformungslinien von nichtlinearen Systemen
a) System mit hartwerdender Steifigkeit
b) System mit weichwerdender Steifigkeit
c) System mit konstanter Steifigkeit

Coulombschen Reibung, qualitativ wie die geschwindigkeitsproportionale viskose Dämpfung. Quantitativ nimmt ihr Einfluß im Vergleich zur geschwindigkeitsproportionalen Dämpfung mit wachsender Kreisfrequenz ab. Die Bandbreite des Verstärkungsbereichs wird durch die Coulombsche Reibung nicht beeinflußt (Bild 8.7c).

Die Addition von Dämpfungsanlagen mit Aussteifungsdiagonalen in einem biegesteifen Stockwerkrahmen bewirkt eine Vergrößerung der horizontalen Steifigkeit des Tragwerks (20 bis 200% der Grundsteifigkeit). Die Veränderung eines ausgesteiften Stockwerkrahmens in einen gedämpften ausgesteiften Stockwerkrahmen reduziert die Steifigkeit des Systems bis auf ein gewünschtes Niveau. Die Veränderung der Schnittkräfte im Tragwerk und die Veränderung seiner horizontalen Auslenkung durch eine derartige Addition ist also von den neuen dynamischen Charakteristika des Tragwerks (einschließlich den Dämpfern und Aussteifungsdiagonalen) und der horizontalen Beanspruchung abhängig (siehe auch Abschnitte 8.2.1.3 und 8.2.1.4).

Die Eignung von zusätzlicher Hysteresedämpfung im Tragwerk hängt vom Tragwerktypus und von der zu erwartenden Bodenerregung ab. Damit die Dämpfungsanlagen aktiviert werden, sind relative Verformungen des Tragwerks notwendig. Die Größe der möglichen relativen Geschoßverschiebung ist ein Hinweis darauf, in wieweit die Anwendung

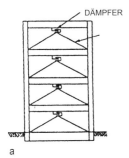

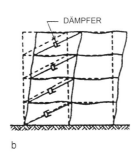

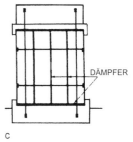

Bild 8.8 Tragsysteme mit gezielter Dämpfung
a) Gedämpfter ausgesteifter Stockwerkrahmen
b) Gedämpftes Fachwerk
c) Gedämpfte Wandscheibe

von Dämpfern für ein bestimmtes Gebäude erfolgreich sein kann. Theoretisch können alle Tragwerktypen mit Dämpfern versehen werden (Bild 8.8). Zur Dämpferaktivierung sind folgende Bedingungen zu erfüllen:

1. Eine ausreichende relative Geschoßverschiebung muß erreicht werden, welche im elastischen Bereich unabhängig von der Dämpferfunktion bleibt. Die Dämpfer sollen nur dann aktiviert werden, wenn die Intensität des Erdbebens das elastische Bemessungsniveau überschreitet.

2. Im plastischen Beanspruchungsbereich werden die Verformungen im Tragwerk erheblich größer, dürfen aber die kritischen Werte nach den Grenzfallkriterien nicht erreichen. Dies bedeutet, daß die zur Dämpferaktivierung notwendige Geschoßverschiebung nicht größer sein soll als das realistische elastische Verschiebungsvermögen von kritischen Traggliedern des Gebäudes.

Eine zusätzliche Dämpfung kann im Idealfall in flexiblen Tragwerken eingeführt werden, welche Geschoßverschiebungen von circa 1% der Geschoßhöhe ohne Beschädigung mitmachen können. Als obere zulässige Verschiebungsgrenze wird eine Geschoßverschiebung von 1,5% der Geschoßhöhe angesetzt. Bei steiferen Tragwerken werden die Dämpfer nur dann aktiviert, wenn die Verformungen durch Überbeanspruchung, über die vom ausgewählten kinetischen Mechanismus zulässigen Werte hinaus, zunehmen [8.54].

8.2.1.1 Geregelte Schwingungstilger

Das elastische Verformungsverhalten von Hochhäusern kann dadurch kontrolliert werden, daß an das Tragwerk eine oder mehrere Zusatzmassen gekoppelt werden, die mit möglichst abgestimmter Eigenfrequenz in gegensätzlicher Richtung schwingen. Zwischen der Hauptkonstruktion und der Zusatzmasse liegen ein Dämpfer- und/oder ein Federelement, die sehr unterschiedlich sein können.

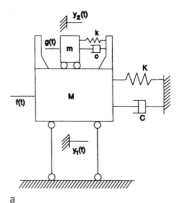

a

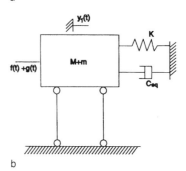

b

Bild 8.9
a) Mechanische Modellierung eines äquivalenten Einmassenschwingers mit geregeltem Schwingungstilger
b) Mechanische Modellierung des äquivalenten Einmassenschwingers mit Ersatzdämpfungsmaß, aus der Wirkung des geregelten Schwingungstilgers

Zur Darstellung der Wirkung einer an einen Einmassenschwinger gekoppelten viskosen Schwingungsmasse wird die dynamische Bewegungsgleichung des Zweimassenschwingers in folgender Form geschrieben (Bild 8.9a):

$$M\ddot{y}_1(t) + C\dot{y}_1(t) + K y_1(t) = c\dot{z}(t) + k z(t) + f(t) \tag{8.6}$$

$$m\ddot{z}(t) + c\dot{z}(t) + k z(t) = -m\ddot{y}_1(t) + g(t) \tag{8.7}$$

$y_1(t)$: Relative Verschiebung der Hauptmasse M zu ihrer Basis

$z(t)$: Relative Verschiebung der Zusatzmasse m zu der Hauptmasse

C, K: Dämpfungsmaß und Steifigkeit der Hauptmasse

c, k: Dämpfungsmaß und Steifigkeit der Zusatzmasse

Mit $f(t)$ wird die horizontale Belastung der Hauptmasse bezeichnet. Bei einer Windbelastung ist die Komponente $g(t)$ gleich null, und bei Erdbebenbelastung ist sie gleich mit $g(t) = \mu\, f(t)$, wobei $\mu = m / M$ das Massenverhältnis darstellt.

Die Addition der Gleichungen (8.6) und (8.7) ergibt:

$$(M + m)\,\ddot{y}_1(t) + C\,\dot{y}_1(t) + K\,y_1(t) = \atop f(t) + g(t) - m\,\ddot{z}(t) \tag{8.8}$$

Die Kopplung der Zusatzmasse im Einmassenschwinger bewirkt also eine leichte Zunahme in der Eigenfrequenz des Systems und in der Horizontalbelastung von $f(t)$ zu $f(t) + g(t)$. Ein beträchtlicher Einfluß auf die Antwort des Systems entsteht aber aus der Einführung des „Kraftglieds" $[-m\,\ddot{z}(t)]$. Für eine harmonische Erregung kann die Gleichung (8.8) in Form eines Energiegleichgewichts ausgedrückt werden.

$$(M + m) < \ddot{y}_1\dot{y}_1 > + C < \dot{y}_1^2 > + \atop K < y_1\dot{y}_1 > = < (f + g)\dot{y}_1 > - m < \ddot{z}\dot{y}_1 > \tag{8.9}$$

In der oben angegebenen Gleichung steht $< \cdot >$ für den zeitlichen Durchschnitt in einem Belastungszyklus. Bei einer stationären Antwort $y_1(t)$ wird $< \ddot{y}_1\dot{y}_1 > = < \dot{y}_1 y_1 > = 0$. Dann ergibt sich für das System ein vereinfachter Energieausdruck:

$$C < \dot{y}_1^2 > = < (f + g)\dot{y}_1 > - m < \ddot{z}\dot{y}_1 > \tag{8.10}$$

wobei $C < \dot{y}_1^2 >$ die elastisch dissipierte Energie aufgrund der Dämpfung der Hauptmasse und $< (f + g)\dot{y}_1 >$ die Eingangsenergie aus der Horizontalerregung darstellt.

Der Energiefluß ($m < \ddot{z}\dot{y}_1 >$) von der Hauptmasse auf die Zusatzmasse spielt eine wichtige Rolle bei der Implementierung des Konzepts und bildet ein Kriterium zur Effektivität des Schwingungstilgers. Je größer die Energieübertragung ist, desto kleiner wird die durchschnittliche Geschwindigkeitsantwort des Systems. Eine maximale Energieübertragung wird möglich, wenn die relative Verschiebung der Zusatzmasse zu derjenigen der Hauptmasse in einem Phasenwinkel von 90° liegt. In diesem Fall ist die relative Beschleunigung der Zusatzmasse in gleicher Phase mit der Geschwindigkeitsantwort des Systems, und die Energieübertragung wird gleich der effektiven Dissipationsenergie, welche die effektive Dämpfung des Systems $C_{\text{äq}}$ vergrößert (Bild 8.9b).

$$C_{\text{äq}} = C + m\,\frac{< \ddot{z}\dot{y}_1 >}{< \dot{y}_1^2 >} \tag{8.11}$$

Die dissipative Kapazität der Zusatzmasse darf nicht zu niedrig sein, um den gewünschten Dämpfungseffekt zu erzielen, sie darf aber auch nicht zu hoch sein, weil es sonst zu einer allzu starren Kopplung an die Hauptmasse kommt. Es gibt diesbezüglich ein Optimum, das es aufzudecken gilt. Gleiches gilt für die Frequenzabstimmung der Zusatzmasse auf die Hauptmasse. Die in [8.70] vorgeschlagenen Parameter gründen sich auf die Den Hartogsche Lösung für ungedämpfte Einmassenschwinger nach verschiedenen Belastungsarten der Hauptmasse. Darauf aufbauend sind in [8.31, 8.70] empirische Formulierungen von optimalen Eigenkreisfrequenz- und Dämpfungsverhältnissen der Zusatzmasse zur Hauptmasse angegeben.

Die Kontrolle des Tragverformungsverhaltens mit Hilfe von Schwingungstilgern erfolgt allerdings in begrenzter Weise, da wirtschaftliche und konstruktive Faktoren dabei eine große Rolle spielen:

1. Die Wahl des Massenverhältnisses μ ist entscheidend für die relativen Verschiebungen der Zusatzmasse. Eine Vergrößerung der Zusatzmasse reduziert ihre relative Verschiebung, verringert aber die Reduzierung der maximalen modalen Antwort des Gebäudes. In der Regel ist es nur möglich, daß der zusätzliche Massen-

betrag des Tilgers 1 bis 2% der modalen Masse beträgt.

2. Die relative Verschiebungsweite des Tilgers ist von der verfügbaren Gebäudefläche abhängig. Damit übermäßige Verschiebungen begrenzt werden, müssen Sicherheitsanlagen eingesetzt werden.

3. Kleine Widerstandskräfte der Verbindungselemente, bzw. eine Gebäudeoberfläche mit geringem Reibungskoeffizient, bewirken, daß der Schwingungstilger gerade bei kleinen Gebäudeanregungen zur Wirkung kommt. Dies kann umgangen werden, wenn die Masse mit Kabeln aufgehängt wird. Zur Unterbringung der erforderlichen Aufhängungslänge müssen die entsprechenden Raumverhältnisse vorhanden sein. In Hochhäusern beträgt die Grundperiode meistens mehr als 4 s, so daß eine größere Pendellänge erforderlich ist. Dies führt zu einer mehrfachen Pendelung, so daß die Zusatzmasse nicht mehr als eine Geschoßhöhe in Anspruch nimmt. Das Pendelkonzept kann weiterhin ersetzt werden, wenn die Tilgermasse mit Tragrollen versehen wird und auf Schienen gleiten kann, oder wenn sie auf elastoplastischen Isolatoren gelagert wird (Bild 8.10).

Theoretische Untersuchungen in [8.37] zur seismischen Effektivität von Schwingungstilgern im elastischen Beanspruchungsbereich der Hauptkonstruktion haben bewiesen: sobald die Tilgermasse in Bewegung versetzt wird, verringert sich die modale Antwort des Tragwerks in der Schwingungsform, auf die der Tilger abgestimmt ist. Jedoch sind gewisse Schwingungen der Hauptmasse erforderlich, um die Tilgermasse wirksam werden zu lassen. Somit hängt die Effektivität des Tilgers u.a. von der Art der Tragwerksanregung, der dynamischen Beschleunigung sowie von der Dauer und Verteilung der dynamischen Erregung im Zeitbereich ab.

Ein Schwingungstilger, der auf die Grundfrequenz des Tragwerks abgestimmt ist, wäre bezüglich der höheren Schwingungsformen des Tragwerks weniger effektiv. Wenn das Tragwerk elastoplastische Verformungen erfährt, verkleinern sich zusätzlich seine Eigenfrequenzen, so daß der Schwingungstilger oft nicht mehr auf die Grundschwingungsform des Tragwerks abgestimmt bleibt [8.59]. Somit ist die Effektivität eines Schwingungstilgers bei nichtelastischen Systemen noch kleiner als bei elastischen Systemen.

Das Kontrollkonzept des geregelten Schwingungstilgers kann auch in Großrahmenstruk-

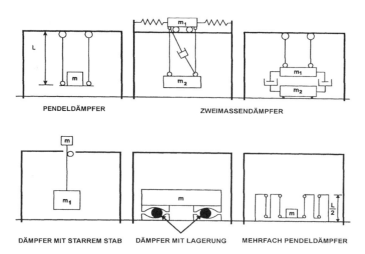

Bild 8.10 Formen von geregelten Schwingungstilgern

turen angewandt werden, so daß sekundäre Tragwerke gebildet werden, die als Schwingungstilger wirken [8.47]. Somit wird der größte Teil der Eingangsenergie aus einer Wind- oder Erdbebenbelastung in die sekundären Tragwerke weitergeleitet und durch ihre Flexibilität dissipiert. Die effektive Masse des Schwingungstilgers entlang der Tragstruktur wird so aufgeteilt, daß das Ziel des Kontrollmechanismus – die Reduktion der Schwingungen des Haupttragwerks und die Begrenzung der Schwingungen der sekundären Systeme – im annehmbaren Bereich liegt.

Eine Reduzierung der Hochhausschwingungsamplitude nach der Wirkungsweise von geregelten Schwingungstilgern kann auch durch die Kopplung einer Zusatzmasse in Form von mit Flüssigkeit gefüllten Behältern erreicht werden. Die Flüssigkeitsbewegungen während der Schwingung des Systems absorbieren einen Teil der Eingangsenergie und dissipieren diese in viskoser Weise. Die Wellenbrechung der Flüssigkeit (Öl) und die Behältergeometrie beeinflussen dabei die Effektivität des Dämpfersystems entscheidend.

Grundsätzlich unterscheidet man zwischen flachen und tiefen Flüssigkeitsschwingungstilgern. Diese Klassifizierung beruht auf dem Verhältnis der Oberflächenlänge der Flüssigkeit in Bewegungsrichtung zur Flüssigkeitstiefe. Bei flachen Tilgern entsteht die Dämpfung primär aus der Dissipationsenergie, durch die Wellenbrechung und die viskosen Bewegungen in der Flüssigkeit. Bei tiefen Flüssigkeitsschwingungstilgern entsteht die Dämpfung durch die unterschiedlichen Bewegungen der Masse. Dabei verhält sich ein relativ großer Anteil der Flüssigkeit als Starrkörper und trägt dadurch nicht zur Tilgung bei. Zur Erhöhung der Flüssigkeitsdämpfung können in den Behältern Durchkreuzungen oder Zwischenscheiben eingebaut werden [8.35].

Die mathematische Erfassung und Beschreibung der durch Flüssigkeitsschwingungstilger entstehenden Dämpfung ist aufgrund der nichtlinearen Flüssigkeitsbewegungen und Wellenbrechungen sehr kompliziert, und erfolgt in der Regel ausschließlich anhand Finite-Elemente-Analysen. Für einen vertief-

ten Einblick in diese Technik wird in [8.61] hingewiesen.

8.2.1.2 Geschwindigkeitsproportionale Dämpfung

Viskose und viskoelastische Dämpfungsanlagen entwickeln Dämpfungskräfte, die der Geschwindigkeit von den in Schwingung versetzten Anschlußgliedern proportional sind. Diese Annahme führt zu einfachen Formulierungen der mechanischen Wirkungsweise dieser Dämpfungsanlagen [8.62].

Viskose Dämpfer

Die Wirkung von Viskodämpfern beruht auf der Reibung in einer Flüssigkeit. Die Reibungskraft hängt von der Schergeschwindigkeit und der Zähigkeit des Mediums ab. Als Medien werden außer Ölen auch Bitumen und andere hochviskose Stoffe verwendet. Diese werden in kolbenartige Stahlanlagen eingebaut und unterschiedlichen Beanspruchungen über die Elastizitätsgrenze hinaus ausgesetzt (Bild 8.11). Die Zähigkeit, und damit die Dämpferwirkung, ist stark temperaturabhängig. Bei Mineralölen fällt die Viskosität im normalen Temperaturbereich je 10 °C Temperaturerhöhung etwa auf die Hälfte ab, bei Silikonölen nur auf circa 80% des Ausgangswerts.

Zur Ermittlung des viskosen Dämpfungsmaßes kann das Maxwell-Modell verwendet werden, bei dem das Feder- und das Dämpferelement in Reihe geschaltet sind (Bild 8.12a). Die vom Dämpferelement dissipierte Energie bei einer harmonischen Belastung beschreibt für einen Belastungszyklus folgende Gleichung (Bild 8.12b):

$$E_D = \int_0^{\frac{2\pi}{\omega}} F(t)\,\dot{\delta}_1(t)\,dt = \frac{\pi Q}{c\,\omega} \qquad (8.12)$$

$$F(t) = Q \sin \omega t$$

$$F(t) = c\,\dot{\delta}_1(t) = k\,\delta_2(t)$$

Q: maximale Reaktionskraft des Dämpfers

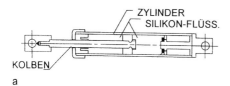

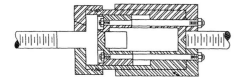

Bild 8.11
a) Viskoser Dämpfer mit Silikonöl als Flüssigkeit [8.18]
b) Viskoser Dämpfer mit Elastomer, modifiziert für zweifache Wirkung [8.53]

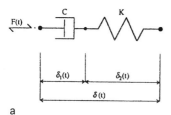

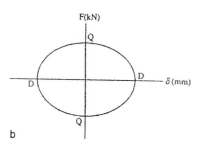

Bild 8.12
a) Mechanische Modellierung des viskosen Dämpfers
b) Hystereseschleife von viskosen Dämpfern bei stationärer Erregung

Viskoelastische Dämpfer

Viskoelastische Materialien können in Tragglieder, die in Schwingung versetzt werden, eingefügt werden oder sie selbst überziehen. Freie viskoelastische Schichten, die über die Tragglieder gezogen werden, erfahren während einer Schwingung Spannungen aus Dehnung und Stauchung, und die in Traggliedern eingefügten Schichten erfahren hauptsächlich Schubverformungen (Bild 8.13).

Die typische Spannungsdehnungslinie eines viskoelastischen Dämpfers besteht aus einem elastischen und einem hysteretischen Spannungsdehnungsverlauf (Bild 8.14). Die Spannung $\tau = G\gamma$, in einem viskoelastischen Material, kann in zwei Komponenten geteilt werden:

1. $\tau' = G'\gamma$, wobei G' das Speichermodul ist. Es ist in gleicher Phase wie die Dehnung γ und stellt den elastischen Anteil der Verformung dar. Die entsprechende Energie wird gespeichert und wieder freigegeben.

2. $\tau'' = G''\gamma$, wobei G'' das Verlustmodul ist, das der Dehnung vorangeht; es stellt die Dämpfungskapazität (dissipierte Energie pro Zyklus) dar.

Aufgrund ihrer großen Dämpfungskapazität werden viskoelastische Dämpfer direkt in die Aussteifungstragglieder oder in sekundäre Tragwerke innerhalb des Hochhaustragwerks

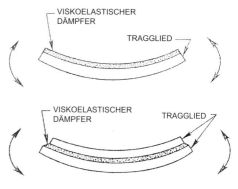

Bild 8.13 Viskoelastische Dämpfer in Biegeschwingung

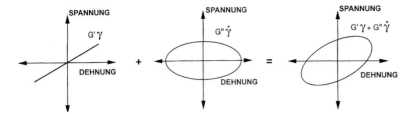

Bild 8.14 Hystereseschleife vom viskoelastischen Material bei stationärer Erregung

eingesetzt (Bild 8.15). Ihre bisherigen Anwendungen konzentrieren sich auf die Abschirmung von Skelettragwerken gegen Windlasten.

Die Implementierung von viskoelastischen Dämpfern mit Aussteifungsgliedern im Tragwerk bewirkt neben der Zunahme der geschwindigkeitsproportionaler Dämpfung des Systems auch eine Zunahme der Steifigkeit des Tragsystems. Dies führt zu einer entsprechenden Änderung der Eigenfrequenz des Systems. Seitdem dieser Einfluß unabhängig vom Tragwerkstypus ist, kann ein gleichmäßig über die Höhe viskoelastisch gedämpftes Tragsystem als ein Einmassenschwinger behandelt werden.

Die Steifigkeit des äquivalenten Einmassenschwingers ändert sich infolge der Addition des Dämpfers von k_0 zu $k = k_0 + k_\mathrm{d}$, wobei k_d die Steifigkeit des Dämpfers ist.

$$k_\mathrm{d} = \frac{G'}{h} \beta A = \kappa A \qquad (8.13)$$

β: eine Konstante bezogen auf die Neigung des Dämpfers zur horizontalen Richtung ($\beta = \cos^2 \theta$)
A: Fläche des viskoelastischen Schichtmaterials
h: Stärke des viskoelastischen Dämpfers

Die Grundeigenfrequenz des ungedämpften Systems ändert sich von $\omega_0^2 = \dfrac{k_0}{m}$ zu $\omega^2 = \dfrac{(k_0 + \kappa A)}{m}$. Die elastische potentielle Energie des Systems E_P und die vom viskoelastischen Dämpfer dissipierte Energie E_D betragen:

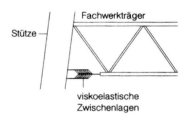

Bild 8.15 Viskoelastische Dämpfer in den Deckenträgern des World Trade Centers, New York

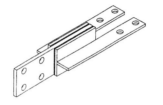

$$E_\mathrm{P} = \frac{1}{2} k\, x_0^2 = \frac{1}{2}(k_0 + \kappa\, A)\, x_0^2 \qquad (8.14)$$

$$E_\mathrm{D} = \pi \gamma_0^2\, G''\, V = \pi \left(\frac{x_0}{h}\right)^2 G'' A h =$$
$$= \frac{\pi\, x_0^2\, G''\, A}{h} \qquad (8.15)$$

x_0: Maximale Verschiebung des gedämpften Tragsystems
γ_0: Maximale Dehnung des viskoelastischen Dämpfers

Der Dämpfungsgrad des Systems kann mit Hilfe des Verlustfaktors $n = G''/G'$ ausgedrückt werden, welcher den Grad der vom Material ausgestellten viskosen Dämpfung beschreibt, bezogen auf eine bestimmte konstante Kreisfrequenz des Systems (vgl. Gleichung (7.26)). Aufgrund einer harmonischen Belastung beträgt der Dämpfungsgrad:

$$\zeta = \frac{G''}{2G'} = \frac{n}{2} \qquad (8.16)$$

Beim Mehrmassenschwinger kann der Dämpfungsgrad für eine Schwingungsform r des Tragwerks wie folgt ausgedrückt werden:

$$\zeta_r = \frac{n}{2}\frac{E_D}{E_P} = \frac{n}{2}\left(1 - \frac{\Phi_r^T K_0 \Phi_r}{\Phi_r^T K \Phi_r}\right) \qquad (8.17)$$

Φ_r: Schwingungsform r des viskoelastisch gedämpften Tragwerks
K_0: Steifigkeitsmatrix des Tragwerks, ohne viskoelastische Dämpfer
K: Steifigkeitsmatrix des Tragwerks, mit viskoelastischen Dämpfern

Wenn Änderungen in der Schwingungsform aus der Addition der Dämpfer vernachlässigt werden, kann die Gleichung (8.17) in folgender Form vereinfacht werden:

$$\zeta_r = \frac{n}{2}\left(1 - \frac{\omega_{0r}^2}{\omega_r^2}\right) \qquad (8.18)$$

Die Steifigkeit k_d und der Verlustfaktor n des Dämpfers können im Rahmen eines Iterationsprozesses festgelegt werden. Untersuchungen von viskoelastisch gedämpften, ausgesteiften Rahmenkonstruktionen haben gezeigt, daß hohe Dämpfungsgrade ζ (bis zu 0,30) in Rahmensystemen erreicht werden können, wenn Dämpfer und Aussteifungsdiagonalen mit großer Steifigkeit im Vergleich zur Steifigkeit des gesamten gedämpften Rahmensystems benutzt werden [8.32]. Der Grund liegt darin, daß steife Dämpfer größere Kräfte aufnehmen, und gleichzeitig steifere Diagonalen die Verformungen der Dämpfer sichern. In diesem Fall ist der Dämpfungsgrad des Systems unempfindlich gegenüber Änderungen des Steifigkeitsverhältnisses des Dämpfers zum gesamten gedämpften System. Im Gegenteil, wenn verhältnismäßig weiche Dämpfer implementiert werden, ist der resultierende Dämpfungsgrad des Systems kleiner und sehr empfindlich gegenüber entsprechenden Änderungen des Steifigkeitsverhältnisses.

Die viskoelastischen Materialeigenschaften sind zusätzlich zu dem Spannungsdehnungsverhalten der Anlage auch von der Erregungsfrequenz und von der Auslegetemperatur abhängig. Bei einer Zunahme der Schwingungsfrequenz werden die Werte vom Speicher- und Verlustmodul auch größer. Die Auslegetemperatur hat aber den umgekehrten Effekt; eine Erhöhung der Auslegetemperatur bewirkt die Abnahme der Energiedissipationskapazität des Dämpfers. Der Verlustfaktor bleibt jedoch ungefähr konstant, unabhängig von Erregungsfrequenz und Auslegetemperatur. Experimentelle Ergebnisse haben gezeigt, daß die Eigenschaften des Dämpfers für Dehnungen bis zu 20% konstant bleiben [8.49].

Zur gezielten Kontrolle während mäßiger Erdbebenbelastung können Wandscheiben in Elemente mit kleineren Abmessungen segmentiert werden, und in die Fugen können punktförmige, pendelartige Verbindungen eingebaut werden. Pendelnde Kernelemente sind seitlich in der Ebene der Wandscheibe auf kreisförmigen Elastomerkörpern gelagert und oben und unten an den Traggliedern gelenkig befestigt (Bild 8.16). Auf diese Weise erfolgt die Übertragung einer Horizontallast durch Druck- und Zugspannungen im Elastomer, was zu begrenzten Schubverformungen (Translation) zwischen den verbundenen Bauteilen führt. Die Segmente werden mit Hilfe einer Vorspannung zusammengehalten.

Größere Forderungen nach Verformbarkeitsvermögen können durch Biege-Schubverbindungen erfüllt werden. Dabei sind ganze Bereiche der Wandscheiben als elastische Geschosse ausgebildet, indem sie durch mehrere vertikale und horizontale Schnitte in lamellenförmige Elemente geteilt, und dann mittels Elastomerschichten verbunden werden (Bild 8.17). Die vertikalen Einlagen werden vorwiegend den Schubverformungen, die horizontalen Schichten den Biegeverformungen ausgesetzt.

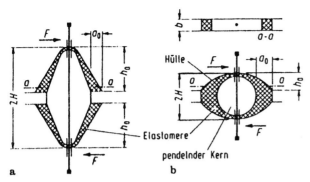

Bild 8.16 Elastische Wandscheiben-
verbindungen mit pendelndem Kern
und Elastomere [8.20]
a) Rhombischer Kern
b) Kreisförmiger Kern

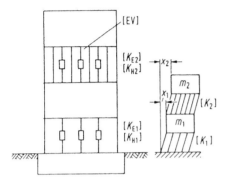

Bild 8.17 Wandscheibe mit linienförmigen,
elastischen Einlagen [8.20]

8.2.1.3 Plastische Hysteresedämpfer

Bei einem plastischen Hysteresedämpfer wird
Energie dissipiert, wenn die Anlage über die
Fließgrenze hinaus beansprucht wird. Die
Energiedissipation erfolgt durch eine Änderung in der Mikrostruktur des Metalls und
durch die Temperaturzunahme. Der Fließvor-
gang im Dämpfer kann nach einfacher oder
zyklischer Beanspruchung, durch Biege-,
Druck-, Zugspannung und/oder lokales Knik-
ken hervorgerufen werden.

Die Leistung von Stahlhysteresedämpfern ist
vergleichbar mit derjenigen von hochduktilen
Stahlrahmen, wobei aber die Dämpfer eine
höhere Fließgrenze besitzen. Dies kann erreicht werden, indem man Formen verwendet, die in der Regel mit Spannungsweiten

über jedem plastischen Trägerquerschnitt
gleichgesetzt werden. Dazu werden Profile mit
kompaktem, rechteckigem oder kreisförmigem Querschnitt ausgewählt, und direkt an
die Haupt- oder sekundären Tragglieder des
Tragwerks angeschlossen. Die Verbindungs-
bereiche zwischen der Fließzone der Dämpfungsanlage und den lastabtragenden Traggliedern werden so ausgebildet, daß Span-
nungskonzentrationen, insbesondere bei
Schweißnähten, begrenzt werden.

Die ersten plastischen Hysteresedämpfer sind
in den 70er Jahren entwickelt worden, im
Rahmen der Entwicklung von Erdbebenlagern
für Bauwerke niedriger bis mittlerer Höhe
[8.34]. Die Dämpfer wurden aufgrund unterschiedlicher Geometrien als Biegeträger, ge-
bogene U-förmige Stahlträger und Torsionsträger ausgebildet (Bild 8.18). Nach Beginn
der plastischen Verformungen kann eine möglichst große Energiedissipation durch das
Verfestigungsvermögen des Stahls erreicht
werden und aufgrund der Dämpferform durch
die gleichmäßige Verteilung der Verformungen.

Bei Rohrprofilen kann zur Energiedissipation
die Änderung des Querschnitts durch Biegebeanspruchungen oder durch Ausdehnen und
Stauchen erfolgen. Die resultierenden Plasti-
fizierungen sind auf einen kleinen Bereich der
verformbaren Anlage entlang ihrer Länge begrenzt, sie entstehen jedoch nur aus einer in
eine Richtung wirkenden Belastung. Bei einer Wechselbelastung kann ein symmetri-
sches, elastoplastisches Tragverformungs-

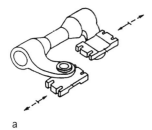

a

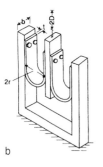

b

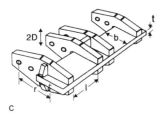

c

Bild 8.18 Plastische Hysteresedämpfer mit unterschiedlicher Geometrie [8.34]
a) Biegeträger als zweifache Kragarmanlage
b) Gebogener U-förmiger Träger
c) Torsionsträger

verhalten verursacht werden, wenn sich die Arbeitsweise der Rohranlage auf die Änderung der Profilgeometrie in beiden Richtungen der Belastung gründet. Zu diesem Zweck kann ein Rohrprofil mit wechselnder Querschnittsform verwendet werden (Bild 8.19).

Bei ausgesteiften Rahmensystemen können zur Hysteresedämpfung die Aussteifungsdiagonalen mit den Riegeln über vielfache X-förmige oder dreieckige, biegeweiche, parallele Stahlplatten verbunden sein (Bild 8.20). Das Hystereseverhalten der in dieser Weise gedämpften ausgesteiften Rahmen hängt von der Steifigkeit des primären Rahmentragwerks und von der Steifigkeit, sowie den mechanischen Eigenschaften des Dämpfers ab. Prinzipiell verhindert der Hysteresedämpfer während der Belastung ein Ausknicken der Aussteifungsdiagonalen, und zur Energiedissipation bildet er eine Alternative zum Schubgelenk von exzentrisch ausgesteiften Rahmen. Durch die Ausbildung von V-Aussteifungsverbänden im Rahmenfeld wird eine Minimierung der Längskräfte in den Stahlplatten ermöglicht.

Die X-förmigen (Bild 8.21) und dreieckigen Stahlplatten (Bild 8.22) erfahren bei der Belastung Verformungen in einfacher bzw. doppelter Krümmung, und somit gleichmäßige plastische Verformungen entlang der Querschnittshöhe. Die maximal erforderlichen Krümmungen und Spannungen in diesen Platten sind beträchtlich kleiner als in einer rechteckigen Platte unter ähnlichen horizontalen Verschiebungen.

Bild 8.19 Plastisches Hystereserohrprofil mit wechselnder Querschnittsform [8.34]

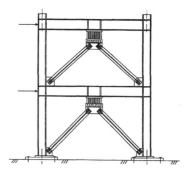

Bild 8.20 Gedämpfter Stockwerkrahmen mit plastischen Hysteresedämpfern

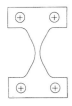 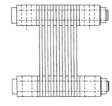

Bild 8.21 Plastischer Hysteresedämpfer aus X-förmigen Stahlplatten [8.11]

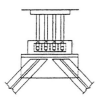 

Bild 8.22 Plastischer Hysteresedämpfer aus dreieckigen Stahlplatten [8.65]

Der Dämpfer leistet den relativen Verschiebungen zwischen dem Rahmenriegel und dem Aussteifungsverband Widerstand durch die Biegeverformungen der einzelnen Stahlplatten. Die Anzahl und die Abmessungen der Stahlplatten werden so gewählt, daß die erforderliche Energiedissipation durch ihre Hysterese stattfindet. Zur Darstellung der mechanischen Eigenschaften des Dämpfers wird angenommen, daß dreieckige Stahlplatten im unteren Bereich starr angeschlossen bzw. an einer steifen Grundplatte geschweißt sind, und sich im oberen Bereich über eine Bolzenverbindung mit Langlöchern in der Längsrichtung frei bewegen können. Bei quasistatischer Punktbelastung der idealisierten vertikalen, eingespannten Kragplatten, ohne Berücksichtigung ihrer Trägheit, beträgt die elastische Steifigkeit:

$$k_d = \frac{N E b t^3}{6 h^3} \qquad (8.19)$$

E: Elastizitätsmodul
N: Anzahl von dreieckigen Platten
t, b, h: Stärke, Breite der Basis und Plattenhöhe

Die Fließkraft P_y und die plastische Kraft P_p der Anlage betragen:

$$P_y = \frac{\sigma_y N b t^2}{6 h} \qquad (8.20)$$

$$P_p = \frac{\sigma_y N b t^2}{4 h} \qquad (8.21)$$

σ_y: Streckgrenze der Stahlplatten

Die resultierende Verschiebung am Anfang des Fließvorgangs Δ_y ist:

$$\Delta_y = \frac{\sigma_y h}{E t} \qquad (8.22)$$

wobei σ_y mit der Zugfestigkeit am Anfang des Fließens gleichzusetzen ist.

Der Rotationswinkel der Anlage, γ, definiert das Verhältnis zwischen der horizontalen Verschiebung und der Höhe der dreieckigen Platte, und er bekommt beim Fließen den folgenden Wert γ_y:

$$\gamma_y = \frac{\sigma_y h}{E t} \qquad (8.23)$$

Das Verhältnis Höhe zu Stärke der Stahlplatte h / t ist ein wichtiger Parameter, der die mechanischen Eigenschaften der Dämpferanlage definiert. Aus der Gleichung (8.19) erkennt man, daß die Steifigkeit einer Lamelle schnell zunimmt, wenn ihre Höhe abnimmt und ihre Stärke zunimmt. Des weiteren ist es möglich den optimalen Wert von Steifigkeit und Fließverschiebung zu erzielen, indem man die Stärke oder die Höhe der Stahlplatte ändert.

Die Geometrie des kinetischen Mechanismus läßt die erforderliche plastische Rotation der Anlage erkennen (Bild 8.23). Diese beträgt

$$\gamma_p = \frac{H}{h} \theta_p \qquad (8.24)$$

H: Rahmenhöhe
θ_p: Plastischer Verschiebungswinkel des Rahmens

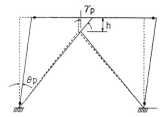

Bild 8.23 Kinetische Modellierung eines ausgesteiften Rahmens mit plastischem Hysteresedämpfer [8.65]

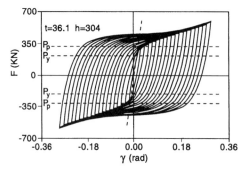

Bild 8.24 Hystereseschleife des plastischen Hysteresedämpfers aus dreieckigen Stahlplatten, nach dem elastoplastischen Modell [8.65]

Die Implementierung von plastischen Hysteresedämpfern im Tragwerk erfordert Entwurfsgrundlagen und Verfahren, die sich auf theoretische und experimentelle Untersuchungen gründen. Die dargestellten Hysteresedämpfer sind an erster Stelle von einem linear elastischen Verfestigungsmodell gekennzeichnet, mit definierter elastischer Steifigkeit, Fließverschiebung und einem dimensionslosen Verfestigungsverhältnis, das vom Dämpfungsgrad der Stahlplatten abhängt [8.61]. Das Tragverformungsverhalten infolge einer Wechselbelastung weist elastoplastische Hystereseschleifen auf, die durch ein trilineares Modell, oder – in vereinfachter Form – durch ein bilineares Modell dargestellt werden können (Bild 8.24). In letzterem Fall wird die Fließkraft der Anlage mit der plastischen Kraft gleichgesetzt.

Die Dimensionierung der gedämpften Tragwerke erfolgt unter Berücksichtigung von

Hauptparametern, wie das Steifigkeitsverhältnis des Dämpfers zum Aussteifungsverband und des Dämpfer-Aussteifung Systems zum biegesteifen Geschoßrahmen. Da beide Steifigkeitsverhältnisse im Tragwerk konstant bleiben, können die Steifigkeitswerte vom Aussteifungsverband und Dämpfer proportional zur Geschoßsteifigkeit (ungedämpfter biegesteifer Geschoßrahmen) sein. Auf der Grundlage dieser Überlegungen ist in [8.72] ein Entwurfsverfahren für X-förmige Stahlplatten entwickelt worden. Ein ähnliches Verfahren ist in [8.65] für dreieckige Stahlplatten vorgeschlagen. Die Entwurfsverfahren bilden erste Anhaltswerte in der Dämpfersteifigkeitsverteilung über die Höhe des Gebäudes. Darüber hinaus ist für die Verteilung der Dämpfersteifigkeit eine iterative Vorgehensweise erforderlich. Das heißt, die Steifigkeitsverhältnisse werden solange geändert, bis eine optimale Antwort anhand der dynamischen Bemessungsbelastung erzielt wird.

Eine Problematik in den bisher vorgestellten gedämpften Tragmechanismen besteht darin, daß die Aussteifungskomponenten aus Stahlprofilen bestehen, die auf Druck, Zug und Biegung beansprucht werden. Die Verwendung dieser Stabelemente als Grundelemente führt unter Wechselbelastung nicht zu einem optimalen Tragverhalten des Systems. Dadurch, daß die Druckdiagonale schlaff wird, kann sie sich an der Energiedissipation nicht beteiligen.

Eine effiziente Alternative in dieser Hinsicht bildet das Kontrollsystem, welches aus einem geschlossenen vorgespannten Seilaussteifungsverband besteht, der an den Rahmen kontrolliert gekoppelt wird (Bild 8.25). Die Seildiagonalen sind unten, am Fußpunkt der Rahmenstiele, befestigt, und in den oberen Eckbereichen des Tragwerks an zwei Drehscheiben exzentrisch angeschlossen. Der Riegel und ein horizontales Zugglied, das die Exzenterscheiben verbindet, sind über einen plastischen Hysteresebiegedämpfer gekoppelt, bestehend aus einer Reihe von Stahlplatten (Bild 8.26).

Die Aussteifungsglieder bilden ein kinetisch geschlossenes Kreislaufsystem, wobei eine

Zunahme der Länge einer Diagonalen der gleichen Längenverkürzung der anderen Diagonale entspricht (Bild 8.27). Dies bedeutet, daß während einer Wechselbelastung beide Aussteifungsdiagonalen zugbeansprucht sind. Relative Verschiebungen zwischen dem Riegel und dem Zugband verursachen plastische Biegeverformungen in den Stahlplatten, und somit die notwendige Dissipation der dem Tragwerk zugeführten kinetischen Energie aus der Erdbebenbeanspruchung. In dieser Weise ist das kinetische Kontrollsystem (Aussteifungsdiagonalen mit plastischem Hysteresdämpfer) innerhalb des primären Tragwerks so ausgebildet, daß alle vorhandenen Tragelemente zur Energiedissipation beitragen.

Die duale Wirkung in den Traggliedern des Systems bewirkt ein komplexes Tragverformungsverhalten unter dynamischer Beanspruchung, welches unmittelbar vom Tragwerkstypus bzw. von der Steifigkeit des primären Tragwerks, und von den Steifigkeitsverhältnissen des primären Tragwerks, der Aussteifung und des Hysteresedämpfers untereinander, kontrolliert wird.

Gedämpfte Fachwerkstrukturen, deren dynamisches Verhalten ausschließlich von der Steifigkeit des Dämpfers kontrolliert wird, zeigen ein stabiles Energiedissipationsvermögen, bergen aber die Gefahr, übermäßige Verschiebungen in ihrer Antwort zu erfahren. Die Hysteresedämpfer mit optimierten Steifigkeitsverhältnissen entwickeln in solchen, sehr weichen, primären Tragsystemen ausschließlich Hystereseschleifen nach dem Steif-Plastischen Modell (Bild 8.28a).

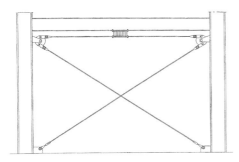

Bild 8.25 Tragsystem mit plastischem Hysteresedämpfer-Aussteifungsmechanismus [8.54]

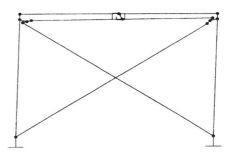

Bild 8.27 Kinetische Modellierung eines eingespannten Rahmens mit plastischem Hysteresedämpfer-Aussteifungsmechanismus [8.54]

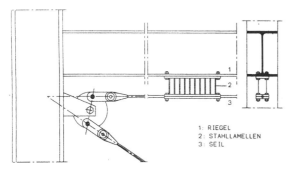

1: RIEGEL
2: STAHLLAMELLEN
3: SEIL

Bild 8.26 Konstruktionsprinzip des gedämpften Tragsystems von Bild 8.25 [8.54]

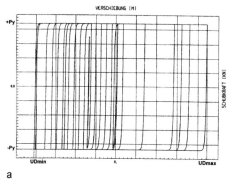

a

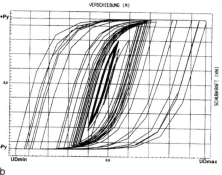

b

Bild 8.28 Hystereseverhalten von Tragsystemen mit plastischem Hysteresedämpfer-Aussteifungs-mechanismus [8.54]
a)   Hystereseschleife des gedämpften Fach-werks, nach dem Steif-Plastischen Modell
b)   Hystereseschleife des gedämpften, aus-gesteiften Rahmensystems, nach dem elastoplastischen Modell

Gedämpfte ausgesteifte Rahmensysteme weisen dagegen bei einem beinahe unverän-derten Verformungsverhalten ein großes Energiedissipationsvermögen auf, und entwik-keln unterschiedliche Formen von Hysterese-schleifen, die vom linearen Anteil des primä-ren Tragwerks selbst an der Energiedissi-pation abhängig sind. Nach einer Optimierung der Steifigkeitsverhältnisse zwischen den Tragkomponenten entwickeln die gedämpften, ausgesteiften Rahmensysteme Hysterese-schleifen nach dem elastoplastischem Modell (Bild 8.28b). In steifen Rahmensystemen be-einflußt der Dämpfer-Aussteifungsmecha-nismus schließlich das statische Verhalten des Rahmentragwerks nicht, und eine Nach-rüstung existierender Rahmentragwerke mit

dem Kontrollsystem könnte ohne Änderung ihrer anderen Parameter (modale Masse, Stei-figkeit) erfolgen. Ein Verfahren zur Vordimen-sionierung von Tragwerken mit dem integrier-ten Dämpfer-Aussteifungsmechanismus wird in [8.54] vorgeschlagen.

Für Stahlbetonwandscheiben sind Mechanis-men konzipiert worden, die zu Schervor-gängen mit Hysterese-Dämpfungsvermögen entlang bestimmter Fugenzonen führen. Das Zerlegen der Scheiben erfolgt in Längs-streifen, meistens über integrierte Stahlträger, die mit honigwabenförmigen Öffnungen ver-sehen sind (Bild 8.29a). Die aussteifenden Wandscheiben werden im mittleren Geschoß-bereich unterbrochen und über hochfeste Bolzen und Knotenbleche mit den Honig-wabenträgern wieder verbunden. Die relati-ven Geschoßverschiebungen konzentrieren sich in den Stegbereichen der Dämpferträger. Demzufolge ist die Steifigkeit der Verbindun-gen und das plastische Systemverhalten von den dazugehörigen Hystereseträgern abhän-

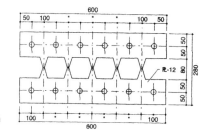

a

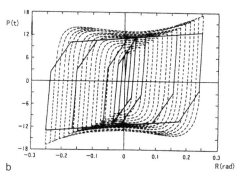

b

Bild 8.29
a)   Honigwabenträger
b)   Hystereseschleife von Honigwabenträgern [8.36]

gig. Das System arbeitet nur für eine in seiner Ebene wirkende Belastung, und entwickelt rechteckige Hystereseschleifen mit einem Verfestigungsverlauf (Bild 8.29b).

Das Tragverformungsverhalten der oben beschriebenen plastischen Hysteresedämpfer wird an erster Stelle vom Verhalten des Stahls beeinflußt. Eine weitere Alternative in dieser Hinsicht bilden Dämpfungsanlagen, die eine Hysterese durch die plastischen Verformungen von Blei aufweisen. Die Mikrostruktur des festen Materials wird während seiner Verformung verwandelt, indem dieses stranggepreßt wird (Bild 8.30). Das Bleimaterial ist unabhängig von Ermüdung, da die Neustrukturierung des Materials erst nach seinem Strangpressen stattfindet, und es ist bei Temperaturänderungen stabil. Beim Temperaturanstieg während der Energiedissipation nehmen die Strangpreßkraft und die dissipierte Energie mit der umgewandelten Hitze ab. Je höher die Temperatur liegt, desto schneller wird das Blei wiederhergestellt und rekristallisiert; es gewinnt seine Plastizität zurück. Strangpreßdämpfer können direkt in den Traggliedern des Aussteifungstragwerks (Riegel, Aussteifungsdiagonalen, Wandscheiben) angesetzt werden, und entwickeln ein von der Geschwindigkeit unabhängiges Hystereseverhalten mit rechteckiger Form (Bild 8.31).

Einen vielversprechenden Einsatz zur Bildung von Hysterese-Mechanismen bilden schließlich Metallegierungen mit perfektem Formgedächtnis, welche die Eigenschaft besitzen, ihre Mikrostruktur mittels Phasenumwandlung aus einer großen Spannungsbeanspruchung in den Zustand vor der Belastung zurückzuversetzen. Die Phasenumwandlung kann durch eine Temperatur- (martensitische Hysterese) oder eine Spannungswirkung (Superelastizität) veranlaßt werden [8.21]. Das günstige Tragverformungsverhalten von Metallegierungen mit perfektem Formgedächtnis besteht in den großen Steifigkeiten bei niedrigen Materialspannungen (elastische Belastung), den verringerten Steifigkeiten bei mäßigen Spannungen (infolge der Bildung und/oder Neuorientierung vom Martensit) und in den großen Steifigkeiten bei hohen Spannungen (elastische Belastung vom Martensit).

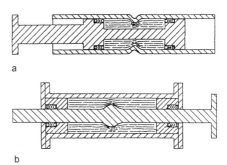

Bild 8.30 Bleistrangpreßdämpfer [8.34]
a) Ziehungsrohr-Typ
b) Ausbauchungsschacht-Typ

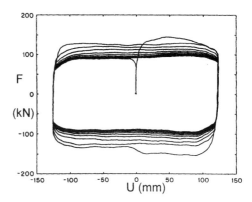

Bild 8.31 Hystereseschleife von Bleistrangpreßdämpfern [8.34]

Das große Dehnungsvermögen und das zyklische, superelastische Verformungsverhalten von Aussteifungsgliedern aus Nitinol (NiTi) ist an einem dreigeschossigen Stockwerkrahmenmodell untersucht worden [8.6]. Bei nicht vorgespannten Aussteifungsdiagonalen erfolgt eine Vergrößerung der Steifigkeit des Tragwerks mit Verlagerungen und bleibenden Deformationen in der Kristallstruktur des Materials erst ab Dehnungswerten von 6% (Bild 8.32a). Mit einer großen Vorspannung der Aussteifungsglieder sind infolge mäßiger Wechselbelastung selbstzentrierende Hystereseschleifen mit Dehnungswerten von 2,5 bis 6% erreichbar (Bild 8.32b). Die Zunahme in der Zugbeanspruchung der Glieder über den Elastizitätsmodul hinaus bewirkt eine

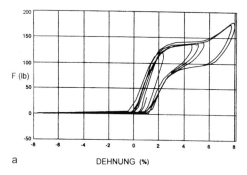

a   DEHNUNG (%)

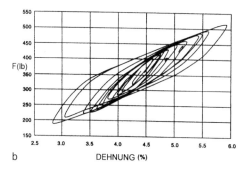

b   DEHNUNG (%)

Bild 8.32 Hystereseverhalten von Nitinol-
Aussteifungsdiagonalen [8.6]
a) Hystereseschleife bei hoher Spannungs-
    beanspruchung
b) Hystereseschleife von vorgespannten
    Nitinol-Aussteifungsdiagonalen bei
    mäßiger Spannungsbeanspruchung

Änderung der Kristallstruktur des Materials,
die während der Entlastung in den Anfangs-
zustand zurückkehrt. Bei den wiederholenden
Verformungen des Materials bleibt die angewandte Vorspannung unverändert.

Weitere günstige Eigenschaften von Metall-
legierungen mit perfektem Formgedächtnis
sind ihre Unempfindlichkeit gegenüber der
Umgebungstemperatur und ihre ausgezeich-
nete Ermüdungs- und Korrosionswiderstands-
fähigkeit. Bis zu diesem Zeitpunkt haben keine praktischen Anwendungen der Materiali-
en zur Dämpfung von Bauwerken beigetragen, und ihre Kosten werden voraussichtlich
weiterhin als negativer Faktor für ihre Anwendbarkeit zur Tragverformungskontrolle erscheinen.

8.2.1.4 Reibungsdämpfer

Reibungsdämpfer dissipieren Energie durch
die Reibung zwischen zwei Gliedern, die eine
Gleitbewegung erfahren. Der Dämpfermecha-
nismus enthält Federn mit einstellbarer An-
preßkraft oder druckbeanspruchte Reibungs-
elemente, und wird erst dann aktiviert, wenn
die Beanspruchung den Wert der Reibungskraft überschreitet. Danach bleibt die Kraft
konstant, d.h., während des Gleitvorgangs
wird eine Steifigkeit von null für den Mechanismus angenommen. Die Coulombsche Reibung ist vom Material und der Güte der Rei-
bungsflächen abhängig, aber weitgehend unabhängig von der Geschwindigkeit. Lediglich
bei Geschwindigkeit Null entsteht eine vergrößerte Haftung, d.h. die Losbrechkraft ist größer als die Reibungskraft. Der Unterschied
kann durch die Wahl der Reibpartner beeinflußt werden, und ist z.B. bei gewissen Kunst-
stoffen und Stahl gering. Äußere Einflüsse –
Feuchtigkeit, Schmiermittel, Korrosion, Ver-
schleiß – können die Reibungskraft stark verändern und erfordern eine Wartung des
Dämpfers.

Reibungsdämpfer werden als Scheren-,
Band- oder Teleskopdämpfer (auch mit unterschiedlicher Wirkung in Zug- und Druckrich-
tung) meistens in Verbindung mit Stahlfedern
gebaut und in den Diagonalen im Fachwerksystem oder als horizontales Verbindungsglied des V-Aussteifungsverbands mit dem
Riegel eingesetzt (Bild 8.33). Stellvertretend
für Reibungsdämpfer, die aus geschlossenen
Energiedissipationsanlagen innerhalb des
Aussteifungstragwerks bestehen, wird der in
[8.48] entwickelte Reibungsdämpfer näher
beschrieben. Nach entsprechender Einstellung seiner mechanischen Parameter weist
der Dämpfer aufgrund seiner nichtlinearen
Steifigkeit ein unterschiedliches Tragverformungsverhalten auf.

Der Reibungsdämpfer enthält innerhalb des
zylindrischen Gehäuses einen Kolben, bestehend aus Reibkeilen, die während seiner induzierten Bewegungen radial nach außen
gedrückt werden (Bild 8.34). Den Widerstand
gegen eine Verformung bilden die Federkraft
und die Gleitreibung. Die Überwindung des

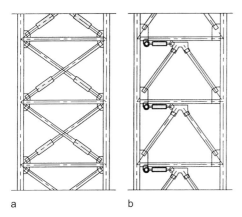

a b

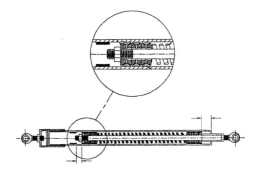

Bild 8.34 Reibungsdämpfer mit Freiraum auf beiden Seiten des Kolbens [8.48]

Bild 8.33 Ausgesteifte Rahmen mit Reibungsdämpfern
a) Integration von Reibungsdämpfern in den Aussteifungsdiagonalen
b) Integration von Reibungsdämpfern als Verbindungsglied zwischen V-Aussteifungsverband und Riegel

Die Gleitreibung kann durch eine entsprechende Einstellung der Steifigkeit und Vorspannung der inneren Feder, wie auch der Lage der Halterungen des Kolbens (Freiraum), verändert werden. Aufgrund dessen kann die Anlage drei unterschiedliche Hystereseschleifen entwickeln:

Gleitwiderstands verursacht eine Energiedissipation. Die Gleitkraft der Anlage F_R beträgt:

$$F_R = \alpha \mu F_f \qquad (8.25)$$

$$F_f = K_f \Delta_f \qquad (8.26)$$

α: Positiver Faktor, der die geometrischen und Coulombschen Reibungseffekte in der Umsetzung der Federkraft zur Reibungskraft beinhaltet. In praktischen Fällen ist $\alpha < 1$
μ: Reibungskoeffizient
F_f: Federkraft
K_f: Federkonstante
Δ_f: Federverformung

Während des Gleitens stehen die Federkraft F_f, die Gleitkraft F_R und die Längskraft der Anlage F im Gleichgewicht.

$$F = F_f + F_R \qquad (8.27)$$

Bei einer Entlastung der äußeren Beanspruchung, wenn $\alpha \mu$ kleiner als eins wird, ist die Federkraft größer als die Gleitkraft $F_f > F_R$ und die Anlage kehrt in ihre Anfangsposition zurück.

1. Ohne Vorspannung der Feder und ohne Freiraum für den Kolben auf beiden Seiten entsteht nach Gleichung (8.25) bei einer bestimmten Gleitkraft eine Hystereseschleife aus zwei gleichen dreieckigen Flächen (Bild 8.35a). Die Gleitkraft ist in diesem Fall proportional zur Verschiebung der Anlage. Der Reibungsdämpfer bewirkt eine Vergrößerung der Steifigkeit des Tragsystems und ist demzufolge geeignet für Tragwerke, die unter kleiner dynamischer Belastung kein zufriedenstellendes Verhalten aufweisen.

2. Bei einer Vorspannung der Feder und sehr großem Freiraum des Kolbens wirkt die Anlage wie ein konventioneller Coulombscher Dämpfer mit rechteckigen Hystereseschleifen, die jedoch nicht selbstzentrierend sind (Bild 8.35b). Der Dämpfer fungiert als Schutz des Tragwerks gegen mäßige dynamische Beanspruchung. Über die maximale Gleitverschiebung des Dämpfers hinaus entstehen plastische Verformungen der Auflager der Anlage, die von einer hartwerdenden Steifigkeit begleitet werden.

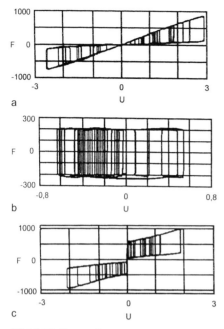

Bild 8.35 Tragverformungsverhalten des
Reibungsdämpfers von Bild 8.34 [8.56]
a)   Lineares Tragverformungsverhalten
b)   Hystereseschleife nach dem Coulombschen
     Modell
c)   Hystereseschleife nach dem Steif-Plastischen
     Modell mit weichwerdender Steifigkeit

3. Bei einer Vorspannung der Feder, und
    ohne Freiraum für den Kolben, ergeben
    sich symmetrische Hystereseschleifen
    nach dem Steif-Plastischen Modell mit
    weichwerdender Steifigkeit (Bild 8.35c).
    Der Dämpfermechanismus bewirkt auch
    in diesem Fall eine Vergrößerung der ela-
    stischen Steifigkeit des Tragsystems, und
    ist in der Lage, ins System zugeführte
    Energie aus mäßigen bis starken dynami-
    schen Belastungen zu dissipieren. Das
    Tragverformungsverhalten dieses Däm-
    pfermechanismus ist am besten geeignet,
    wenn eine Begrenzung der Hysterese-
    Dämpfungskraft wichtig ist.

Darüber hinaus können, unter Wechselbelastung der Anlage, durch eine entsprechend
unterschiedliche Anzahl von Keilen auf jeder
Seite des Kolbens unsymmetrische Hystereseschleifen erzeugt werden.

Grundsätzlich ist zur Kontrolle der Energiedissipation die Festlegung der Gleitkraft in der
Dämpfungsanlage von besonderer Bedeutung. Diese kann nur anhand von vielfachen,
nicht linearen Analysen des gesamten gedämpften Tragsystems erfolgen. Erste Anhaltswerte aus durchgeführten Untersuchungen vom oben beschriebenen Reibungsdämpfer in ausgesteiften Stockwerkrahmen
sind in [8.48] enthalten.

Durch die Integration von Reibungsdämpfern
im primären Tragsystem erfolgt, wie bei den
mit einem V-Aussteifungsverband kombinierten plastischen Hysteresedämpfern, keine optimale Energiedissipation, da sich die druckbeanspruchten Aussteifungsdiagonalen in jedem halben Belastungszyklus daran nicht
beteiligen können. Die Erzielung einer dualen Wirkung in den Traggliedern eines reib-
gedämpften Systems kann während einer
Wechselbelastung nur dadurch zustande
kommen, daß der Reibungsdämpfer einen
Bestandteil eines gezielt weiterentwickelten
Zugaussteifungsmechanismus bildet, wobei
die eigenen Verformungen des Reibungsmechanismus im Aussteifungsbereich gleichzeitig das Ausfallen der jeweiligen Zugdia-
gonale innerhalb jedes halben Belastungszyklus verhindern.

Nach dieser Zielsetzung in der Arbeitsweise
des gedämpften Tragsystems arbeitet der
Reibungsdämpfer als Viereckmechanismus
für Aussteifungssysteme aus Flachstahl-
profilen, indem er durch Langlöcher und Bolzen im Mittelbereich des X-Aussteifungs-
verbands eingebaut wird (Bild 8.36). Die Ver-

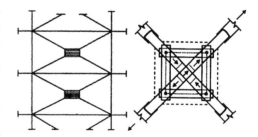

Bild 8.36 Tragsystem mit Reibungsdämpfer-
Aussteifungsmechanismus [8.50]

formungen des Mechanismus folgen denjenigen der Diagonalen, so daß in einem Bean-
spruchungszyklus keine Diagonale schlaff
wird. Die Reibungskraft entsteht durch das
Gleiten der Anschlußpunkte des Viereckmechanismus entlang der Langlöcher in den
Flachstahldiagonalen, und die gesamte vom
Mechanismus dissipierte Energie ist gleich der
Summe des Produkts der Gleitkraft über die
gesamte Verschiebung des Reibungsdämpfers. Die Reibungsdämpfung im Tragsystem
gliedert sich in folgende Verformungsstufen
des Dämpfer-Aussteifungssystems (Bild
8.37):

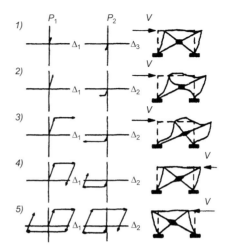

Bild 8.37 Qualitatives Tragverformungsverhalten
von Rahmen mit Reibungsdämpfer-Aussteifungs-
mechanismus [8.14]

1. In der Anfangsphase der Belastung sind
    beide Aussteifungsdiagonalen aktiv und
    verhalten sich unter Zug und Druck ela-
    stisch.

2. Bei niedriger Belastung knickt die Druck-
    diagonale, und die Zugdiagonale dehnt
    sich elastisch weiter aus.

3. Der Reibungsmechanismus gleitet, bevor
    die Zugdiagonale nachgibt. Beim Gleiten
    werden die vier Anschlußgelenke des
    Mechanismus aktiv und verschieben sich
    zu einer rhombischen Form.

4. Bei der Kraftumkehrung kann die gedehn-
    te Diagonale sofort unter Zugbeanspru-
    chung Energie absorbieren.

5. Nachdem ein Belastungszyklus vollstän-
    dig wird, sind die Hystereseflächen beider
    Diagonalen gleich. Dies bedeutet, daß sich
    die dissipierte Energie in einem Bela-
    stungszyklus – im Vergleich zu einem ein-
    fachen Reibungsgelenk – aufgrund der
    dualen Wirkung der Aussteifungsglieder
    verdoppelt.

Das Gleiten der Anlage dissipiert Energie in
mechanischer Weise und verändert gleichzeitig die Eigenfrequenz des Tragwerks. Dabei
entstehen beinahe rechteckige Hystereseschleifen mit Kerben an den zwei Ecken der
Schleife, die aus den Toleranzen in den
Bolzenverbindungen an den vier Eckbereichen des Mechanismus und im Schnitt-
punkt der Aussteifungsdiagonalen resultieren

(Bild 8.38). Der Reibungsdämpfer-Ausstei-
fungsmechanismus bewirkt eine Zunahme in
der Steifigkeit des Tragwerks, die verglichen
mit nicht gedämpften, biegesteifen Stockwerkrahmen zu einer kleinen Zunahme in der Eingangsenergie führt. Dieser zusätzliche Ener-
gieteil wird jedoch auch vom Reibungsdäm-
pfungsmechanismus selbst dissipiert.

Grundsätzlich kann die Gleitwirkung des Rei-
bungsdämpfer-Aussteifungsmechanismus,
wie bei den konventionellen Reibungsdämpfern, nicht während der gesamten Belastungsdauer vorhanden sein, da der Mechanismus nicht in jedem Belastungszyklus wäh-

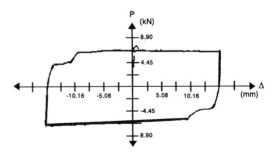

Bild 8.38 Hystereseschleife vom Reibungs-
dämpfer-Aussteifungsmechanismus nach
50 Belastungszyklen [8.22]

rend der gesamten dynamischen Beanspruchung gleitet. Dies bedeutet, daß die Effektivität des Reibungsmechanismus mit der Bestimmung seiner effektiven Gleitkraft, in Abhängigkeit von den Systemparametern und der Bemessungsbelastung, zusammenhängt. Wenn sehr große Gleitkräfte gewählt werden, entsteht beispielsweise bei mäßiger Horizontalbelastung keine Energiedissipation aus Reibung, da kein Gleiten stattfindet. In dieser Situation verhält sich das Tragsystem starr, wie ein konventionell ausgesteifter Rahmen. Infolge kleiner ausgewählter Gleitkräfte entstehen bei starker Horizontalbelastung große Gleitverschiebungen und die Menge an dissipierter Energie kann vernachlässigt werden. In diesem Fall verhält sich das Tragsystem wie ein biegesteifer Rahmen. Zwischen den beiden Extremen gibt es eine Mittel-Gleitkraftverteilung, die bezogen auf die System- und Belastungscharakteristika eine optimale Energiedissipation zur Folge hat.

Ein Verfahren für die Ermittlung der optimalen Gleitkraftverteilung in der Tragstruktur und der Gleitschubkraft des Mechanismus selbst wird in [8.22] beschrieben. Darauf aufbauend ist ein Analyse-Programm (FDBFAP) für Stockwerkrahmen mit diesem Kontrollmechanismus entwickelt worden. Das Analyseverfahren gründet sich auf folgende Beziehung:

$$Q_s = f\,(T_F\,/\,T_R, T_b\,/\,T_R, N)\,m\,a_0 \qquad (8.28)$$

Q_S: Gesamte Gleitquerkraft in allen Reibungsdämpfern des N-Stockwerks
T_F: Eigenperiode des ausgesteiften Stockwerkrahmens vor dem Gleiten
T_R: Eigenperiode des biegesteifen Stockwerkrahmens
T_b: Herrschende Periode der seismischen Erregung
m: Gesamte Gebäudemasse
a_0: Maximale erwartete Bodenbeschleunigung

Reibungsdämpfung in Fügeverbindungen

Zyklische Lasten verursachen in Tragwerken mit gefügten Verbindungen (Klemm-, Schraub- und Nietverbindungen) Reibungs-

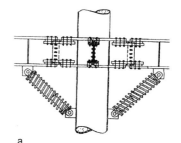

a

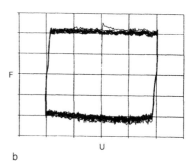

F

U

b

Bild 8.39 Stützen-Trägerverbindung mit Reibungsgelenk [8.71]
a) Konstruktionsprinzip
b) Hystereseschleife von Bleibronze-Edelstahl-Trägerverbindung

kräfte, die eine wichtige Dämpfungskomponente darstellen.

Zur Erzielung von Reibungsdämpfung in konventionellen Stockwerkrahmen – ohne Änderung des Tragwerks – werden Reibungsgelenke im Trägerbereich mit Hilfe von vorgespannten Bolzenverbindungen ausgebildet (Bild 8.39a). Die Reibungsgelenke bestehen aus zwei Metallprofilen, z.B. Bleibronze und Edelstahl, die mit Bolzen vorgespannt sind, und weisen ein imperfektes rechteckiges Hystereseverhalten auf (Bild 8.39b). Die Gleitkräfte in den Reibungsgelenken sollen durch einen Sicherheitsfaktor keine Gelenkverschiebungen unter normalen Gebrauchslasten gestatten, und sie werden durch die Vorspannung und die Anzahl der Bolzenverbindungen eingestellt. Federn können an den Rahmeneckbereichen eingesetzt werden, damit das Tragwerk nach dem Gleiten jedes Gelenks zusätzliche Wiederherstellungseigenschaften besitzt (Bild 8.40).

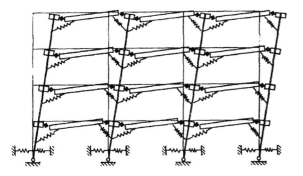

Bild 8.40 Kinetische Modellierung eines Stockwerkrahmens mit Reibungsgelenken [8.71]

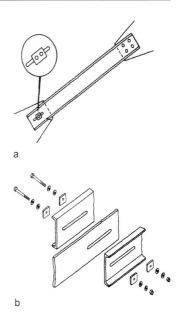

Bild 8.41 Aussteifungsdiagonale im ausgesteiften Rahmen mit Reibungsgelenk [8.23]
a) Bolzenverbindung mit Langlöchern als Reibungsgelenk
b) Montage der Bolzenverbindung

In zentrisch ausgesteiften Rahmen erfolgen die Verbindungen mit kontrollierbarer Reibung im Anschlußbereich der Zug- und Druckdiagonalen. Die Verbindungen bestehen aus einem Knotenblech, das an U-Diagonalprofile über Abdeckbleche und Bolzen mit Unterlegscheiben angeschlossen ist (Bild 8.41). Die geforderte Stufe der Vorspannung in den Bolzenverbindungen erfolgt mittels Unterlegscheiben über Tellerfedern. Bei einer mäßigen Belastung der Verbindung gleitet das Knotenblech, bei starker Belastung anschließend auch die Abdeckbleche. Dementsprechend entwickelt das System bei mäßigen Belastungen rechteckige Hystereseschleifen (Bild 8.42a) und bei starken Belastungen rechteckige Hystereseschleifen mit Verfestigungsverlauf an ihren zwei Eckbereichen (Bild 8.42b). Das konstante Hystereseverhalten der Verbindungen ist auf die konstante Druckkraft von Tellerfedern zurückzuführen. In der Verbindung sollen außerdem keine Exzentrizitäten vorhanden sein, da exzentrische Momente eine Verdrehung und zusätzliche Druckkräfte im Knotenblech und in der Diagonale bewirken. Aus diesem Grund werden für die Diagonalen eher U-Profile als Winkelprofile bevorzugt.

Grundsätzlich bewirken die Reibungsdämpfungsmechanismen eine Abnahme der Tragwerkssteifigkeit und die Energiedissipation bleibt gering. Daher sollte eine derartige Kontrolle nur an sekundären Traggliedern vorgenommen werden.

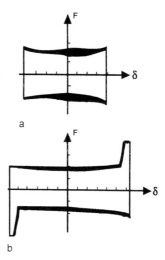

Bild 8.42 Hystereseverhalten vom Reibungsgelenk im ausgesteiften Rahmen [8.23]
a) Hystereseschleife bei Gleitreibung des Knotenblechs, Verformungszustand 1
b) Hystereseschleife bei Gleitreibung des Knotenblechs und der Abdeckbleche, Verformungszustand 2

8.3 Aktive Tragverformungs-kontrolle

Die aktive Kontrolle von Tragwerken beinhaltet jeden Satz gesteuerter Kräfte in der Struktur, die in der Lage sind, ständige Wirkungen hervorzurufen, die den von äußeren Kräften erzeugten Wirkungen entgegengesetzt sind. Die Hilfskräfte werden über die im Aussteifungstragwerk integrierten Aktivkontrollmechanismen mit Energiezufuhr von außen erzeugt. Theoretisch betrachtet ist die aktive Tragverformungskontrolle wirksamer als eine passive Kontrolle des Tragwerks, da Verschiebung, Geschwindigkeit und Beschleunigung des Systems vollkommen kontrollierbar sein können. Fast alle Aktivkontrollmechanismen sind in der Lage, auch als passive Kontrollmechanismen zu arbeiten, wenn Energie nicht mehr dem System von außen zugeführt wird. Die aktive Tragverformungskontrolle kann in drei Weisen konzipiert werden:

1. Kontrolle mit geschlossener Schleife, wobei die Kontrollaktion vom laufenden Zustand des Systems abhängig ist. Durch die Rückkopplung unterscheiden sich die Systeme mit geschlossener Schleife von denen mit offener Schleife. Über die Rückkopplung eines Systems wird der Ausgangs- mit dem Eingangszustand des Systems verglichen, so daß der dazugehörige Regelvorgang als deren Funktion entsteht. Diese Art von Kontrolle wird hauptsächlich benutzt, wenn Ungewißheit bei Tragwerksparametern (Masse, Dämpfung, Steifigkeit) und bei der Horizontalerregung (Wind, Erdbeben) besteht.

2. Kontrolle mit offener Schleife, wobei die Kontrollaktion im voraus, nach den von der Systemkonfiguration gegebenen Informationen, der Ausgangssituation und der aufgebrachten Störung, bekannt ist.

3. Kontrolle mit geschlossener-offener Schleife, wobei die Kontrollaktion aus der Tragwerksreaktion und der gemessenen, äußeren Erregung festgelegt wird.

Der Einfluß von Kontrollkräften an einem Hochhaustragwerk unter idealen Bedingun-

gen kann an einem n-Mehrmassensystem gezeigt werden. Die Bewegungsgleichung des Tragsystems ergibt sich als Matrize wie folgt:

$$M\,\ddot{x}(t) + C\,\dot{x}(t) + K\,x(t) = \\ D\,u(t) + E\,F(t)$$

(8.29)

M, C, K: nxn Massen-, Dämpfungs-, Steifigkeitsmatrix

$x(t)$: n-dimensionaler Verschiebungsvektor

$F(t)$: r-Lastvektor

$u(t)$: m-dimensionaler Kontrollkraftvektor

Die nxm Matrix D und die nxr Matrix E sind Positionierungsmatrizen, welche die Lage der Kontrollkräfte und der äußeren Belastung definieren. Weiterhin wird angenommen, daß eine Kontrollkonfiguration mit geschlossener Schleife angewendet wird, wobei die Kontrollkraft $u(t)$, eine lineare Funktion des gemessenen Verschiebungsvektors $x(t)$, Geschwindigkeitsvektors $\dot{x}(t)$ und Lastvektors $F(t)$ ist. Der Kontrollkraftvektor besitzt dann folgende Form:

$$u(t) = K_1\,x(t) + C_1\,\dot{x}(t) + E_1\,F(t)$$

(8.30)

K_1, C_1, E_1 sind jeweils zeitvariante Kontrollgewinne.

Die Gleichung (8.30) wird an die Gleichung (8.29) gesetzt:

$$M\,\ddot{x}(t) + (C - D\,C_1)\,\dot{x}(t) + (K - D\,K_1)\,x(t) \\ = (E + D\,E_1)\,F(t)$$

(8.31)

Ein Vergleich der Gleichung (8.31) mit Gleichung (8.29) während der Abwesenheit einer Kontrolle zeigt, daß die Tragwerksparameter (Steifigkeit und Dämpfung) aus der angewandten aktiven Kontrolle mit geschlossener Schleife modifiziert werden. In dieser Weise kann das Tragwerk ein günstigeres Verhalten aus der Horizontalbelastung aufweisen. Die Auswahl der Kontrollgewinnmatrizen K_1, C_1, E_1 ist vom angewandten Kontrollalgorithmus abhängig. Für eine Grundlagen-Analyse der auf diesem Gebiet anwendbaren Kontrollalgorithmen wird auf [8.60] hingewiesen.

In der Gegenwart werden meistens aktive Kontrollsysteme verwendet, mit dem Ziel, das Behagen der Bewohner während mäßiger Erdbeben- und Windbelastungen zu bewahren, und Tragwerksbeschädigungen aus diesen Beanspruchungen zu verhindern. Die Kontrollsysteme arbeiten nach einem klaren Prinzip; sie unterdrücken durch die entwickelten Kontrollkräfte die Tragwerksreaktion. Bei Hochhaustragwerken wird jedoch die notwendige Energiemenge infolge starker Horizontalbelastung sehr groß, so daß die Grenzen der praktischen Anwendbarkeit der aktiven Kontrollsysteme bei einem gleichbleibenden Arbeitsprinzip erreicht werden.

Eine vollkommene aktive Kontrolle von Hochhaustragwerken unter starker Horizontalbelastung kann ermöglicht werden, wenn Nichtlinearität in der Kontrollregel aufgenommen wird, z.B. aufgrund einer veränderlich aktiven Steifigkeit oder Dämpfung. Durch eine unterbrochene, gezielt aktive Tragverformungskontrolle können also, infolge starker Horizontalbelastung, hauptsächlich Resonanzzustände zwischen den Hochhausschwingungen und den jeweiligen Erregerschwingungen verhindert werden. Wenn die Erregerschwingungen nicht zu nahe an den Eigenschwingungen des Tragsystems liegen, kann das Schwingungsverhalten der Tragkonstruktion durch den Einbau von aktiven Kontrollmechanismen so verändert werden, daß es gegenüber lediglich maximalen wechselnden Erregerfrequenzen optimal bleibt.

8.3.1 Aktive Kontrollmechanismen

Die aktiven Kontrollmechanismen werden im Aussteifungstragwerk nach den gleichen Entwurfsgrundsätzen wie die passiven integriert. Die Kontrollsysteme zur Regelung der Mechanismen haben einen geschlossenen Regelkreis, und können an jedem Zeitpunkt aktiv auf die Schwingungsanregung reagieren. Dementsprechend entsteht an erster Stelle eine aktiv beeinflußte Tragstruktur, wobei die passiven Tragglieder und das Kontrollsystem einzeln entworfen und gemeinsam über die Integration des Kontrollmechanismus optimiert werden. Das entstehende aktiv kontrol-

lierte Tragsystem besteht also aus zwei tragfähigen Elementen: Aus dem statischen Hochhaustragsystem, das die Entwurfslasten aufnimmt, und aus dem integrierten aktiv geregelten Tragmechanismus, der die Fähigkeit des primären Tragsystems steigert, zusätzlichen dynamischen Lasten zu widerstehen. Voraussetzung für eine sichere Funktion ist eine ständige Verfügbarkeit des Antrieb- und (möglichst redundanten) Steuersystems mit störungsfreier Energieversorgung. Das aktive Kontrollsystem, das die Kontrollaktion regelt, besteht aus folgenden Komponenten:

1. Sensoren, die ständig Informationen über die Antwort des Systems oder die äußere Erregung wiedergeben. Diese sind elektrische Vorrichtungen, welche die Meßergebnisse in eine Eichspannung transformieren. Verschiebungs-, Geschwindigkeits- oder Beschleunigungssensoren sind möglich.

2. Steuergerät, das die eingegebenen Meßwerte schnell und genau verarbeitet. Das Lastbild und die Tragwerksantwort werden ständig aufgrund des implementierten Kontrollalgorithmus ermittelt. Das Steuergerät überwacht auch die einwandfreie Funktion der aktiven Kontrollanlage selbst. Baukosten und Zuverlässigkeit erfordern eine minimale Anzahl von Steuergeräten.

3. Krafterzeuger, welche die notwendigen Kontrollkräfte erzeugen. Die Einbaustellen solcher Vorrichtungen sollen über genügende Steifigkeit und Festigkeit verfügen, so daß die Weiterleitung der entwickelten Kontrollkräfte im Tragwerk möglich ist. Die drei wichtigsten Formen von Krafterzeugern sind:

a) Elektrisch-hydraulischer Servomechanismus, wobei die vom Sensor eingegebene Spannung verstärkt und durch ein Servoventil geleitet wird, bei dem die elektrische Kraft in hydraulische Kraft transformiert wird. Die hydraulische Kraft bewirkt die Verschiebung einer Trommel, welche den Durchfluß von Flüssigkeit (z.B. Öl) in dem Krafterzeuger regelt. Bei diesem Mechanismus ist also die Kontrollaktion des Sy-

stems nicht proportional zu den Meßergebnissen der Sensoren. Dies bedeutet, daß der Servomechanismus Wechselwirkungen im Tragwerk bewirken kann,
wenn nur ein Parameter (Entwicklung aktiver Dämpfung, oder Änderung der Steifigkeit) geregelt werden soll.

b) Proportionaler Gewinnsteuermechanis-
mus, wobei die Kontrollaktion proportional zu den Meßergebnissen der Sensoren ist. Eine unabhängige Regelung der
Tragwerksparameter ist bei diesem Mechanismus möglich.

c) Automatischer Gewinnsteuermechanis-
mus, der dem proportionalen Gewinn-
steuermechanismus ähnlich ist, besitzt
aber die Fähigkeit mehr als einen Wert zu
verarbeiten (multivariables System). Eine
Anwendung findet dieser Mechanismus
bei optimal geregelten Kontrollsystemen.

Der aktive Kontrollmechanismus wird aufgrund der gewählten Kontrollgrundrichtung
(Massen-, Steifigkeits-, Dämpfungskontrolle)
im Zusammenhang mit dem Kontrollsystem
und den geometrischen, wie auch mechanischen Parametern des Aussteifungstragwerks
festgelegt.

8.3.1.1 Aktiv geregelte
Schwingungstilger

Bei aktiv geregelten Schwingungstilgern greifen die Kontrollkräfte, als Funktion der resultierenden Hochhausschwingungsvariablen,
durch den Krafterzeuger an der Zusatzmasse
an. In dieser Weise kann eine zeitlich bestimmte Verschiebung der Zusatzmasse ermöglicht werden, die unabhängig von einer
Mindesterregungsstärke des Systems ist. Auf
der anderen Seite ist das Kraftausmaß des
Kontrollmechanismus in großem Maße von
den Krafterzeugerkosten und der geforderten
Versorgung hydraulischer Kraft abhängig.

Im allgemeinen spiegeln sich die Vorteile von
aktiv geregelten Schwingungstilgern gegenüber passiven in ihrer vergleichsmäßig geringeren Masse wider. Zusätzliche Vorteile schei-

nen sehr beschränkt zu sein, hauptsächlich
wegen der Tatsache, daß sich die Leistung
des Systems vor allem im Eigenfrequenz-
bereich des Tragwerks bestimmen läßt. Aus
diesem Grund wird die Methode meistens mit
dem Ziel angewandt, Resonanzerscheinungen im Tragsystem zu verhindern, und die
Schwingungsamplitude des Tragsystems im
elastischen Beanspruchungsbereich zu reduzieren.

Die praktische Entwicklung von Schwingungstilgern zur aktiven Kontrolle von Hochhaustragwerken hängt am meisten mit den im Abschnitt 8.2.1.1 erwähnten konstruktiven Überlegungen und Schwierigkeiten zusammen.
Aus diesem Grund sind verschiedene Formen
und Konzepte in der Funktionsweise und An-
bindung der verwendeten aktiven Schwingungstilger mit dem Gebäude möglich, die
mehr Effektivität aber auch mechanische
Komplexität gegenüber den passiv geregelten Schwingungstilgern besitzen.

Das Hauptproblem der begrenzten Gebäudefläche, die für die notwendigen Verschiebungen der Zusatzmasse zur Verfügung steht,
kann durch die Anwendung von linearen oder
auch nichtlinearen Auflagern in Kombination
mit einem Servomechanismus überwunden
werden [8.63]. Zugleich beruhen viele Anwendungen im Hochhausbau auf einer Pendelung
der Zusatzmasse. Die kinetische Vorrats-
energie aus der Aufhängung der Zusatzmasse
könnte weiterhin zur aktiven Kontrolle beitragen, indem sie im Kontrollsystem angehäuft
und an die Krafterzeuger geleitet wird [8.64].

Eine theoretische Ausbildungsmöglichkeit von
aktiven Schwingungstilgern bilden Stoß-
schwingungstilger [8.24]. Bei diesen Systemen werden zur Verbesserung und Kontrolle
der Tragwerksantwort, Stoßkräfte zwischen
der Gebäude- und Zusatzmasse oder zwischen zwei Zusatzmassen mit relativ kleinen
Verschiebungen erzeugt. Die an das aktive
Kontrollsystem gestellte Forderung, das Behagen der Bewohner während der Horizontalbeanspruchung zu gewährleisten, wie auch
Sicherheitsaspekte aus der Funktion des Kontrollsystems, verhindert jedoch eine unbe-
grenzte Realisierbarkeit dieses Konzepts. Aus

diesem Grund sollten Stoßschwingungs-dämpfer dann ein Hilfskontrollsystem bilden, wenn das die resultierenden Verschiebungen der Gebäudemasse verringert, ohne der Leistung des Hauptkontrollsystems dabei entgegenzuwirken.

Die Effektivität von passiven, flüssigen Schwingungstilgern kann auch durch ihre Aktivierung gesteigert werden, wenn die Dämpferparameter, d.h. Flüssigkeitsmasse, Dämpfung und Frequenzverhältnis zum kontrollierten Gebäude in optimaler Weise abgestimmt werden. In der Regel ist aber die Dämpfermasse aus Entwurfsüberlegungen im voraus bestimmt. Die Bewegungsfrequenz der Flüssigkeitsmasse ist von den Behälterabmessungen und der Flüssigkeitstiefe abhängig. Eine aktive Kontrolle des Flüssigkeitsschwingungstilgers kann erreicht werden, wenn die Behälterlänge während der Horizontalbeanspruchung durch innere rotierbare Blechscheiben entsprechend geändert wird, indem diese zeitbedingt in gewünschte Drehpositionen rotiert werden [8.43].

Zuletzt bedürfen Flüssigkeitsschwingungstilger bei einer Horizontalbelastung des kontrollierten Tragwerks einer Verbesserung der Auslösung der Flüssigkeitsbewegung. Dies erfolgt durch die Verwendung von Kolbengliedern an den Krafterzeugern, die von rückgekoppelten Steuergeräten überwacht werden. Die Komplexität der freien Oberflächenbewegung der Flüssigkeit und die erforderliche Zeit zur Erzeugung eines gewünschten Bewegungsmodells unter dynamischer Horizontalbelastung machen den flüssigen Schwingungstilger unattraktiv. Vergleichsweise wäre die Auslösung einer Flüssigkeitsschwingung in einem U-förmigen Behälterrohr effektiver. Energie wird in diesem Fall aus dem Durchgang der eingefüllten Flüssigkeit durch innere Rohröffnungsspalten dissipiert. Die Dämpfung ist hierbei eine Funktion der Verschiebungsamplitude.

8.3.1.2 Aktive Impulskontroll-mechanismen

Bei einer Impulskontrolle erzeugt eine Reihe von Kraftimpulsen eine Schwingungsantwort, welche innerhalb eines bestimmten Fehlergrenzbereichs der Schwingung aus Horizontalbelastung entgegengesetzt ist. Die Größe des Impulses $p(t_i)$ wird so festgelegt, daß die erwartete Tragwerksantwort, im Zeitbereich (t_i, t_j) einen maximalen zulässigen Wert hat. Wenn die maximale Antwort unterhalb der Grenzwerte liegt, wird kein Impuls abgezogen. Die benötigten Informationen für die Kontrollaktion sind der Systemzustand im Zeitpunkt t_i, die dynamischen Charakteristika des Systems und die äußere Belastungsfunktion im Zeitbereich (t_i, t_j), die in erster Annäherung als konstant betrachtet wird, und zwar gleich mit der Belastung an Zeit t_i.

Zur Anwendung von Impulskontrollalgorithmen an Hochhaustragwerken werden Gas-Impulsgeneratoren vorgeschlagen, die mit der Auslösung von Druckluft Impulskräfte erzeugen [8.45, 8.46]. Die Impulsgeneratoren werden an bestimmten Stellen der Tragkonstruktion positioniert. An diesen Stellen wird ein Kontrollimpuls ausgelöst, wenn die relative Geschwindigkeit den maximalen Wert in der Gegenrichtung erreicht (Bild 8.43).

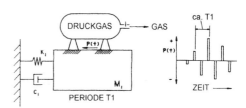

Bild 8.43 Mechanische Modellierung eines äquivalenten Einmassenschwingers mit aktiver Impulskontrolle [8.46]

Die Stärke des Kontrollimpulses $p_i(t)$ an der Position i beträgt:

$$p_i(t) = -c_i \operatorname{sgn}(\dot{x}_i)\left|\dot{x}_i\right|^{n_i}, \quad t_{0i} < t < t_{0i} + \Delta t_i$$

$$(8.32)$$

$$p_i(t) = 0, \qquad t_{0i} + \Delta t_i < t < t_{0i} \qquad (8.33)$$

c_i: Impulskoeffizient an Position i
$\dot{x}_i$:   Relative Geschwindigkeit an Position i
t_{0i}:   Nullkreuzungszeit an Position i
Δt_i: Impulsbreite an Position i

Der Exponent n_i in Gleichung (8.32) wird in Abhängigkeit von der gewünschten Kontroll-dämpfungskraft ausgewählt. Wenn $n_i = 0$, entspricht die Kontrollkraft einer Coulom-bschen Reibungskraft mit Stärke $\pm c_i$. Der Fall mit $n_i = 1$ entspricht einer aktiven viskosen Dämpfungskraft mit Koeffizient c_i. Der Fall mit $n_i > 1$ bedeutet, daß dem System eine nicht-lineare, geschwindigkeitsproportionale Dämp-fung eingeführt wird.

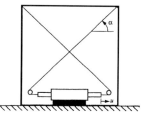

Bild 8.44 Tragsystem mit aktiver Spannglied-kontrolle

Der größte Vorteil der Impulskontrolle liegt in den Ersparnissen an erforderlicher Kontroll-energie. Bestimmte Schwingungsstufen des Tragsystems werden zugelassen und Kontroll-kräfte nur dann angewandt, wenn die System-schwingungen ein Maximum überschreiten. So kann die Impulskontrolle auch bei nichtela-stischen Tragwerken angewandt werden. Dementsprechend konzentriert sich der Kon-trollmechanismus, aufgrund der kurz dauern-den Impulse hoher Energie, auf die Abschir-mung des Tragsystems im Resonanzbereich. Dabei ist die ununterbrochene Überwachung der Zustandsvariablen des Kontrollsystems notwendig.

8.3.1.3 Aktive Spannglied-Kontrollmechanismen

Ein Spannglied-Kontrollmechanismus besteht aus einem geschlossenen, vorgespannten Aussteifungsverband, der an den Rahmen über einen elektrohydraulischen Servomecha-nismus kontrolliert gekoppelt ist (Bild 8.44). Der Aussteifungsverband ist an den oberen Rahmenecken starr befestigt; im unteren Rahmenfeldbereich dienen sattelförmige Tragglieder zur Umkehrung des Aussteifungs-glieds. Die Veränderung in der Diagonallänge wird durch Gleiten des Verbands in diesen Eckelementen möglich. Der untere Riegel und das horizontale Zugglied des Verbands sind über den aktiven Servomechanismus verbun-

den, der durch die aus der Horizontalbela-stung resultierenden Zugspannungen im ho-rizontalen Aussteifungsglied aktiviert wird. Wie beim passiven plastischen Hysteresedämpfer-Aussteifungsmechanismus System (Abschnitt 8.2.1.3) bilden sämtliche Bestandteile des dualen Aussteifungstragwerks mit dem Kon-trollmechanismus ein kinetisch geschlosse-nes Kreislaufsystem.

Die Hauptparameter für den Entwurf des Spannglied-Kontrollsystems gründen sich auf die Verschiebung und die Geschwindigkeit des Servomechanismus bzw. Kontrollme-chanismus. Diese sind vom auszuübenden Zylinderschlag und Fließmaß des hydrauli-schen Servoventils abhängig. Das gesamte erforderliche Fließmaß der hydraulischen Anlage während der Horizontalbelastung bil-det die Basis für die Dimensionierung des hydraulischen Versorgungssystems.

Die aktive Kontrollkraft $u(t)$, die in den Spann-gliedern entwickelt wird, ist proportional zur Verschiebung des Kontrollmechanismus, und kann wie folgt ausgedrückt werden:

$$u(t) = \frac{y(t)}{L} EA \qquad (8.34)$$

$y(t)$:   Dehnung des Aussteifungsverbands
         aus dem Kontrollmechanismus
E: Elastizitätsmodul der Spannglieder
A: Querschnittfläche der Spannglieder
L: Länge des Aussteifungsverbands

Das Fließmaß der Flüssigkeit in und aus dem Kontrollmechanismus $Q(t)$ wird wie folgt an-gegeben:

$$Q(t) = \dot{y}(t)\,A_\mathrm{p} \qquad\qquad (8.35)$$

$\dot{y}(t)$: Fließmaß je Kolbenflächeneinheit
A_p : Querschnittfläche der Kolben im Kontrollmechanismus

Die aktive Kontrolle mittels Spanngliedern wurde in analytischer Weise im Zusammenhang mit Hochhaustragwerken behandelt [8.1, 8.3, 8.16, 8.73, 8.74]. In [8.51] wird eine Methode zur Optimierung von aktiv kontrollierten Tragstrukturen mit Spanngliedern vorgeschlagen. Der aktive Spanngliedmechanismus hat sich durch die Lieferung von aktiver Dämpfung und Steifigkeit an das Tragwerk als sehr effizient erwiesen. Prinzipiell können aktive Spannglieder die Tragwerksantwort sowohl in einer Impulsform, als auch in ununterbrochener Zeitform kontrollieren. In bezug auf eine Zeitverzögerung ist der Mechanismus jedoch empfindlich.

8.3.1.4 Intelligente Materialien

Die Verwendung von Traggliedern an großen, flexiblen Tragwerken mit intelligenten Materialien als Sensoren und Krafterzeuger verdient besondere Aufmerksamkeit, da die so entstehenden Kontrollmechanismen als Elemente eines Tragwerks in Atom- oder Molekülebene dienen. Somit wird die Bildung von Energiedissipationsmechanismen in homogenen Tragstrukturen ermöglicht. Die Kontrollmechanismen können so hergestellt werden, daß Sensoren und Krafterzeuger zu der Mikrostruktur der Tragglieder selbst gehören.

Die meisten Forschungen auf diesem Gebiet konzentrieren sich auf die Anwendung von intelligenten Materialien in Luft- und Raumfahrttragstrukturen, Maschinen und Robotern. Ihr Anwendungspotential zur Tragverformungskontrolle von Tragwerken muß noch aus Sicht der Wirtschaftlichkeit und technischen Ausführbarkeit untersucht und beurteilt werden.

Piezoelektrische Materialien

Die Piezoelektrizität, als elektromechanische Materialeigenschaft, bewirkt die Kopplung von elastischen und elektrischen Feldern. Der Einbau eines piezoelektrischen Materials im Tragglied erzeugt als Reaktion zu mechanischen Kräften oder Spannungen eine elektrische Ladung oder Spannung (direkter piezoelektrischer Effekt). Umgekehrt wird bei der Anwendung einer elektrischen Ladung oder Spannung eine mechanische Spannung oder Dehnung im Material veranlaßt (umgekehrter piezoelektrischer Effekt). Beide Effekte können zur Tragverformungskontrolle von Traggliedern benutzt werden. Verglichen mit anderen Sensoren und Krafterzeugungsanlagen gründen sich die Vorteile aus der Verwendung von piezoelektrischen Krafterzeugern und Sensoren auf ihre Effektivität über einen breiten Frequenzbereich, Einfachheit, Zuverlässigkeit, Bündigkeit und auf ihr leichtes Gewicht.

Die piezoelektrische Wirkung auf die gedämpften Tragglieder kann anhand eines Krafterzeugungsmechanismus durch den umgekehrten piezoelektrischen Effekt dargestellt werden. Elektrisch betriebene piezoelektrische Materialschichten werden auf der oberen und unteren Seite eines Trägers befestigt (Bild 8.45).

Die entlang des piezoelektrischen Materials angewandte elektrische Spannung bewirkt Zug- bzw. Druckspannungen in den Materialschichten, woraus Biegebeanspruchungen im Träger resultieren. Bei einer elektrischen Spannung V beträgt die Materialdehnung ε:

$$\varepsilon = (d_{31}/h_\mathrm{p})\,V \qquad\qquad (8.36)$$

d_{31} : Piezoelektrische Dehnungskonstante
h_p : Stärke jeder piezoelektrischen Materialschicht

Die daraus entstehende Längsspannung s, beträgt:

$$s = (d_{31}\,/\,h_\mathrm{p})\,E_\mathrm{p}\,V \qquad\qquad (8.37)$$

E_p : Elastizitätsmodul des piezoelektrischen Materials

Zur Zeit gibt es drei Verteilungsstrategien von piezoelektrischen Krafterzeugern, die zu un-

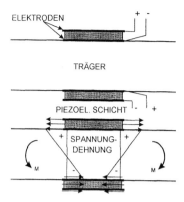

Bild 8.45 Tragwirkung piezoelektrischer Krafterzeuger (umgekehrter piezoelektrischer Effekt)

terschiedlichen Typen der Tragverformungskontrolle führen. Der erste und meist verbrei-
tete Typ gründet sich auf innerhalb der Tragstruktur verteilte Krafterzeuger zur Kontrolle
von Systemen mit verteilten Parametern, wie
Träger [8.13], Platten [8.38], und Rahmentragwerke. Beim zweiten Typ werden die Krafterzeuger in Traggliedern in segmentierter
Weise eingebettet [8.19]. Der dritte Typ besteht aus diskreten Krafterzeugern zur Kontrolle von Tragsystemen mit diskretisierten
Parametern, wie Fachwerke mit Knoten-
massen [8.55].

Wie im Bild 8.45 gezeigt wird, können piezoelektrische Materialschichten als Krafterzeuger und/oder als Sensoren verwendet werden.
Neue Entwicklungen konzentrieren sich auf
eine Kombination beider in einem einzigen
Schichtsegment [8.27], und auf den Ersatz
von passiven, geschwindigkeitsproportionalen
Dämpfern durch piezoelektrische Materialschichten [8.5].

Trotz des beträchtlichen Fortschritts in der
Forschung und Anwendung der piezoelektrischen Kontrolltechnik bedarf der Einsatz der
Materialien in Hochhaustragwerken weiterer
Untersuchungen. Ein großes Hindernis bildet
die zur effektiven Dämpfungskontrolle von
großen Tragwerken erforderliche sehr hohe
elektrische Spannung (in Größenordnung von
kV).

Elektrorheologische Materialien

Elektrorheologische Materialien, meistens als
Flüssigkeiten, lassen ihre Eigenschaften in
analoger Weise zu piezoelektrischen Materialien nahezu gleichzeitig mit Änderungen in
einem angewandten elektrischen Feld anpassen, und weisen einen breiten Bereich effektiver Viskosität auf. Beide Materialmerkmale
eignen sich sehr für den Bereich der Schwin-
gungskontrolle von Tragwerken. Zu diesem
Zweck unterscheiden sich geeignete elektrorheologische Materialien durch folgende Eigenschaften:

1. Die Material-Streckspannung erreicht
   Werte von 500–700 N/mm² und die Fließspannung beträgt circa 50%. Die Änderungen in den Materialeigenschaften sind
   dabei vollkommen reversibel.

2. Elektrische Felder von min. 3 kV/mm können ohne dielektrischen Zusammenbruch
   angewandt werden.

3. Die Materialpartikel bleiben für längere Zeit
   unter Spannung, auch wenn das elektrorheologische Material in unbelasteten Zustand übergeht.

Das Tragverformungsverhalten von wasser-
freien, elektrorheologischen Materialien ist
unterhalb der Material-Streckgrenze linear
viskoelastisch. Die Fließdehnungen im Material nehmen mit der elektrischen Spannung
ab, und die Fließspannungen nehmen ungefähr im Quadrat zur elektrischen Spannung
zu. Im plastischen Bereich entwickelt das
Material eine Fließ-Spannungskomponente τ_y
und eine beinahe geschwindigkeitsproportionale, viskose Spannungskomponente (Bild
8.46).

Tragwerksglieder mit aktiven Längskräften,
die zum Teil aus elektrorheologischen Materialien konstruiert sind, werden in [8.29] dargestellt. Die Dämpfungsanlagen bestehen aus
einer Reihe nah zueinander angeordneter
paralleler Platten mit rechteckförmigem Zu-
schnitt. Der Zwischenraum der Platten wird
mit elektrorheologischem Material gefüllt.
Wechselplatten werden geerdet und der Rest

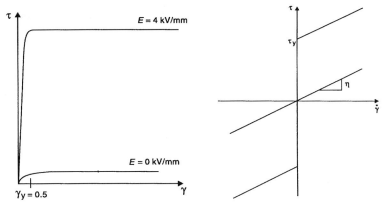

Bild 8.46 Kennlinie von elektrorheologischen Materialien nach der angewandten elektrischen Spannung [8.28]

wird an hohe Spannung, an eine Kraftquelle niedrigerer Strömung, angeschlossen.

Die entscheidende Frage bleibt, ob elektrorheologische Materialien so weit entwickelt werden können, daß kontrollierbare Kräfte erzeugt werden, wie es die Tragverformungskontrolle von großen Tragsystemen erfordert. Die Antwort kann erst gegeben werden, nachdem das nichtlineare Verhalten dieser Materialien experimentell an größeren Tragwerksmodellen und dann analytisch weiter untersucht ist.

8.3.1.5 Praktische Anwendung

Die meisten Forschungsarbeiten auf dem Gebiet der aktiven Kontrolle von Tragwerken liefern ermutigende Ergebnisse, da sie sich zum größten Teil auf idealisierte Systeme unter idealen Verhältnissen gründen. Bei den praktischen, reellen Kontrollanwendungen haben jedoch kritische Aspekte der Kontrollsysteme einen direkten Einfluß auf die Auswahl und Entwicklung des jeweiligen aktiven Kontrollmechanismus des Hochhaustragsystems.

Zeitverzögerung

Bei der Behandlung von idealen Systemen wird angenommen, daß alle Tätigkeiten in der Kontrollschleife zur gleichen Zeit ausgeführt

werden können. In Wirklichkeit aber vergeht eine gewisse Zeit bis die gemessene Information bearbeitet wird, und die Berechnung, wie auch die Kontrollkraft, ausgeführt werden.

Zur Untersuchung der möglichen Auswirkungen einer Zeitverzögerung im Kontrollprozeß auf die Antwort von aktiv kontrollierten Tragwerken wird ein System mit einem Kontrollsensor und mit einem sekundären Krafterzeuger, bei dem nur ein rückgekoppeltes Einzelkanal-Steuergerät erforderlich ist, berücksichtigt. Es wird angenommen, daß die sekundäre Kraft drei Komponenten besitzt, die proportional zur Beschleunigung, Geschwindigkeit und Verschiebung eines gedämpften Einmassenschwingers sind. Die Kontrollkraft kann bezüglich den Gewinnkonstanten g_a, g_v, g_d, wie folgt formuliert werden:

$$u(t) = g_a\,\ddot{x}(t) + g_v\,\dot{x}(t) + g_d\,x(t) \qquad (8.38)$$

Die obere Gleichung wird in den Frequenzbereich mit Hilfe des Laplace-Transformators neu angeordnet, und die neue Funktion des rückgekoppelten Steuergerätes wird wie folgt ausgedrückt:

$$u(s) = g_a\,s^2 + g_v\,s + g_d \qquad (8.39)$$

Die Zeitverzögerung ist besonders vorherrschend, wenn ein digitales Kontrollsystem verwendet wird, vor allem mit analogen Rekonstruktionsfiltern. Die Berücksichtigung der Zeitverzögerung in der geschlossenen Schleife bewirkt folgende Modifizierung in der Übertragungsfunktion des Steuergeräts:

$$u(s) = e^{-s\tau}(g_a\, s^2 + g_v s + g_d) \qquad (8.40)$$

wobei τ die angenommene Zeitverzögerung ist. Wenn die Verzögerung klein ist, kann die Antwort im Frequenzbereich wie folgt ausgedrückt werden:

$$e^{-j\omega\tau} \approx 1 - j\,\omega\,\tau\,, \text{ für } \omega\,\tau \ll 1 \qquad (8.41)$$

$$u(s) = \frac{1}{j\,\omega\,C'' + K'' - \omega^2 M''} \qquad (8.42)$$

Die effektive Dämpfung, Steifigkeit und Masse werden wie folgt definiert:

$$C'' = C + g_v - \tau\, g_d + \omega^2\tau\, g_a \qquad (8.43a)$$

$$K'' = K + g_d \qquad (8.43b)$$

$$M'' = M + g_a - \tau\, g_v \qquad (8.43c)$$

In der ersten Annäherung wird die effektive Steifigkeit von einer Zeitverzögerung τ nicht beeinflußt. Die effektive Masse wird nur am Rande beeinflußt, da das Glied $\tau\, g_v$ für leicht gedämpfte Systeme im Vergleich zu M, sehr klein ist. Das effektive Dämpfungsglied dagegen wird von der Verzögerung stark beeinflußt, und zwar in einer frequenzabhängigen Weise, wie das letzte Glied in Gleichung (8.43a) zeigt.

Entsprechend der Gleichungen (8.43a–c) ist bei leicht gedämpften Systemen das Glied $\tau\, g_d$ mit dem Dämpfungsmaß C vergleichbar, wenn die Zeitverzögerung τ des Kontrollsystems einen kleinen Bruchteil der Eigenperiode des Systems beträgt. Unter ähnlichen Verhältnissen wird für größere Frequenzen als die Eigenfrequenz des Systems das Glied $\omega^2\tau\, g_a$ vergleichbar mit dem Dämpfungsmaß C. Wenn eine rückgekoppelte Verschiebungs- oder Beschleunigungskontrolle mit kleiner Zeitverzögerung erfolgt, wird lediglich die

Dämpfung des Systems in großem Maß geändert [8.26].

Wenn die effektive Steifigkeit des Systems vergrößert werden soll, oder im gleichen Sinne die effektive Masse verringert, wird die Verschiebungshilfskraft g_d positiv und die Beschleunigungshilfskraft g_a negativ, und in Anbetracht der Zeitverzögerung verringert sich die effektive Dämpfung des Systems.

Eine direkte, rückgekoppelte Verschiebungskontrolle bedarf einer genauen Untersuchung der in den Systemparametern entstehenden Wechselwirkungen. Im Gegenteil, eine rückgekoppelte Geschwindigkeitskontrolle, welche die Dämpfung des Systems vergrößert, hat in der Regel einen kleinen Einfluß auf die effektive Steifigkeit und Masse des Systems. Aus diesem Grund wird eine rückgekoppelte Geschwindigkeitskontrolle als eine robustere Kontrollstrategie betrachtet, insofern nichtmodellierte Phasenverschiebungen von Interesse sind [8.9, 8.40].

Verschiedene Ausgleichsmethoden zur Zeitverzögerung sind vorgeschlagen worden. Diese beinhalten eine Modifizierung des Kontrollgewinns, indem eine Phasenverschiebung der gemessenen Zustandsvariablen im modalen Bereich ausgeführt wird, und/oder eine Vergrößerung der Tragwerksdämpfung [8.15, 8.16, 8.41, 8.42] und eine ununterbrochene Erhaltung der gemessenen Maße in kinematischer oder dynamischer Weise angestrebt wird [8.2, 8.67].

Anzahl von Sensoren und Steuergeräten

Wenngleich klassische, lineare Kontrollalgorithmen die Kenntnis aller Erregungsparameter im Zustandsraum zugrundelegen, ist dies im praktischen Fall nicht erfüllbar. Zusätzlich dazu werden möglichst wenige Steuergeräte verwendet. Während Steuerbarkeitsbedingungen erfüllt werden können, ist die physische Positionierung und Verteilung von Steuergeräten im Tragwerk kein triviales Problem. Schließlich spielt die Optimierung der Positionierung von Sensoren und Steuergeräten für die Wirtschaftlichkeit und für die äußeren Energieersparnisse eine wichtige Rolle. Des weiteren können Kontrollergebnisse nach ihrer Positionierung sehr empfindlich sein.

Die Sensor- und Steuergerätpositionierung in Hochhaustragwerken kann zur Zeit nur anhand eines schrittweisen Verfahrens erfolgen. In einem ersten Schritt wird die Sensor- und Steuergerätpositionierung festgelegt. Dazu werden anschließend Maße für Steuer- und Beobachtbarkeit zugrundegelegt, mit deren Hilfe eine Positionierungsstrategie entwickelt wird [8.8, 8.10, 8.68, 8.69].

Diskretisierte Zeitkontrolle

Einen wichtigen Faktor in der aktiven Kontrollimplementierung bildet auch die diskrete Zeitnatur in der Anwendung der Kontrollalgorithmen. Ununterbrochene Zeitkontrollalgorithmen können nur in diskreter Zeit durchgeführt werden, da in der Regel digitale Rechner für die an Stelle-Berechnung und Kontrollausführung verwendet werden. Digitale Rechner sind besser geeignet für wirkliche Kontrolle aufgrund ihrer Flexibilität, Zuverlässigkeit und Geschwindigkeit. Die Ausgabemaße werden wie rückgekoppelte Signale digitalisiert und die Kontrollkräfte werden in Form von Schrittfunktionen angewandt. Aus diesem Grund sind sie nicht ununterbrochene Funktionen, wie angenommen wird, wenn ununterbrochene Zeitkontrollalgorithmen benutzt werden.

Die diskrete Zeitformulierung von aktiver Kontrolle wird in [8.17, 8.57, 8.58] behandelt, wobei zum Teil auch Ausgleichsmethoden zur Zeitverzögerung und die Verwendung zusätzlicher Beobachterglieder bei einer Ausgaberückkopplung diskutiert werden.

Zuverlässigkeit

Die Zuverlässigkeit der Kontrollmechanismen erweist aus technologischer und psychologischer Sicht eine zusätzliche Dimension von Komplexität, wenn die Standsicherheit des Tragwerks allein durch die aktive Tragverformungskontrolle gewährleistet werden soll. Wenn die aktive Kontrolle sehr großen Naturkräften (Erdbeben, Wind) entgegenwirken soll, findet das Kontrollsystem nur selten eine Anwendung. Die Zuverlässigkeit des aktiven Kontrollsystems, die dazu gehörenden Unterhaltungsprobleme der Kontrollanlage und die Leistungsfähigkeit bilden einen wichtigen strittigen Punkt.

Überdies verlassen sich die aktiven Systeme auf äußere Energiekraftquellen, die wiederum in ihrer Funktion von allen Unterstützungssystemen des öffentlichen Bereichs abhängig sind. In vielen Ländern kann ein Übermaß an Energie, wie im Fall von aktiv kontrollierten Gebäuden, nicht in gleicher Zeit gewährleistet werden. Auf der anderen Seite kann es am Anfang eines Erdbebens auch bei den Energieübertragungssystemen zu Schäden kommen.

Ein zusätzliches Problem ist das Maß an Energiekraft, das für die gleichzeitige Kontrolle von Hochhäusern während eines großen Erdbebens gebraucht wird. Die erforderlichen Mengen an Energie können in diesem Fall nicht allein von einem normalen Kraftwerk erzeugt werden, das Energie zum allgemeinen Verbrauch erzeugt. Behälter zur Energielagerung können dazu eine Alternative bilden, sind aber teuer in ihrer Konstruktion und schwierig in ihrer Unterhaltung.

Parallel zu den anwendbaren Kontrollsystemen und -mechanismen, die sich zum größten Teil auf das Kriterium der Wirtschaftlichkeit und Minimierung des Energieverbrauchs in der Funktion des aktiven Kontrollsystems gründen, sind erste Strategien zum tatsächlichen Gebrauch der aus der Horizontalbelastung erzeugten Energie entwickelt worden. Während eines Wind- oder Erdbebenereignisses werden große Mengen an Energie erzeugt und verbreitet. Die Anhäufung eines Teils der freigebenden Energie und dessen Weiterverteilung auf die Krafterzeuger zur Betätigung einer aktiven Tragverformungskontrolle des Hochhaustragwerks, scheint eine vielversprechende Lösungsstrategie zu sein, die weiterer Forschung für ihr Realisierungspotential bedarf. Erste Überlegungen in dieser Richtung sind in [8.39] gemacht worden.

Zu diesem Zweck kann eine rückgekoppelte Kontrolle aktiviert werden, wenn seismische Energie in das Gebäude einfließt. Die Kontrolle wird deaktiviert, wenn die seismische Energie aus dem Gebäude wieder abfließt. So macht man sich die seismische Kraft als Ersatz der Kontrollkraft immer zunutze, wenn sie verfügbar ist. Angenommen, ein ununterbrochener Antwortzustand ist bekannt, dann wird bei diesem Verfahren lediglich die Richtung der äußeren Erregung gebraucht. Ein Vorteil dieser Kontrollmethode besteht darin, daß sie in einfacher Weise mit allen Arten von nichtlinearen anpassungsfähigen Kontrollsystemen kombiniert werden kann [8.4].

8.4 Hybride Tragverformungskontrolle

Die Zuverlässigkeit von aktiven Kontrollsystemen und -mechanismen als einzige Kontrollfunktionen zum Schutz des Tragwerks gegen starke dynamische Beanspruchungen ist beschränkt. Gründe der Wirtschaftlichkeit und der Ausführbarkeit der Methode aufgrund des notwendigen Energieverbrauchs führen parallel zu den erwähnten nichtlinearen aktiven Kontrollsystemen auch zu hybriden Kontrollmechanismen, die sich durch eine kombinierte Anwendung von passiven und aktiven Dämpfungsmechanismen realisieren lassen. Somit kann die Effektivität der aktiven Tragverformungskontrolle nur im kritischen Beanspruchungsbereich des Tragsystems ausgenutzt werden.

Die so gebildeten anpassungsfähigen Dämpfungssysteme besitzen bis zu einer im voraus zu bestimmenden Obergrenze der Belastung, die meistens der maximalen Windbelastung entspricht, eine ausreichende linear elastische Steifigkeit. In diesem Beanspruchungsbereich arbeitet der Kontrollmechanismus als Bestandteil des passiven Aussteifungstragwerks. Bei einer Überschreitung der maximalen Grenzbelastung wird der aktive Kontrollmechanismus vom System ausgelöst, und das gesamte Systemverhalten wird von der aktiven Anlage kontrolliert.

Grundsätzlich können alle erwähnten aktiven Kontrollmechanismen nach diesem Arbeits-

schema auch als passive Kontrollmechanismen im elastischen Beanspruchungsbereich fungieren. Eine besondere Eignung zur hybriden Kontrolle haben jedoch Reibungsdämpfer, deren natürliche Arbeitsweise dem hybriden Kontrollvorgang genau entspricht.

8.4.1 Halbaktive Reibungsdämpfer

Zur aktiven Tragverformungskontrolle von ausgesteiften Rahmentragwerken können Reibungsdämpfer direkt im Aussteifungsverband integriert werden (nach Bild 8.33a), so daß eine Druckkontrolle in der Reibungsgrenzfläche zwischen dem Kontrollmechanismus und der jeweiligen Aussteifungsdiagonale ermöglicht wird. Der Hauptbestandteil des Reibungsdämpfers ist ein belasteter Reibungsschacht, der biegesteif mit den Aussteifungsgliedern verbunden ist. Die Kontrolle des Aussteifungsverbands gründet sich auf gezielte Änderungen seiner zeitbedingten Steifigkeit. Die Aussteifungsglieder erfahren in der Reibungsgrenzfläche eine Gleitbewegung, wenn die Längskraft des jeweiligen Tragglieds größer wird als die Regelbefestigungskraft $R(x)$ der Kontrollanlage. Dies bedeutet, daß das Tragwerk mit linearer Steifigkeit unkontrolliert bleibt, bis seine Gleitsteifigkeit aus der Horizontalbeanspruchung erreicht wird.

Die Funktion der Dämpferanlage wird in einer diskreten Weise, in festen Zeitabständen von t_s, angewandt. Die Zeitabstände t_s werden hierbei im Verhältnis zur Eigenperiode des Tragwerks T gebracht. Der Steifigkeitszustand wird in allen Zeitabständen verfolgt, und die Steifigkeitsänderungen des Aussteifungsverbands werden als Bruchteil seiner maximalen Steifigkeit nach der Gleitsteifigkeit definiert. Die Bewegungsgleichung des gedämpften äquivalenten Einmassenschwingers kann dann in folgender inkrementeller Form geschrieben werden:

$$m \, \Delta \ddot{x} + c \, \Delta \dot{x} + \Delta R(x) = -m \, \Delta \ddot{x}_b \qquad (8.44)$$

Dementsprechend entwickelt der Kontrollmechanismus über die Steifigkeitsanpassung des Aussteifungsverbands an die äußere

Beanspruchung eine Reibungsdämpfung im System. Größere Steifigkeitswerte bewirken auch eine stärkere Kontrolle.

Die Gleitkräfte im Aussteifungsverband werden nach dem echten Zeitzustand der resultierenden Tragwerksverformungen geregelt. Der halbaktive Kontrollmechanismus reproduziert die Kontrollkräfte, die vom entsprechenden aktiven Kontrollsystem erzeugt werden, ohne den Energiezusatz aus einer äußeren Quelle, d.h. die eigene kinetische Energie des Tragwerks wird soweit wie möglich ausgenutzt. Nachdem ein Haft-Gleitverhalten der Reibungsdämpfer nicht zu vermeiden ist, können halbaktive Reibungsdämpfer nicht so effektiv sein wie aktive Kontrollmechanismen, bilden jedoch eine im Rahmen der Wirtschaftlichkeit und Realisierbarkeit vielversprechende Alternative.

9 Hochhausprojekte

9.1 Ando Nishikicho Tower – zu Abschnitt 4.2

Architektur

Das 68 m hohe Ando Nishikicho Gebäude befindet sich im Gebiet Chiyoda-ku in Tokio und wurde 1993 erbaut. Die Erscheinungsform des Gebäudes entspricht der inneren Funktionsaufteilung der 14 Büro- und Wohngeschosse und des oberen überhöhten Maschinengeschosses, und sie spiegelt die architektonischen Intensionen des Entwurfs wider (Bild 9.1). Diese gründen sich auf das Konzept einer symbolischen „4-Stützen"-Tragstruktur, welches vom Architekten als eines der Ursprungskonzepte räumlicher Architektur betrachtet wird und mit dem Geist der traditionellen japanischen Architektur konvergiert.

Die Grundrisse des Gebäudes bestehen aus einer nahezu quadratischen, stützenfreien Fläche von circa 12,6 x 18,0 m und einem Bereich von 5,0 x 14,0 m auf der nordwestlichen Gebäudeseite mit zwei Aufzügen, Sicherheitstreppenhaus und Nebenräumen (Bild 9.2). Auf dieser Seite ist die mit Aluminiumpaneelen konstruierte Fassade geschlossen. Die restlichen Seiten des Gebäudes sind aufgrund der Vorhangfassade vollkommen transparent. Die typische Geschoßfläche des Gebäudes beträgt 324,15 m² und die gesamte Geschoßfläche 4.928,3 m².

Bild 9.1 Ansicht des Ando Nishikicho Hochhauses (Foto: Hisao Wakamatsu, Arch.)

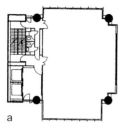

a

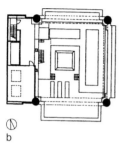

b

Bild 9.2
a) Normalgeschoß [9.23]
b) Maschinengeschoß mit Kontrollmechanismus
   [9.23]

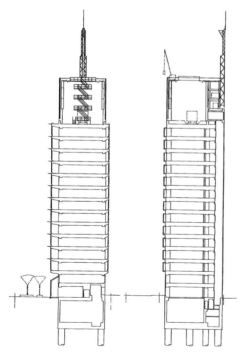

Bild 9.3 Hochhausschnitte [9.33]

Tragkonstruktion

Das vertikal- und zugleich horizontallastabtragende Tragwerk des Gebäudes besteht aus lediglich vier biegesteifen Stockwerkrahmen in Stahlbauweise, die eine Fläche von rund 12,0 x 14,0 m überspannen (Bild 9.3). Demzufolge besitzt das Tragwerk keine dominante Achse und weist zugleich begrenzte Torsionsverformungen in seiner Antwort auf. Die dynamische Analyse des Tragsystems hat gezeigt, daß diese doch vernachlässigt werden können.

Die mit Aluminiumblech verkleideten Stützen stehen bündig in der Fassadenebene. Sie bestehen aus Stahlhohlprofilen mit einem Außendurchmesser von 1,4 m. In der Werkstatt wurden 7,2 m lange Stützenteile mit angeschweißten, horizontalen Traggliedern vorgefertigt. Die horizontalen Tragglieder sind als Kastenprofile mit auskragenden Flanschen konstruiert. Auf der Baustelle wurden die Riegel in der Spannmitte mit den auskragenden Traggliedern über Stahlplatten und hochfeste Schrauben verbunden. Die Riegelanschlüsse erfolgten an den Stellen mit minimaler Biegemomentenbeanspruchung. Zur Erhöhung der Steifigkeit der Stockwerkrahmen bestehen die Riegel aus Kastenquerschnitten, die aus zwei nebeneinander angeordneten I-Profilen gebildet werden (Bild 9.4). Die Stahlkonstruktion ist durch eine Ummantelung aus Spritzbeton brandgeschützt.

Das Deckensystem im vom Tragwerk umschlossenen Bereich besteht aus einer zweiachsig gespannten Stahlbetonplatte, die auf die Rahmenriegel aufgelagert ist. Im nordwestlichen Bereich dienen an die Stützen angeschlossene Kragträger der Auflagerung der Stahlbetonplatte.

Das Gebäude besitzt zwei Untergeschosse mit Parkflächen. Die Tragkonstruktion in diesem Bereich geht in eine Stahl-Beton-Verbundbauweise mit ausbetonierten Stahlhohlprofilen über. Die Untergeschosse bilden einen geschlossenen Senkkasten, der auf kombinierte Spitzendruck-Reibungspfähle gestützt wird.

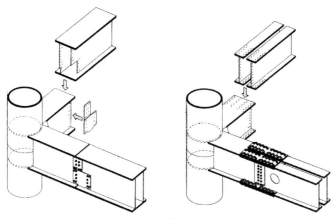

Bild 9.4   Rahmenknotendetails [9.8]

Trotz der verhältnismäßig hohen Schlankheit des Tragwerks von Faktor 5 – maximale Höhe zum äußeren Stützenabstand – und des flexiblen Aussteifungstragwerkstypus, weist das Tragwerk in seiner ersten Eigenschwingungsform relativ hohe Frequenzen von 0,68 und 0,72 Hz, und in der zweiten Eigenschwingungsform Frequenzen von 2,17 und 2,40 Hz in der jeweiligen Hauptachse auf (Bild 9.5). Der Dämpfungsgrad des Systems beträgt bei der ersten freien Schwingungsform 0,0083 und 0,0115. Der Unterschied zwischen den Dämpfungsgraden des Gebäudes in jeder Achse liegt im Energieverlust aus der Reibung zwischen den Vorhangfassadentraggliedern während der Schwingung. Insgesamt zeigt sich, daß das Tragwerk infolge mäßiger Wind- und schwacher Erdbebenbeanspruchung ein ausreichendes Tragverformungsverhalten besitzt.

Zur Gewährleistung des Behagens der Bewohner während Taifunen und bei einer ausschließlich elastischen Verformbarkeit des Tragwerks unter starker Erdbebenbeanspruchung dient ein passiver-aktiver Mischkontrollmechanismus, der sich im obersten Maschinengeschoß befindet. Der Mechanismus besteht aus der Kombination eines passiv geregelten Schwingungstilgers und eines aktiven Schwingungstilgers (Bild 9.6).

Der passiv geregelte Schwingungstilger besteht aus einer Zusatzmasse und kann sich

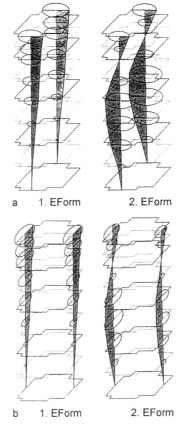

Bild 9.5   Freie 1. und 2. Schwingungsform des Gebäudes in der jeweiligen Hauptachse [9.24]
a)   X-Richtung
b)   Y-Richtung

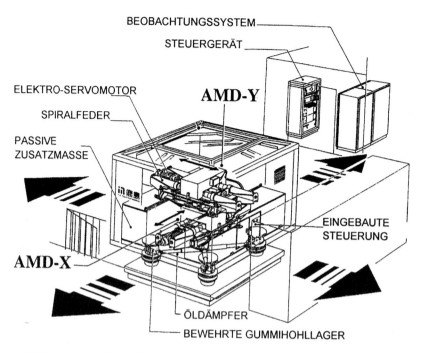

BEOBACHTUNGSSYSTEM

STEUERGERÄT

ELEKTRO-SERVOMOTOR

AMD-Y

SPIRALFEDER

PASSIVE
ZUSATZMASSE

EINGEBAUTE
STEUERUNG

AMD-X

ÖLDÄMPFER

BEWEHRTE GUMMIHOHLLAGER

Bild 9.6 Passiver-Aktiver Mischkontrollmechanismus [9.10]

in allen Richtungen bewegen. Der aktive Schwingungstilger besteht aus zwei identischen, aktiv kontrollierten Zusatzmassen, die in der Vertikalen kreuzend oberhalb der passiven Zusatzmasse angeordnet sind. Ihre Funktion konzentriert sich durch ihre Trägheitskräfte auf beide horizontale Hauptachsen des Gebäudes in der Kontrolle der Schwingungen der passiven Zusatzmasse (Bild 9.7).

Der gesamte Mechanismus ist auf bewehrte Gummihohllager (Elastomere) aufgelagert, die ein kontrolliertes elastoplastisches Tragverformungsverhalten aufweisen. Diese haben eine duale Funktion als Federrahmen. Sie liefern der passiven Zusatzmasse ausreichende Steifigkeit und verhindern während der Kontrolle, daß sich die mechanischen Schwingungen des Kontrollmechanismus im Gebäude verbreiten. Die erforderliche Dämpfung bei der Funktion des Kontrollmechanismus wird von zwei in der Auflagerebene integrierten geschwindigkeitsproportionalen, viskosen Dämpfungsanlagen (Öldämpfer) erzeugt.

Das Gewicht der passiven Zusatzmasse beträgt 18 t, d.h. 0,8% des Gebäudegewichts bei circa 2600 t, und das der aktiven Zusatzmassen jeweils 2 t, d.h. 10% der passiven Zusatzmasse, bzw. 0,08% des Gebäudegewichts. Die maximale Entwurfsverschiebung des passiv geregelten Schwingungs-

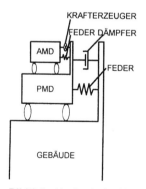

Bild 9.7 Mechanische Modellierung des gedämpften, dynamischen Systems

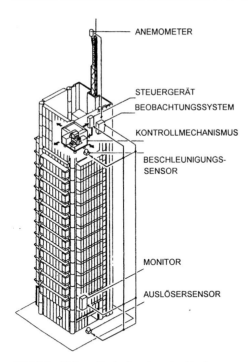

Bild 9.8 Aktives Kontrollsystem des Hochhauses [9.10]

2. Möglichst große Unterdrückung der resultierenden Verformungen infolge Horizontalbeanspruchung von größerer Stärke als bisher definiert im Zielpunkt 1.

Das Kontrollsystem besitzt einen Auslösermechanismus und arbeitet bei kleinen Schwingungserregungen wie ein passiv geregelter Schwingungstilger. Der Auslösermechanismus wird erst aufgrund einer Erdbeben- oder einer starken Windbeanspruchung aktiviert. Trotz der kleinen Zeitverzögerung in der Auslösung des Systems am Anfang einer Erdbebenbeanspruchung, besitzt dies beinahe die gleiche Kontrolleffektivität wie ein vollkommen aktives System. Der größte Vorteil des Mischkontrollsystems gegenüber einem aktiven liegt jedoch bei seiner Verläßlichkeit, als einziges Verteidigungssystem bei der Horizontalbeanspruchung des Hochhaustragwerks.

Wenn die Antwort des Gebäudes eine bestimmte Grenze überschreitet, erfolgt die Änderung vom passiven zum passiven-aktiven

tilgers beträgt 25 cm, die des aktiven Schwingungstilgers 50 cm.

Die Antwort des Gebäudes an der Stelle des Kontrollmechanismus und an der Stelle der Kontrollelemente wird vom Steuergerät analysiert, das die zeitbedingten optimalen Kontrollgewinne ermittelt. Die Ergebnisse werden dem Krafterzeuger gesendet, der aus einem elektrisch-hydraulischen Servomechanismus besteht (Bild 9.8). Die Kontrollziele des passiven-aktiven Mischkontrollsystems sind:

1. Verringerung der resultierenden Hochhausschwingungen aus starker Erdbebenbeanspruchung der Stärke V (Japanische Seismische Intensitätsstufe, a<30 cm/s²) und starker Windbeanspruchung mit einer Eintrittsperiode von 5 bis 20 Jahren, bis auf mindestens 1/3 der ungedämpften Schwingungen. Dabei sollen die Verschiebungen der aktiven Zusatzmassen im erlaubten Bereich bleiben.

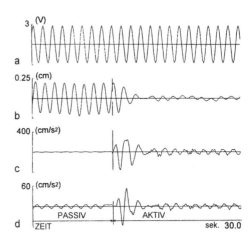

Bild 9.9 Dynamisches Verhalten des kontrollierten Gebäudes infolge stationärer Erregung [9.24]
a) Kontrollsignal des Erregers
b) Gebäudeverschiebung
c) Beschleunigung des aktiven Schwingungstilgers
d) Beschleunigung des passiv geregelten Schwingungstilgers

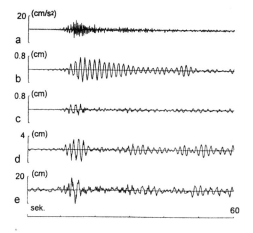

Bild 9.10 Erdbebenverlauf und Systemantwort
vom 12.10.1993 [9.24]
a) Bodenbeschleunigung in N-S Richtung
b) Gebäudeverschiebung ohne Kontrolle
c) Gebäudeverschiebung mit Kontrolle
d) Verschiebung des passiv geregelten
     Schwingungstilgers
e) Verschiebung des aktiven Schwingungstilgers

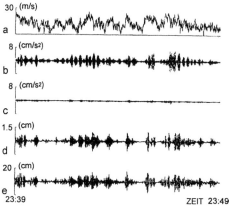

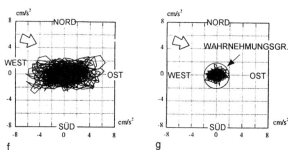

Bild 9.11 Winderregungsverlauf und Systemantwort vom 21.02.1994
a) Windgeschwindigkeitsverlauf (N-W Richtung: maximale Geschwindigkeit: 26,7 m/s,
     mittlere Windgeschwindigkeit: 12,7 m/s) [9.24]
b) Gebäudebeschleunigung ohne Kontrolle (N-S Richtung: maximale Beschleunigung: 3,02 m/s²) [9.24]
c) Gebäudebeschleunigung mit Kontrolle (N-S Richtung: maximale Beschleunigung: 1,65 m/s²) [9.24]
d) Verschiebung des passiv geregelten Schwingungstilgers [9.24]
e) Verschiebung des aktiven Schwingungstilgers [9.24]
f) Gebäudebeschleunigungsweg ohne Kontrolle [9.11]
g) Gebäudebeschleunigungsweg mit Kontrolle [9.11]

Kontrollzustand in möglichst weicher Weise, so daß daraus keine unnötige Gebäude-schwingungen entstehen. Das Verhalten des Kontrollmechanismus und des Gebäudes am Übergangszustand ist nach Fertigstellung der Tragkonstruktion und des Einbaus des Kon-trollmechanismus anhand einer stationären Erregung untersucht worden (Bild 9.9).

In der Anfangsphase der Erregung verhält sich der Mechanismus wie ein passiv geregelter Schwingungstilger, und die aktiven Kontroll-elemente bleiben im ausgeschalteten Zu-stand. In dieser Phase sind die Verschiebung der passiven Zusatzmasse und die Kontroll-effektivität klein. Wenn der aktive Schwin-gungstilger in Funktion tritt, erfolgt eine große Bewegung der aktiven Zusatzmassen, so daß sich die Bewegungen der passiven Zusatz-masse vergrößern. Danach gehen die Kon-trollelemente in einen stationären Zustand über. Ab diesem Zeitpunkt verringern sich die Gebäudeschwingungen schnell. Unter statio-närer Erregung wurde bewiesen, daß der Kon-trollmechanismus in der jeweiligen Gebäude-achse einen äquivalenten zusätzlichen Dämp-fungsgrad von 0,064 bzw. 0,085 hervorruft.

Seit Fertigstellung des Hochhauses befindet sich am Kontrollmechanismus ein Beobach-tungssystem, das echte Antworten während Erdbeben- und starker Windbeanspruchung aufzeichnet. Die entsprechenden Antwort-zeitverläufe infolge der Erdbebenbeanspru-chung vom 12.10.1993 sind in Bild 9.10 ent-halten, diejenigen infolge der Taifun- ähnli-chen, periodischen Windbeanspruchung vom 21.02.1994 in Bild 9.11.

Zum Vergleich zwischen gedämpftem und nicht gedämpftem System wurde im ersten Fall durch eine Simulation der aufgezeichne-ten Bodenbewegung auch der Antwortzeit-verlauf des ungedämpften Systems ermittelt. Hier bewirkte der Kontrollmechanismus für das gesamte System in beiden Gebäude-achsen 61% kleinere Verschiebungen, als die-jenigen des ungedämpften Systems.

Im zweiten Fall wurde zum Vergleich außer der Aufzeichnung der Antwort des gedämpf-ten Systems auch die nicht kontrollierte Systemantwort durch eine Simulation nach der Antwort des passiv geregelten Schwin-gungstilgers während der Beanspruchung er-mittelt. Die Ergebnisse zeigen, daß die Ge-bäudebeschleunigungen des gedämpften Systems in beiden Gebäudeachsen 70% klei-ner sind.

Zur Sicherheit des Kontrollmechanismus ent-hält dieser zusätzliche Eigenschaften, wie ein Selbst-Erkennungsmodus als Maßnahme gegen unerwartete Probleme und ein auto-matisches Einschaltsystem für den Fall einer Elektrizitätsunterbrechung. Außerdem wurde Wert darauf gelegt, daß der Mechanismus für den Fall von Wartung oder eiliger Inspektio-nen einfach in seiner Unterhaltung ist. Die gesamte Anlage befindet sich in einem Deck-kasten aus Aluminium und Glas, so daß sie keinen geschützten Raum innerhalb des Ge-bäudes braucht.

Architekt, Tragwerksplaner:
Kajima Design [Architectural and Engineer-ing Design Group, Kajima Corporation], Tokio

Kontrollsystem:
Kajima Corporation, Tokio
Kobori Research Complex, Tokio

9.2 Lloyd's of London –
zu Abschnitt 4.3

Architektur

Das zentrale Gebäude der Lloyd's Versicherungsgesellschaft wurde 1986 im Zentrum von London gebaut. Der Baukörper besitzt eine rechteckige, vollkommen freie Grundrißfläche mit einem zentralen Atrium, wobei alle Räume mit Nebenfunktionen in sechs Servicetürme außerhalb des Gebäudes verlagert wurden. Der 87 m hohe Komplex stuft sich ab dem sechsten Geschoß bis zum zwölften nach oben, und wird umschlossen von kleineren historischen Gebäuden. Die architektonische Außengestaltung und die Proportionen des Gebäudes tragen innerhalb des städtebaulichen Umfelds zu seinem kontrastreichen, unverwechselbaren Charakter bei (Bild 9.12).

Das Gebäude wird von zwei gegenüberliegenden Seiten erschlossen über das abgesenkte Erdgeschoß oder über einen Haupteingang, der zur darüberliegenden, freien, zweigeschossigen Hauptebene führt. Sechs weitere Geschosse legen sich um das Atrium herum und sind zu diesem offen. Bei Bedarf können sie zur Hauptebene dazugeschaltet werden. Alle weiteren Ebenen sind ebenfalls um das Atrium angeordnet, jedoch verglast, so daß nur Blickkontakt zum Atrium besteht. Die vertikale Verbindung der zwei ersten Obergeschosse erfolgt im Bereich der Hauptebene über Rolltreppen. Die höher liegenden Geschosse werden über die Personenaufzüge in drei Servicetürmen und die Treppenanlagen in allen sechs Servicetürmen erschlossen (Bild 9.13). Zwei der Servicetürme befinden sich an den Schmalseiten des Gebäudes und je einer an den Längsseiten. Damit entsteht

Bild 9.12 Ansicht des Lloyd's Gebäudes

im Außenfeld eine architektonische Dominanz dieser Bauelemente.

Die Innenverglasung des Atriums, welche die oberen Geschosse trennt, wird in die Vertikale oberhalb des Gebäudes weitergeführt und bildet die Atriumtonnenüberdachung. Die tragenden, vertikalen Stahlfachwerkträger liegen außerhalb der kontinuierlichen Verglasung, und sind auf horizontalen Dreigurtträgern gelagert, die über Konsolen mit den Stahlbetonstützen des Gebäudes verbunden sind.

Vier Servicetürme beinhalten die technischen Installationen des Gebäudes – eine dreigeschossige Technikzentrale mit Aufzugsaggregaten, Behältern und Luftbehandlungs-

anlagen. Die in die Türme gestellten Sanitäranlagen wurden als eigenständige Kabinen entwickelt und aus Edelstahl vorgefertigt. Die technische Ausrüstung des Gebäudes ist somit unabhängig vom Tragwerk, und zur Unterhaltung leicht erreichbar.

Die außenliegenden Stahlbetontragglieder, wenn auch im Vordergrund weniger prägnant als die Modulkonstruktion der Servicetürme des Gebäudes, lassen in sehr klarer Form ihre Tragwirkung ablesen. Dieser Tragwerksteil gründet sich auf die gleichen konstruktiven Ausbildungskriterien, wie das gesamte Gebäudetragwerk, welches im Endeffekt den Gesetzmäßigkeiten eines Stahlskelettbaus folgt.

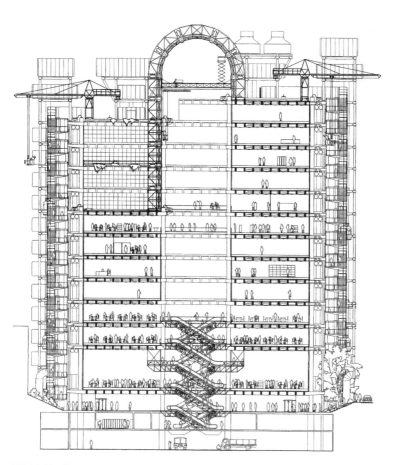

Bild 9.13 Querschnitt in Ost-West Richtung [9.21]

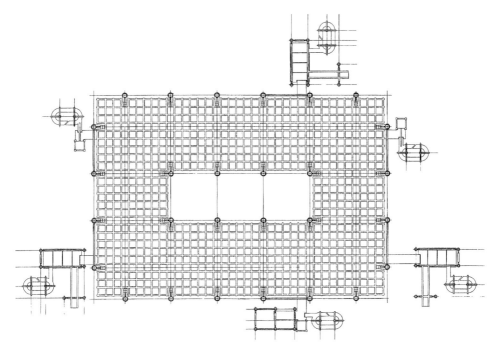

Bild 9.14 Tragwerksplan einer typischen Gebäudeebene [9.21]

Tragkonstruktion

Das vertikallastabtragende Tragwerk des Gebäudes bilden Fertigteilpendelstützen basierend auf einem Konstruktionsraster aus Innenfeldern von 18,0 x 18,0 m und Randfeldern von 10,8 x 18,0 m (Bild 9.14). Sie bestehen aus Stahlbetonrundprofilen mit einem über alle Geschosse konstanten Durchmesser von 1,05 m. Die vertikalen Lasten werden geschoßweise aus den Hauptträgern aufgenommen und direkt in den Baugrund abgeleitet.

Bild 9.15 Konsolelement einer Atriumeckstütze zur Auflagerung der Hauptträger in zwei Richtungen [9.21]

Der gelenkige Anschluß der Hauptträger des Deckentragwerks an die Stützen erfolgt über Konsolelemente, die als Fertigteile mit den Stützensegmenten mit Zementsuspension vergossen sind (Bild 9.15). Durch den entstehenden Kragarm wird die Stützweite der Hauptträger um ein Rastermaß von 1,80 m reduziert. Zur Aufnahme der zeitabhängigen Verformungen infolge Kriechen und Schwinden der Stahlbetondecken sowie der temperaturbedingten Verformungen der Deckenkon-

struktion sind in die Konsolen Stahlplatten mit Neoprenlagern integriert.

Das Aussteifungstragwerk bilden sechs vertikale Fachwerke, die aus der geschoßweisen Aussteifung der Pendelstützen des Gebäudes in Längs- und Querrichtung, an der Peripherie des Gebäudes gebildet werden. In der Querrichtung des Gebäudes sind aufgrund der größeren Windangriffsfläche jeweils zwei Diagonalfelder vorhanden. Die Stützenkon-

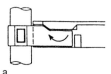

a

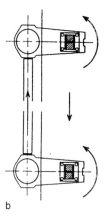

b

Bild 9.16 Statische Ausbildung der Stützen/
Träger-Verbindungen
a) Gelenkige Lagerung der Träger in der
    Vertikalen
b) Starre Lagerung der Träger in der
    Horizontalen

solen bewirken im System eine gelenkige Lagerung der Hauptträger, indem sie vertikale Drehungen zwischen der Deckenkonstruktion bzw. den Hauptträgern und den Stützen zulassen (Bild 9.16a). Die Konsolen sind in der Horizontalen aber drehbehindert auf den Stützen gelagert, so daß die Auflager alle Horizontalkräfte in die Aussteifungsfelder einleiten (Bild 9.16b). Ein in den Aussteifungsebenen im obersten Geschoß angeordneter Kopfbalken verhindert das Verdrehen der Stützen um ihre eigenen Achsen.

Die Aussteifung in jedem Feld erfolgt über eine Diagonale, und die Horizontallasten werden über Druck- und Zugbeanspruchung der Diagonalglieder abgetragen. Diese bestehen aus dickwandigen Stahlrohrprofilen, die mit 6,2 cm Beton als Brand- und Korrosionsschutz ummantelt sind. Zum Ausgleich von Toleranzen wurden die Schraubenlöcher der Laschen erst bei der Montage gebohrt.

Das 1,15 m hohe Deckentragwerk besteht aus einem einachsig gespannten Hauptträgersystem, einem Trägerrost und einer Ortbetonplatte (Bild 9.17). Die Anordnung der Hauptträger, die als umgedrehte, U-förmige Profile mit einer Höhe von 1,15 m und einer

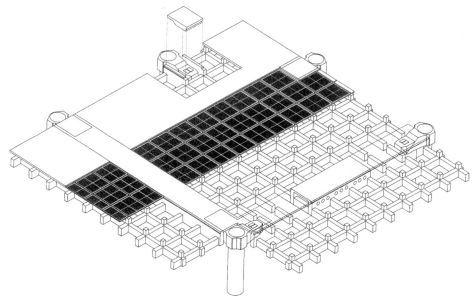

Bild 9.17 Teilisometrie der Deckentragkonstruktion [9.21]

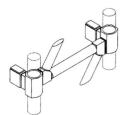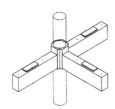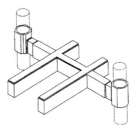

Bild 9.18 Skeletttragkonstruktion für die Servicetürme [9.3]

Breite von 2,07 m ausgebildet und auf der Baustelle vorgespannt wurden, folgt dem Konstruktionsraster des Gebäudes.

Der Trägerrost besteht aus zwei Einfeldträgerlagen, die biegesteif miteinander verbunden sind. Er wurde als Stahlbetonfertigteil auf der Baustelle hergestellt und biegesteif mit den Hauptträgern des Systems verbunden. Die Einspannung wurde genutzt, um die Trägerhöhen weiter zu reduzieren. Der Trägerrost hat bei einem Achsabstand von 1,80 m eine Konstruktionshöhe von 0,55 m und weist eine Trägerbreite von 0,27 m auf.

Der Trägerrost besitzt je nach seiner Lage im Gebäudegrundriß zwei unterschiedliche Tragwirkungen. Diese lassen sich in den Feldbereich zwischen Außen- und Atriumstützen und in die Eckfelder des Gebäudegrundrisses einteilen. Im erstgenannten Bereich werden die vertikalen Lasten einachsig abgetragen. Die Durchlaufwirkung des Trägerrosts über den Hauptträgern verringert das Feldmoment bzw. seine Trägerhöhe. In den Eckbereichen werden die Lasten zweiachsig abgetragen, wobei der Trägerrost über den Trägern linienförmig aufgelagert und an den Ecken punktgestützt ist. Die zweiachsige Lastabtragung des Trägerrosts kommt nur in den Eckfeldern zum Tragen, dort wo die Biegebeanspruchung bei Durchlaufträgern am größten ist. Durch die zweiachsige Lastabtragung wird die Beanspruchung aufgeteilt.

In den Kreuzungspunkten des Trägerrosts sind 47 cm hohe Stützenglieder aufgesetzt, welche die aufgeständerte Ortbetonplatte vom Rost trennen. Letztere besitzt eine Dicke von 13 cm und ist vor Ort auf Stahlblechen als verlorene Schalung betoniert. Die Abtrennung

der Deckenplatte vom horizontalen Deckentragsystem entsteht aus dem offenen architektonischen Konzept der technischen Installationsführung im Gebäude, und zielt auf eine möglichst weite Entflechtung des Tragwerks in seinen Funktionen. Die natürliche Folge ist eine nicht mögliche Verbundwirkung des Deckentragwerks und eine daraus resultierende geringere Trageffizienz mit größerer Konstruktionshöhe.

Die außenstehenden Servicetürme sind von der Hauptkonstruktion losgelöst, und haben eine eigenständige Tragstruktur. Drei Türme sind mit dem Gebäudetragwerk gelenkig verbunden und in Querrichtung durch eine jeweils außenseitige Fachwerkebene horizontal ausgesteift. Die restlichen Türme werden über einen Aufzugskern aus Fertigteilwandscheiben ausgesteift. Ihr Skeletttragwerk nimmt ausschließlich vertikale Lasten auf. Alle Tragglieder bestehen aus Fertigteilen. Die Stützen sind Stahlrundhohlprofile, die Einfeldträger Doppel-T-Profile mit einer Betonummantelung (Bild 9.18). Die Stahlprofile ermöglichen eine leichte Ausbildung der Verbindungen, welche nachträglich mit dünnflüssiger Zementsuspension ummantelt wurden.

Beide Untergeschosse des Gebäudes bilden einen steifen Senkkasten mit massiven Außen- und Innenwänden. Die vertikalen Lasten aus den Stützen des Überbaus werden von Großbohrpfählen durch die Tonschichten in den tragfähigen Untergrund abgetragen.

Architekt:
Richard Rogers Partnership Ltd., London

Tragwerksplaner:
Ove Arup and Partners, London

9.3 Keyence Headquarters & Laboratory Hochhaus – zu Abschnitt 4.4

Architektur

Der Sitz von Keyence Corporation, dem Sensorenhersteller für die Fabrikautomatisierung wurde Mitte 1994 in Osaka errichtet. Das Gebäude steht in der Nähe des Flusses Yodo und bietet eine freie Sicht auf die Hochhauslandschaft der Stadt. Bei einer Gesamthöhe von 110,90 m, 24 Geschossen und einer Fläche von insgesamt 21.634 m² verfügt das Hochhaus durch seine Architektur und Tragkonstruktion über eine innere Flexibilität und äußere Transparenz (Bild 9.19).

Besonders charakteristisch ist die vertikale Gliederung des Hochhauses (Bild 9.20). Der untere Hochhausbereich ist bis zu einer Höhe von 20 m aufgeständert, um dem Hochhaus einen brückenähnlichen Charakter zu verleihen. Darüber befinden sich die eigentlichen 17 Bürogeschossen und ein getrennter, abgehängter eiförmiger Baukörper mit Besprechungsräumen im Inneren. Im unteren Hochhausbereich verbindet ein rechteckiger Glaspavillon die sich seitlich anschließende nördliche und südliche Lobby des Hochhauses. In der nördlichen Hauptlobby bedienen vier Personen- sowie ein Lasten- und Feuerwehraufzug die einzelnen Geschosse. Die südliche Lobby wird für Ausstellungszwecke genutzt. Der mittlere Glaspavillon ist vollkommen transparent, seine Fassade wurde ausschließlich aus Glaselementen konstruiert. Dazu wurden 20 m hohe Glasscheiben eingesetzt, und zur Aussteifung mit senkrecht stehenden Glaspfosten silikonverklebt.

Bild 9.19 Ansicht des Keyence Headquarters & Laboratory Hochhauses (Foto: Mamoru Maeda)

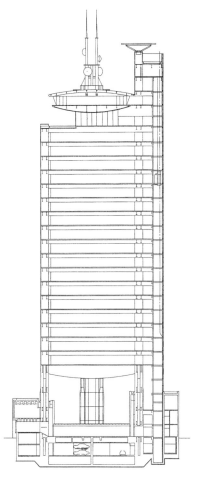

Bild 9.20 Nord-Süd-Schnitt des Keyence Headquarters & Laboratory Hochhauses

Das Hochhaustragwerk mit außenliegenden Verbundstützen ermöglicht eine stützenfreie Gestaltung aller Geschosse mit einer vollkommen freien quadratischen Fläche von 25,50 x 25,50 m (Bild 9.21). Alle Nebenräume wurden in eigenständigen Satellitentürmen untergebracht, die mit den außenliegenden Stützen verbunden sind. So schließen zwei diagonal gegenüberliegende Stützenpaare die dezentralen Technikräume der Geschosse ein, und zwei weitere Stützenpaare bilden den Übergangsbereich zwischen den inneren Funktionsebenen und den Satellitenbauten mit Aufzügen, Nottreppen und WC-Räumen.

Im Untergeschoß befinden sich 82 Parkplätze für die Nutzer des Gebäudes.

Der architektonische Hochhausentwurf wurde in engem Zusammenhang mit dem Tragwerksentwurf entwickelt, so daß das Gebäude eine Einheit in seinen Funktionen und in seiner Wirkung aufweist. Die Entwurfsziele konzentrierten sich nicht nur auf eine größtmögliche Flexibilität, Transparenz und technologische Konditionierung der Geschoßflächen, sondern schlossen auch die Detaillierung der Tragkonstruktion mit ein, die eine Verflechtung der Hochhausfunktionen ermöglicht.

Tragkonstruktion

Das Hochhaustragwerk besteht aus einem räumlichen Stockwerkmegarahmen, der horizontal zu den quadratischen Geschoßebenen um 45 Grad verdreht liegt. Das Tragsystem ist durch seine Steifigkeit und geometrische Ausbildung in der Lage alle Vertikal- und Horizontalkräfte in die Hochhausgründung abzuleiten.

Die außenliegenden Megastützen werden aus Stützenpaaren mit einem fassadenseitigen Achsabstand von 3 m gebildet, und sind quer zur Fassadenebene um 45° verdreht. Die Stützenglieder sind in Stahl-Beton-Verbundbauweise konstruiert. Jeweils zwei hochfeste Stahlhohlrohrprofile sind vollkommen einbetoniert und bilden bei einem Achsabstand von 2,1 m die Flansche des Stützenquerschnitts, die mit dem Stahlbeton monolithisch gekoppelt sind. Die Querschnittsform weist eine minimale Stärke im mittigen Stahlbeton-Stegbereich auf und ähnelt einem Doppel-T-Querschnitt mit stark abgerundeten Ecken. Die einbetonierten Stahlprofile der Stützenquerschnittspaare sind im vorderen und hinteren Bereich biegesteif mit Stahlträgern verbunden. Auf diese Weise bilden die Megastützen ein hybrides vertikales Tragsystem aus Verbundwandscheiben in der starken Achse und Stockwerkrahmen in der schwachen Achse (Bild 9.22).

Die Megarahmenriegel bestehen aus je zwei parallel laufenden, 0,6 m hohen Stahlwaben-

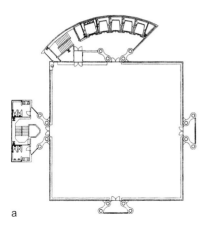
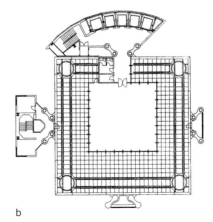

a   b

Bild 9.21
a) Typischer Hochhausgrundriß
b) Grundriß des 20. Geschosses

trägern, und sind mit den vorderen Stahlhohl-
rohrprofilen der Stützen biegesteif verbunden.
Diese sind in den Randbereichen der Geschoßebenen diagonal angeordnet und verbinden so die jeweils diagonal gegenüberliegenden Megastützen. In der Horizontalen bildet jedes Riegelpaar durch drei querliegende
Verstärkungsträger gleicher Höhe Vierendeelrahmen mit einem Achsabstand von 2,5 m.
Das System ermöglicht eine axiale Einleitung
der horizontalen Kräfte durch den Mega-
stützenmittelpunkt.

Für eine gleichmäßige Steifigkeitsverteilung
über die Höhe wurden im unteren, freien
Hochhausbereich bis 15 m Höhe größere
Stahlhohlrohrprofile, und bis 21 m Höhe
Stützenquerschnittspaare in Stahlbeton-
Verbundbau implementiert. Dadurch erhalten
die Megastützen in diesem Bereich einen
polygonalen, massiven Verbundhohlquer-
schnitt, so daß unter Erdbebenbelastung ein
„weicher Erdgeschoß"-Effekt verhindert wird.

Das Deckentragsystem besteht aus einer einachsig, diagonal gespannten Stahlbeton-
Plattenbalkendecke, die im Verbund mit dem
unmittelbar unter der Platte und somit innerhalb der Balkendecke liegenden Stahlträgersystem wirkt. Die Konstruktionshöhe der
Stahlbeton-Plattenbalkendecke beträgt 30 cm

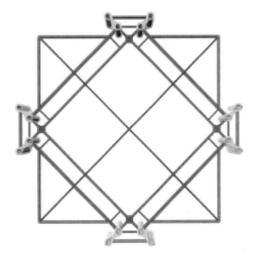

Bild 9.22 Horizontales Tragsystem auf einer
typischen Geschossebene

und ihre Spannrichtung wandelt sich in jedem
weiteren Geschoß um 90 Grad. Das einlagige
Stahlträgersystem bilden die Megarahmenriegel und zwei zwischen den Ecken der Platte eingesetzte, gleich hohe Stahlwabenträger.
Letztere sind an den Endbereichen mit Voll-
wandträgern biegesteif verbunden, die im
Randbereich bis zu den primären Rahmenstützen spannen.

Das komplexe, ungerichtete Verbunddecken-system erlaubt in dieser Weise bei minimaler Konstruktionshöhe eine freie Spannweite der Stahlträger und eine einlagige Anordnung der horizontalen Installationsleitungen in den Geschossen. Aufgrund der relativen Lage des primären Skeletts zu den quadratischen Geschoßfeldern bildet das Deckensystem in den dreieckigen Randbereichen eine Krag-armkonstruktion, die unter Vertikalbelastung den mittleren Plattenbereich entlastet. Die horizontale Scheibenwirkung des Decken-systems basiert lediglich auf dem so gebilde-ten mittleren Bereich.

Der obere eiförmige Satellitenbau wird im oberen und unteren Bereich von zwei 1,25 m hohen Stahlträgern abgehängt, die zwischen zwei in Ost-West Richtung liegenden Mega-stützen spannen. Die einlagigen Hauptträger der gespiegelten Decken- und Bodenkon-struktion sind in Feldmitte an den primären Hängeträgern biegesteif angeschlossen. Auf einer dritten Seite sind die Hauptträger am Stützenpaar gelenkig aufgelagert, damit Ro-tationen des eingeschlossenen Baukörpers aus unsymmetrischer Vertikalbelastung ver-hindert werden. Die Hauptträger sind entspre-chend ihrem inneren Kräfteverlauf als Dop-pel-T-Fischbauchträger ausgebildet, die obe-

ren bestehen aus angeschweißten Vollwand-platten, die unteren wurden in Fachwerkträger aufgelöst.

Das Hochhaus wurde mit einer Stahlbeton-platte wechselnder Stärke gegründet, welche die vertikal anfallenden Lasten in den tragfä-higen Felsuntergrund ableitet. Die Stahlbeton-platte weist in den Randbereichen, unterhalb der anschließenden, niedrigeren Lobbybau-ten, eine Stärke von 1,5 m auf. Der mittlere Fundamentbereich, unterhalb der Hochhaus-tragkonstruktion, wurde mit einer Konstruk-tionshöhe von 3,4 m und einer unteren Plat-tenstärke von 0,8 m als Senkkasten ausge-bildet.

Das Hochhaustragwerk hat eine Eigenperiode von 2,1 s und wird aufgrund einer Erdbeben-belastung der Stärke V ($a < 30$ cm/s²) aus-schließlich im elastischen Bereich bean-sprucht. Bei stärkerer Horizontalbelastung entstehen die zur Energiedissipation erforder-lichen plastischen Verformungen des Trag-werks in den Stahlriegeln der Stützenpaare.

Architekt, Tragwerksplaner:
Nikken Sekkei planners/architects/engineers Ltd., Osaka

9.4 Century Tower – zu Abschnitt 4.5

Architektur

Das bis zur Mastspitze 136,6 m hohe Gebäude ist ein Doppelturm mit 19 und 21 Geschossen und einer Gesamtnettofläche von 15.147 m², der der japanischen Firma „Obunsha Publishing Group" eine Gesamtbürofläche von 10.877 m² bietet. Das Gebäude wurde 1991 fertiggestellt und befindet sich im historischen Kern Bunkyo-ku von Tokio, umschlossen von einer stark befahrenen Straße und einer Eisenbahnlinie. Das Gebäude offeriert einen ungewöhnlichen Blick in die Innenstadt von Tokio, insbesondere ins Viertel Shinjuku, wo inzwischen eine ganze Reihe von Hochhäusern stehen.

Besonders kennzeichnen den Hochhausentwurf seine außenliegende Tragstruktur aus zweigeschossigen exzentrisch ausgesteiften Rahmen mit ablesbarer Tragwirkung und die stützenfreien Bürogeschoßflächen (Bild 9.23). Die Büroflächen sind in Einheiten mit doppelter Höhe angeordnet, und spannen sich zwischen das primäre Rahmentragwerk. Die Geschoßeinheiten in jedem Turm bestehen jeweils aus einem Hauptgeschoß mit Abmessungen von 21,5 x 18,5 m und einem abgehängten Zwischengeschoß mit Abmessungen von 21,5 x 15,75 m.

Ein Atrium, das sich zwischen den beiden Türmen über die gesamte Höhe von 19 Geschossen (71,3 m) erstreckt, ermöglicht die natürliche Belichtung der zum Atrium offenen Geschoßflächen. In der Fassade des Hochhauses ist das Atrium ablesbar. Die Versorgungskerne des Gebäudes befinden sich vor

Bild 9.23 Ansicht des Hochhauses Century Tower (Foto: Ian Lambot)

der Nord- und Westfassade, wobei sich die Aufzüge auf die westliche Seite konzentrieren und die restlichen Nebenflächen auf die gegenüberliegende Seite. Somit bleiben die Bürogeschosse durchgängig frei in ihrer Nutzung (Bild 9.24).

Das erste Untergeschoß unterhalb des südlichen Turms beherbergt ein eingeschossiges Museum für Kunstobjekte aus der umfangreichen Privatsammlung der Besitzer. Erschlossen wird der Museumsbereich über eine im Zentrum der Eingangsebene liegende Treppe. Der angrenzende Untergeschoßbereich wird variabel genutzt. Nördlich des eigentlichen Hochhauses weitet sich das Untergeschoß zu einer glasüberdachten Fläche mit einem Fitneßklub, einem Schwimmbad und einem Restaurant (Bild 9.25). Im – über die gesamte Fläche durchgehenden – zweiten Untergeschoß befinden sich die Parkflächen und ein Teil der Technikzentrale des Gebäudes.

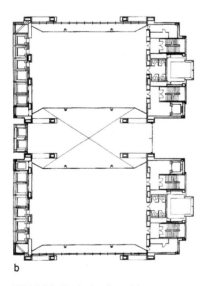

Bild 9.24 Typische Grundrisse
a) Ebene 9, Hauptgeschoß
b) Ebene 4, Zwischengeschoß

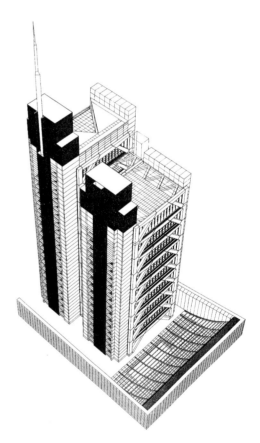

Bild 9.25 Perspektivische Darstellung des Hochhausbaukörpers

Die architektonischen Qualitäten des Hochhauses zeichnen sich durch eine optimale Integration von Raumfunktion, technischem Ausbau mit energetischem Schwerpunkt und durch ein optimiertes, erdbebenwiderstandsfähiges Tragsystem aus. Aus dem architektonischen Kontext der Stadt hebt sich das Hochhaus ästhetisch hervor und spiegelt gleichzeitig japanische Werte wider.

Tragkonstruktion

Die zwei Gebäudeeinheiten stehen entsprechend dem dazwischen liegenden Hochhausatrium in einem Abstand von 7,35 m, besitzen aber ein gemeinsames Tragwerk. Das primäre Hochhaustragwerk bilden in Ost-West Richtung exzentrisch ausgesteifte Stockwerkrahmen mit einer Feldhöhe von 10,6 m, die in jedem 2. Geschoß gelenkig gelagert sind (Bild 9.26). Die exzentrisch ausgesteiften Stockwerkrahmen sind in vier Achsen – an den Außenseiten und den Atriumseiten – angeordnet. Ihre Spannweite beträgt 24,25 m. Die 21 m langen Rahmenriegel erhalten durch die Diagonalenunterstützung eine freie Spannweite von 9,0 m. Dieses Tragsystem nimmt die gesamte Vertikalbelastung auf und gewährleistet die Aussteifung des Hochhauses in diese Richtung.

In Nord-Süd Richtung besteht das Hochhaustragwerk aus jeweils zwei außenstehenden, fünffeldrigen biegesteifen Stockwerkrahmen, die mit beiden Turmeinheiten biegesteif verbunden sind. Die inneren Stützen der biegesteifen Rahmen stehen in einem Achsabstand von 4,5 m. Das Tragsystem in dieser Richtung leitet die vertikalen Lasten an die primä-

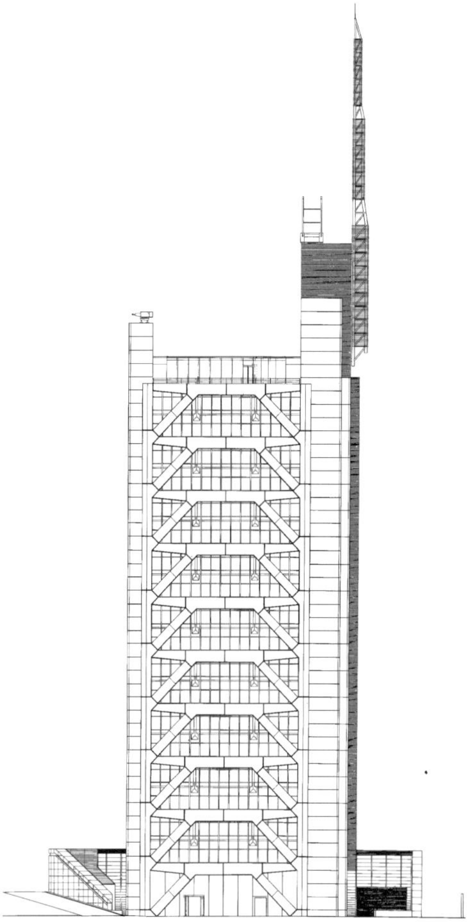

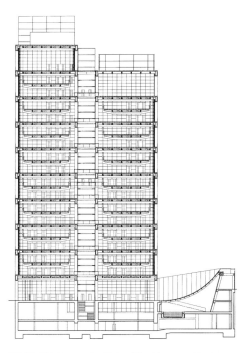

Bild 9.26 Südansicht des Hochhauses Century Tower

Bild 9.27 Querschnitt des Hochhauses Century Tower

ren Eckstützen des Gebäudes bzw. an die exzentrisch ausgesteiften Rahmen weiter und bildet die Aussteifung des gesamten Systems in Nord-Süd Richtung.

Die Unregelmäßigkeit des Hochhaustragwerks im Aufriß erforderte während des Entwurfsprozesses gründliche Untersuchungen des Verformungsverhaltens des gesamten Tragsystems und der relativen Verformungen der zwei Turmeinheiten infolge von Horizontalbelastung. Zur Vermeidung von relativ großen horizontalen Verformungen zwischen beiden Turmeinheiten ist die anfänglich festgelegte große Höhendifferenz der Türme verringert worden, und die Kopplungsriegel in der Ost-West-Richtung wurden an die biegesteifen Stockwerkrahmen biegesteif angeschlossen (Bild 9.27). Zur Erhöhung der Torsionssteifigkeit des gesamten Tragsystems sind in den Kopplungsfeldern der Hauptebenen 11 und 19, die als primäre Verbindungen der zwei Turmeinheiten wirken, zusätzliche Aussteifungsverbände angeordnet.

Das Deckentragsystem besteht aus den Hauptträgern mit einer Spannweite von 19,5 m in Nord-Süd-Richtung, den Hauptträgern in den jeweils abgehängten Zwischengeschossen in gleicher Richtung mit einer Spannweite von 15,0 m, und den Nebenträgern in beiden Geschossen in Ost-West-Richtung mit Spannweiten von 7,625 bzw. 9,0 m. Die Deckenplatte besteht aus Leichtbeton mit einer Dicke von 16,5 cm, und einem mittragenden, 6 mm starken Stahltrapezblech. Sie liegt linienförmig auf den Nebenträgern auf und hat eine einachsige Lastabtragung. In der Horizontalen wirkt das Deckensystem der Hauptgeschosse wie eine steife Scheibe.

Die exzentrisch ausgesteiften Rahmen sind aus Stahlblechen zusammengeschweißt. Die Kastenriegel besitzen in Spannmitte eine maximale Höhe von 1,3 m im unteren Hochhausbereich und von 1,1 m im oberen Hochhausbereich. Ihre Breite beträgt 0,5 m. Vom Zwischenauflager zur Stütze hin verringert sich die Konstruktionshöhe voutenartig bis auf 0,6 m. Die Wandstärke der Profile bleibt mit 22 mm konstant. Die Rahmenriegel wurden

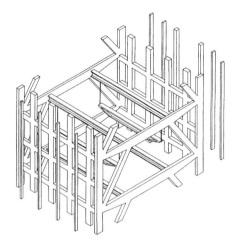

Bild 9.28 Teilisometrie des primären und sekundären Hochhaustragwerks

in der Werkstatt in voller Länge vorgefertigt und auf der Baustelle gelenkig an die Stützensegmente angeschlossen. Die Stützenquerschnitte bestehen aus hochfestem Stahl SM 58 mit einer über die Höhe abnehmenden Stärke von 80 auf 40 mm. Die Abmessungen der rechteckigen Hohlprofile betragen 1,2 x 0,5 m.

Die Spannweite des Tragwerks wird durch die exzentrische Diagonalaussteifung reduziert. Die Diagonalen bestehen aus quadratischen Kastenhohlprofilen mit einer Seitenlänge von 0,5 m. Die Tragglieder sind zu einem geometrisch bedingten, günstigen Tragverhalten in einem Winkel von 45° angeordnet. Die zweigeschossige Rahmenhöhe resultiert also aus der gegebenen Spannweite, und erfordert gleichzeitig, daß die Zwischengeschosse eingehängt werden (Bild 9.28).

Das exzentrisch ausgesteifte Rahmensystem ermöglicht entsprechend den starken standortbedingten Horizontalbelastungen aus Taifunen und Erdbeben ein elastisch anpassungsfähiges Tragverformungsverhalten, insbesondere in den flexiblen Riegelbereichen zwischen der Diagonalaussteifung und den Rahmenstützen. Im Falle einer starken Erdbebenbeanspruchung eignen sich die Megatragglieder jedoch nicht dafür, plastische Verformungen zu entwickeln, da diese sich auf bestimmte wenige Bereiche konzentrieren würden. Aus diesem Grund wurden in der Senkrechten die biegesteifen Stockwerkrahmen implementiert, die eine ausreichende Verteilung der plastischen Riegelverformungen im gesamten System begünstigen. Die biegesteifen Stockwerkrahmen haben eine Höhe von 5,20 m. Zur Minimierung lokaler Torsionsverformungen, die auch zu einer verminderten Zähigkeit der Tragglieder führen würden, bestehen die Riegel aus quadratischen Stahlhohlprofilen mit Abmessungen von 0,6 m.

Die Hauptträger des Deckensystems sind über den Diagonalenunterstützungen auf die Riegel der exzentrisch ausgesteiften Rahmen gelagert, und bestehen aus Doppel-T-Profilen mit Abmessungen von 0,37 x 1,0 m und Flanschdicken von 40 mm. Die Hauptträger der Zwischengeschosse haben Abmessungen von 0,3 x 0,9 m. Die Nebenträger liegen in derselben Ebene, wobei ihre Profiloberkanten höhengleich mit den Hauptträgern sind. Ihr Achsabstand beträgt 3,0 m.

Die Zwischengeschosse werden mit vier Hängergliedern von den jeweils darüber liegenden Hauptgeschossen abgehängt. Die Hänger sind aus Stahlrohren gefertigt und laufen von Hauptträger zu Hauptträger der beiden Geschosse. Die Tragelemente – Hauptträger, Hänger – wurden vorgefertigt und als einzelne Einheiten in das Tragwerk eingebaut. In Ost-West-Richtung sind die Zwischengeschosse biegesteif mit den biegesteifen Stockwerkrahmen verbunden.

Alle außenliegenden Stahltragglieder sind durch eine keramische, 40 bis 60 mm starke Faserverkleidung brandgeschützt, die auch eine sehr gute Wasserundurchlässigkeit aufweist. Die Feuersicherheit der innenliegenden Stahlkonstruktion wurde mit einer Ummantelung der Stahlprofile durch Spritzbeton erreicht.

Das primäre Hochhaustragwerk in beiden Richtungen beginnt bereits ab dem zweiten Untergeschoß des Gebäudes. In diesem Bereich wird es von 1,1 m dicken Stahlbeton-

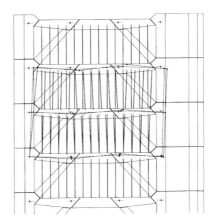

Bild 9.29 Statische Verformung der exzentrisch ausgesteiften Rahmen infolge einer Erdbebenbelastung der Stufe 1

wänden umschlossen, und die zwei Untergeschosse des Hochhauses bilden einen steifen Kellerkasten mit einer Flachgründung. Die Fundamentplatte weist eine Durchschnittsdicke von 3,5 m auf.

Bei der Optimierung des Hochhaustragwerks in seinem dynamischen Tragverformungsverhalten sind folgende Kriterien der japanischen Erdbebennorm berücksichtigt worden:

1. Alle Tragelemente erfahren infolge einer maximalen Bodengeschwindigkeit von 25 cm/s, analog einer Erdbebenbeanspruchung mit einer Eintrittsperiode von 40 Jahren, ausschließlich elastische Verformungen. Hierbei überschreitet die maximale relative Geschoßverschiebung nicht die Grenze von 20 mm (Bild 9.29).

2. Infolge einer maximalen Bodengeschwindigkeit von 50 cm/s, nach einer Erdbebenbeanspruchung mit Eintrittsperiode von 70 Jahren, darf die relative Geschoßverschiebung bis auf 40 mm zunehmen. Die Riegel der biegesteifen Stockwerkrahmen erfahren dabei plastische Verformungen, indem sie eine ausreichende Zähigkeit aufweisen. Das dynamische Tragverformungsverhalten des Hochhaustragwerks sollte nach realen Erdbebensimulationen, anhand einer dynamischen Ana-

lyse im Zeitverlaufsbereich nachgewiesen werden.

3. Das Hochhaustragwerk kann eine relative Geschoßverschiebung von 80 mm aufnehmen, ohne daß ein lokales und globales Versagen des Systems auftritt. Dieses stellt die maximal mögliche Systemverformung dar, die infolge einer meist starken Erdbebenbeanspruchung am Standort möglich wäre.

Diese Anforderungen entsprechen einem relativ steifen Tragwerk mit einer entsprechend verminderten Wirtschaftlichkeit der Tragkonstruktion. Der Hochhausentwurf sieht vor, daß infolge einer meist starken Erdbeben-beanspruchung auch der größte Teil der Vorhangfassade unbeschädigt bleibt. Im Vergleich dazu würden beispielsweise Erdbebennormen in Kalifornien eine doppelt so hohe Flexibilität des Hochhaustragwerks erlauben. Sekundäre Beschädigungen der architektonischen Hochhauselemente würden an diesem Standort auch infolge Erdbeben mit einer Eintrittsperiode von 40 Jahren auftreten dürfen.

Architekt:
Sir Norman Foster and Partners, London
Obayashi Corporation, Tokio

Tragwerksplaner:
Ove Arup and Partners, London
Obayashi Corporation, Tokio

9.5 Hongkong und Shanghai Bank – zu Abschnitt 5.2.1

Architektur

Das mit 47 Geschossen 178,8 m hohe Gebäude beherbergt die Hauptverwaltung der Hongkong and Shanghai Banking Corporation und wurde 1986 offiziell eingeweiht. Die Bauherren forderten ein technologisch und ökologisch innovatives Gebäude, das auch als Leitfigur Stellung zu der 1979 noch ungewissen Zukunft in bezug auf die Angliederung Hongkongs an China beziehen sollte. Demzufolge verleiht das außenliegende Tragwerk dem Gebäude sein charakteristisches Aussehen (Bild 9.30). In der Horizontalen gliedert sich der Entwurf in drei Gebäudescheiben. Er zielt auf eine absolute Flexibilität der Büroebenen ab, indem alle Elemente mit Nebenfunktionen als Fertigteile an die Außenwände verlegt sind. Die unterschiedliche Gliederung der einzelnen Gebäudescheiben in Nord-Süd-Richtung mit 35, 41 und 28 Geschossen wird durch die maximale Verschattung der benachbarten Gebäude bestimmt.

Das Erdgeschoß des Gebäudes dient als öffentlicher Platz, von dem aus Rolltreppen zu einem von einer umgedrehten Glastonnenkonstruktion abgetrennten zehngeschossigen Atrium mit einer Höhe von 52 m führen (Bild 9.31a). Der gesamte Eingangsbereich des Hochhauses wird in Taifunfällen über versenkbare Wände geschützt, so daß Sogkräfte im Innenbereich verhindert werden. Dieser Bereich wird durch eine an die Fassade und eine als Überdachung des Atriums angebrachte Doppelreihe von Spiegeln belichtet. Die äußeren Sonnenreflektoren richten sich durch elektronische Steuerung nach dem jeweiligen

Bild 9.30 Ansicht des Hochhauses Hongkong und Shanghai Bank (Foto: Ian Lambot)

Sonnenstand und leiten das Sonnenlicht zu den inneren Reflektoren, die das reflektierte, natürliche Licht durch das Atrium bis auf die darunterliegende Platzebene umlenken.

Über der Eingangshalle befinden sich Großraumbüros, die auf der Höhe von fünf Fachwerkbindern von zweigeschossigen Etagen unterbrochen werden. Die unteren Geschosse, die vom Atrium bestimmt werden, sind rechteckig ausgebildet. Oberhalb der ersten Tragkonstruktion verändern sich die Grundrisse, der Nutzung entsprechend (Bild 9.31b). Die Nutzung der zweigeschossigen Etagen ergibt sich zwar aus dem Entwurf des Hochhaustragwerks, bildet aber gleichzeitig die Hauptgeschosse mit Aufenthaltsräumen für das Personal, Räume für den Vorstand, Konferenzräume usw. (Bild 9.31c).

Die Hauptgeschosse sind mittels Expreßaufzügen erreichbar, und von diesen aus werden über Rolltreppen oder Personenaufzüge die jeweils dazwischen liegenden Geschosse erschlossen. Mit dem Einbau von Rolltreppen zur internen Erschließung aller Normalgeschosse wird die Anzahl von Aufzügen im Gebäude auf ein Minimum begrenzt. Die Fluchttreppen befinden sich an den Stirnseiten des Hochhauses, als selbstständige Module mit einer Feuerschutzverglasung konstruiert.

Die Bruttogeschoßfläche des Gebäudes beträgt 99.171 m² und die Nutzfläche 70.398 m². Für die Stahlkonstruktion wurden insgesamt 34.500 t Stahl verwendet.

Tragkonstruktion

Das Hochhaustragwerk besteht aus den senkrecht stehenden räumlichen Vierendeelmasten und den dazwischen hängenden, beidseitig auskragenden Fachwerkbinderpaaren. An den Fachwerkbindern sind zur Abhängung der Hauptträger der Deckentragwerke Hängerglieder befestigt (Bild 9.32). Jeweils zwei Masten bilden mit den hängenden Fachwerkbindern eine Tragwerksebene. In Querrichtung stehen vier solche Konstruktionsebenen hintereinander. In dieser Richtung sind die Vierendeelmasten in Höhe

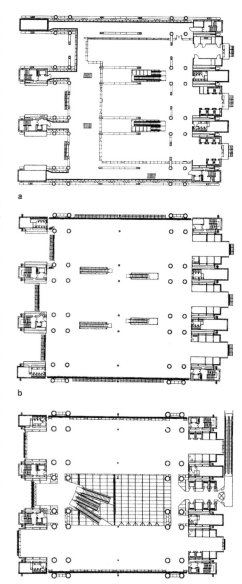

a

b

c

Bild 9.31 Typische Grundrisse
a) Ebene 35, Konferenz- und Versammlungs-
     räume
b) Ebene 22–27
c) Ebene 3, Bankhalle

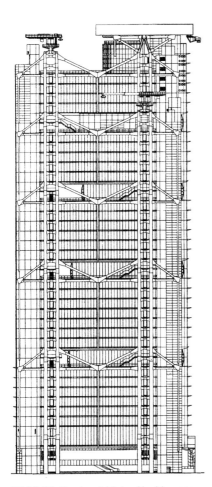

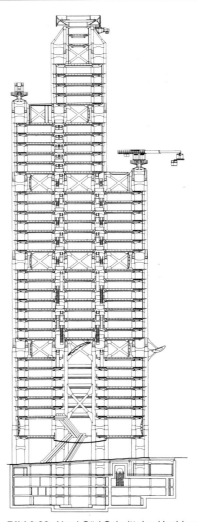

Bild 9.32 Nordansicht des Hochhauses
Hongkong und Shanghai Bank

Bild 9.33 Nord-Süd Schnitt des Hochhauses
Hongkong und Shanghai Bank

der Fachwerkbinder durch zweigeschossige Diagonalen miteinander verbunden, die das Gebäude in Querrichtung aussteifen (Bild 9.33).

Prinzipiell läßt sich das Tragwerk als statisches System auf einen mehrgeschossigen Megarahmen zurückführen, wobei der jeweilige Fachwerkbinder in der Längsrichtung und die Aussteifungsverbände in der Querrichtung die angreifenden Horizontalkräfte wie biegesteife Ecken der Megarahmen abtragen (Bild 9.34).

Das Deckensystem besteht aus einer Stahl-Beton-Verbundkonstruktion mit einer 10 cm dicken Stahlbetonplatte auf Trapezblech, die linienförmig auf den Nebenträgern des Systems gelagert ist. Auf diese Weise ergibt sich eine einachsige Lastabtragung für die Deckenplatte. Die 90 cm hohen Hauptträger des Systems werden an den Stellen ihrer Abhängung gelenkig unterstützt, und an den Stützen der Vierendeelmasten biegesteif verschweißt. Sie spannen in der Tragrichtung der primären Tragkonstruktion und haben ein veränderliches Achsraster von 5,1 bzw. 11,1 m.

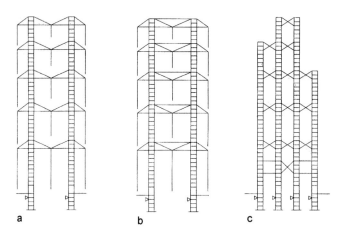

Bild 9.34 Statische Systeme der Hochhaustragwerksebenen
a) Äußere Tragstruktur in Längsrichtung
b) Innere Tragstruktur in Längsrichtung
c) Innere Tragstruktur in Querrichtung

Die Verbundnebenträger liegen in Querrichtung in derselben Ebene wie die Hauptträger, indem ihre Unterkanten höhengleich sind. Ihr Achsabstand beträgt 2,4 m, und sie sind als offene Doppel-T-Profile mit einer Querschnittshöhe von 45 cm ausgebildet. Aufgrund der verminderten Steifigkeit der Deckenscheiben des Gebäudes im Atriumbereich sind die mittleren Vierendeelmasten in Querrichtung des Gebäudes ab dem 5. Geschoß durch einen zusätzlichen dreigeschossigen Aussteifungsverband verbunden.

Die Vierendeelmasten bestehen jeweils aus vier Stahlstützen, die auf einem Achsraster von 4,8 x 5,1 m aufgestellt sind, und aus den – entsprechend der Geschoßhöhe – alle 3,9 m angeordneten Horizontalriegeln. Somit werden in den zwei horizontalen Richtungen dieser räumlichen, primären Traglieder biegesteife Stockwerkrahmen gebildet. Die Vierendeelmasten laufen durch alle Geschosse bis zu einer maximalen Höhe von 178,8 m über Gelände durch. Die Stützen bestehen aus geschweißten Stahlrohrprofilen, wobei sich der Rohrdurchmesser und die Materialstärke der Querschnitte mit zunehmender Gebäudehöhe verjüngen. An der Basis beträgt der Durchmesser 140 cm und die Material-

stärke 10 cm. An der Spitze beträgt der Durchmesser 80 cm und die Materialstärke 2,5 cm. Die Riegel weisen rechteckige Hohlkastenquerschnitte mit Wanddicken von 5 bis 10 cm auf, und sind zu den Stützen hin angevoutet. Ein- bis zweigeschossige Viertelmastsegmente wurden vorgefertigt und dann vor Ort verschweißt.

Die Fachwerkbinder sind in den Hauptgeschoßebenen 11, 20, 28, 35 und 41 angeordnet, und leiten über Zug- und Druckkräfte die Lasten aus den angehängten Geschossen in die Vierendeelmasten ein (Bild 9.35). Die Anzahl der angehängten Geschosse verringert sich somit von unten nach oben von 7 auf 4. In Feldmitte beträgt ihre Spannweite 33,6 m. Beidseitig der Vierendeelmasten beträgt ihre Auskragung 10,8 m. Auf diesen Seiten sind die Servicezellen und Fluchttreppenhäuser als Gegengewicht zur Mittelfeldbelastung abgehängt. Die Höhe der Fachwerkbinder beträgt entsprechend der Höhe von zwei Geschossen 7.8 m. Während die inneren Fachwerkbinder einen horizontalen Druckstab besitzen, sind diese in der Fassade aus optischen Gründen nicht vorhanden. Die diagonalen Traglieder bestehen aus rechteckigen Hohlkastenprofilen, deren gelenkiger Anschluß beidseitig in einer zweischnittigen Bolzen-

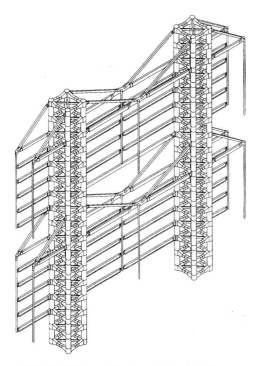

Bild 9.35 Teilisometrie des primären Hochhaustragwerks

verbindung erfolgt. Ihre Querschnitte verjüngen sich gemäß den aufzunehmenden Zugkräften von oben nach unten. Die horizontalen Druckglieder besitzen Anschlußlaschen, die über einen Bolzen die Kraftübertragung zu den Diagonalen und Hängergliedern gewährleisten. Die Hängerglieder sind mit einer zweischnittigen Bolzenverbindung gelenkig von dem Fachwerkbinder abgehängt, und haben Rohrdurchmesser zwischen 20 und 40 cm und Wanddicken von 6 cm.

Die einzelnen Tragwerksglieder wurden als mehrgeschossige, industriell vorgefertigte Teile auf der Baustelle angeliefert. Der Korrosionsschutz der Stahlkonstruktion besteht aus einer 12,7 mm starken Polymerzement-Sand-Mischung verringerter Durchlässigkeit mit Edelstahlfasern. Der Bandschutz erfolgt durch eine Keramik-Ummantelung auf Edelstahl-Maschendraht. Die Tragwerksverkleidung besteht aus Aluminiumprofilen (Bild 9.36). Die

gesamte primäre und sekundäre Stahlkonstruktion weist eine Feuerwiderstandsklasse von F 120 auf.

Die acht Vierendeelmasten des Hochhaustragwerks leiten alle Lasten aus dem Überbau in jeweils vier Kegelfußpfähle mit Durchmessern zwischen 2,5 bis 3,5 m ein, die 5 bis 7 m in den Felsuntergrund einbinden. Die vier Untergeschosse des Gebäudes reichen bis zu einer Tiefe von 16 bis 20 m in den Baugrund. Die Lasten der Untergeschosse werden über 58 symmetrisch angeordnete Kegelfußpfähle mit einem Durchmesser von 2,1 m in den tragfähigen Untergrund eingeleitet, in den sie 0,8 bis 1,0 m tief einbinden. Zusätzlich sind unterhalb der Pfahlgründung zur Sicherheit der Überkonstruktion gegen Abheben aus der Windbelastung 245 Felsanker eingebracht. Die konstruktive Ausbildung der Untergeschosse war aufgrund des weichen Untergrunds und des hohen Grundwasserspiegels besonders aufwendig, und die Herstellung der Geschoßdecken erfolgte parallel zum Baufortschritt der Vierendeelmasten nach einem Verfahren entsprechend des Baugrubenaushubs von oben nach unten. Die Baugrube wurde durch eine einfach gestützte Schlitzwand mit einer durchschnittlichen Tiefe von 27,5 m gesichert, die circa 30 cm in den anstehenden Fels einbindet.

Das Hochhaustragwerk besitzt eine Eigenfrequenz von 0,227 Hz in der ersten Schwin-

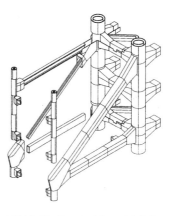

Bild 9.36 Konstruktionsdetail des auskragenden Fachwerkbinders

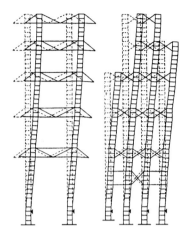

Bild 9.37 Statisches Verformungsverhalten des Hochhaustragwerks infolge Horizontalbelastung

gungsform (Bild 9.37). Die Torsionsverformungen des in beiden Hauptrichtungen unsymmetrischen Tragwerks werden durch horizontale Aussteifungsverbände in den primären Traggliedern weitgehend reduziert. Aufgrund eines Dämpfungsgrads von 0,01 erfährt das oberste Geschoß des Gebäudes infolge einer Taifun-ähnlichen, periodischen Windbeanspruchung mit einer Eintrittsperiode von 10 Jahren eine maximale Beschleunigung von 2,0% g.

Architekt:
Sir Norman Foster and Partners, London

Tragwerksplaner:
Ove Arup and Partners, London

9.6 Düsseldorfer Stadttor – zu Abschnitt 5.2.2

Architektur

Das 19geschossige Düsseldorfer Stadttor, mit einer Höhe von 80 m, ist über der südlichen Einfahrt des 1994 eröffneten Rheinufertunnels errichtet worden. Das Hochhaus bildet mit dem vorgelagerten Bürgerpark das vorläufige Ende der tiefergelegten Rheinuferpromenade und markiert den Eingang in den „Architekturpark" entlang des Düsseldorfer Hafenbeckens (Bild 9.38). Zwei 19geschossige, in Stahlverbundbauweise konstruierte Türme im Inneren des Gebäudes erheben sich über eine 3geschossige Eingangsebene und werden mit einem 3geschossigen Fachwerkriegel verbunden. Das dazwischen liegende Atrium und die Lage des Gebäudes am Südportal des Rheinufertunnels (Einfahrt in die Düsseldorfer Innenstadt) verleihen dem Hochhaus seinen Namen. Die städtebauliche Einbindung des Gebäudes wird zusätzlich durch die Transparenz der vollkommen verglasten Fassade unterstützt.

Bild 9.38 Ansicht des Düsseldorfer Stadttors (Foto: Tomas Riehle / artur, Köln)

Der rhombische Hochhausgrundriß (51 x 68 m) reagiert auf das städtebauliche Umfeld, auf eine optimierte Ausrichtung gemäß den Hauptwindrichtungen und auf die Restriktionen des Tunnelbauwerks, das gleichzeitig das Gründungssystem des Gebäudes bildet. Die versetzte Anordnung der Nutzflächen im Inneren des Gebäudes ermöglicht, daß auch die zum Atrium orientierten Räume über Tageslicht und Ausblicke verfügen.

In der mittleren, 56 m hohen Atriumfläche steht in 7 m Höhe eine Lobby-Ebene mit elliptischem Grundriß und acht Aufzügen, als abgehängte, räumliche, ausgesteifte Rahmen konstruiert, welche die Bürogeschosse (circa 750 m² je Halbgeschoß und circa 2.200 m² je Attikageschoß) erschließen (Bild 9.39). Die Aufzugspodeste werden zusätzlich durch jeweils eine Stahltreppe verbunden. Beiderseits der Atriumfläche befinden sich zwei Geschoßebenen mit öffentlichen Einrichtungen. Zwischen diesen Ebenen und den Bürogeschossen liegt ein Abfanggeschoß mit geschoßhohen Fachwerkträgern zwischen den Außen- und Innenstützen. In den Regelgeschossen

schließen sich an das Atrium zwei einander gegenüber liegende Bürotrakte an, mit Nebenräumen und Erschließungswegen im Innenbereich (Bild 9.40). Die dreigeschossige Attika im obersten Bereich verfügt zur natürlichen Belichtung und Belüftung der Innenräume über ein zweites, mit einem Glasdach abgeschlossenes Atrium (Bild 9.41).

In den äußeren Bereichen befindet sich jeweils ein Stahlbetonkern mit einem Stahlbetontreppenhaus und einem Feuerwehraufzug. Die Stahlbetonkerne tragen zusammen mit dem primären Aussteifungssystem der Fachwerkrahmen die Horizontallasten ab,

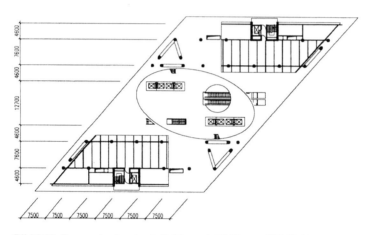

Bild 9.39 Tragwerksplan der Split-Ebene (+50,20 m ü. NN) [9.20]

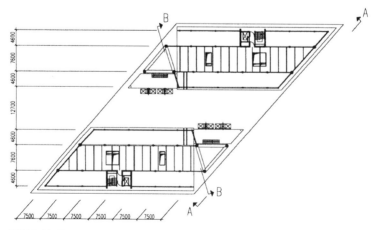

Bild 9.40 Tragwerksplan der Regelgeschosse (+60,20 m bis +95,70 m ü. NN) [9.20]

und sie ermöglichen, daß die Aufzüge, die Aufzugspodeste und die Foyerebene im Atrium in Stahlbauweise ohne zusätzlichen Brandschutz ausgeführt werden konnten.

Einen besonderen Schwerpunkt bei der architektonischen Konzeption bildet das Fassadensystem des Gebäudes, das zwei unterschiedliche konstruktive Prinzipien aufweist: die segmentierte Doppelfassade mit integriertem Sonnenschutz im Bereich der Nutzungsebenen und die hinterspannte Einfachfassade des Atriums. Die freie Lüftung und individuelle Konditionierbarkeit der Räume wird durch eine aktive elektronische Steuerung der Lüftungskästen gewährleistet. Durch den Regelmechanismus werden die Transmissionswärmeverluste des Gebäudes erheblich reduziert.

Die Zielsetzung bei der Entwicklung des Hochhauses umfaßte neben der ästhetischen Transparenz des Gebäudes eine energieoptimierte Hochhausarchitektur. Zur Untersuchung des Tragverhaltens der Verglasung und ihrer Befestigungsmechanismen dienten umfassende aerodynamische Versuche, und das energetische Konzept wurde anhand thermodynamischer Simulationen entwickelt. Das hierbei konzipierte Verbund-Hochhaustragwerk erfüllt im Rahmen einer größtmöglichen Filigranität der Tragelemente, in beispielhafter Weise, die architektonischen und konstruktiven Anforderungen.

Tragkonstruktion

Das Aussteifungstragwerk bilden in erster Linie drei Fachwerkrahmen, die in den Attikageschossen durch die biegesteifen Verbindungen der Fachwerktürme entstehen. Die Fachwerktürme sind zusätzlich in jedem 3. Geschoß über die Deckenscheiben mit den U-förmigen Stahlbetonkernen gekoppelt, damit diese auch zur Horizontallastabtragung herangezogen werden können. Zur Erhöhung der Biegesteifigkeit des gesamten Aussteifungssystems sind die Fachwerktürme mit den Stahlbetonkernen im Abfanggeschoß (4. OG) durch einen jeweils geschoßhohen, räumlichen Fachwerkträger biegesteif verbunden.

Die Fachwerkrahmen bilden ein im Grundriß Z-förmiges Aussteifungssystem und bestehen aus betongefüllten Stahlhohlprofilen. Der mittlere Rahmen ist an seinen Auflagern vollkommen eingespannt, und nimmt aufgrund seiner im Verhältnis zur Windlastresultierenden günstigeren Position im Hochhausgrundriß den größten Anteil der Horizontalkräfte auf (Bild 9.42). Die zwei äußeren Fachwerkrahmen sind, neben ihrer exzentrischen Lage in der Ebene, mit der Vertikalbelastung aus den drei Attikageschossen, der Abhängung der Aufzugspodeste und der vertikal über mechanische Federn vorgespannten Atriumfassade (circa 3.300 kN pro Seite) bereits belastet. Eine zusätzliche große Horizontalbelastung der Rahmenriegel hätte erhebliche

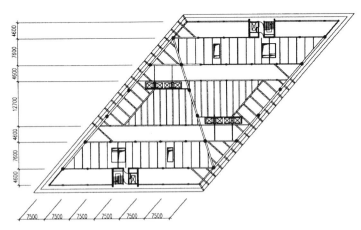

Bild 9.41 Tragwerksplan des untersten Attikageschosses (+99,20 m ü. NN) [9.20]

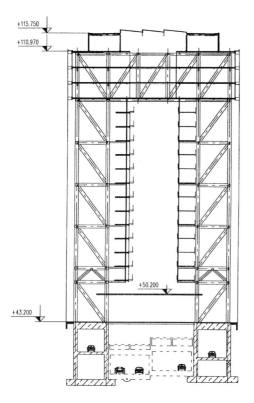

Bild 9.42 Querschnitt B-B – zentraler Fachwerkrahmen [9.19]

Die Stützen der Fachwerktürme besitzen unterhalb und oberhalb des Abfanggeschosses Durchmesser von 91,4 x 1,0 cm, bzw. 55,9 x 0,63 cm. Allgemein wurden für die Stahlhohlprofile sehr geringe Wandstärken angesetzt, da sie im Brandfall nicht mehr zur Querschnittstragfähigkeit der Verbundstützen beitragen. Die Fachwerkstützen sind als biegesteif durchlaufende Tragglieder und die Riegel und Diagonalen als gelenkig angeschlossene Fachwerkstäbe konzipiert. Die drucksteifen Diagonalen beteiligen sich dabei an der Abtragung der Vertikallasten und wirken den Horizontalkräften der Rahmenstruktur entgegen, so daß die für den Tunnel bemessungsrelevanten horizontalen Auflagerschubkräfte verringert werden.

Dreigeschossige Stützen mit einem Knotenpunkt wurden vorgefertigt und mit den einzelnen Rohrprofilen vollflächig verschweißt. Die Betonfüllung konnte zu einem späteren Zeitpunkt eingebracht werden, da die Stahlprofile alleine eine ausreichende Tragfähigkeit aufweisen. Sämtliche Stützen und ungefähr die Hälfte der druck- und zugbeanspruchten Riegel und Diagonalen wurden als ausbetonierte Stahlrohre mit zusätzlicher Stahlbewehrung hergestellt. Einzelne, ausschließlich gering druckbeanspruchte Tragglieder sind als unbewehrte Stahl-Beton-Verbundquerschnitte ausgeführt. Die restlichen Tragglieder der Fachwerkstruktur bestehen aus reinen Stahlrohrquerschnitten, die in der Mehrzahl durch Mineralfaserspritzputz oder Brandschutzplatten auch die allgemein für die Konstruktion erforderliche Feuerwiderstandsklasse F 90 aufweisen. Einige Riegel und Diagonalen der beiden Fachwerktürme wurden in ungeschützter Stahlbauweise ausgeführt, da ein Nachweis für das Gesamtsystem nach EC4 Teil 1.2 für den Fall des Versagens dieser Bauteile im Brandfall geführt wurde. Die entsprechenden Lastumlagerungen wurden im Rahmen der Tragwerksplanung nachgewiesen.

Die Fachwerktürme sind durch räumliche Fachwerkträger am Abfanggeschoß mit den Stahlbetonkernen biegesteif verbunden (Bild 9.44).

horizontale Auflagerkräfte für das darunter liegende, verschiebliche Tunneltragwerk bedeutet. Aus diesen Gründen sind die beiden Fachwerkrahmen als „einhüftige Rahmen" ohne Diagonalen ausgeführt (Bild 9.43).

Die Untergurte der äußeren Fachwerkriegel wurden zur Reduzierung der Biegeverformungen aus der Horizontal- und Vertikalbelastung, und zur direkten Übertragung der aus der Horizontalbelastung resultierenden Schubkräfte in die Deckenscheiben, im Verbund mit den Decken ausgeführt. Der dreigeschossige, zentrale Fachwerkriegel mit einer Spannweite von 32 m besteht hingegen zusätzlich zu den Verbundträgern aus Traggliedern, die je nach Beanspruchung als Stahl- oder als Verbundquerschnitte aus ausbetonierten Stahlrohren hergestellt sind.

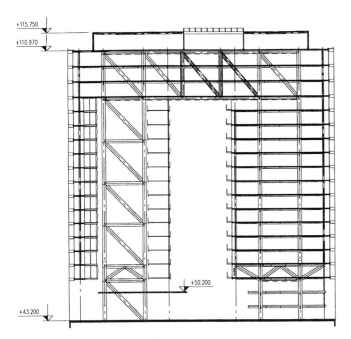

Bild 9.43 Querschnitt A-A – Äußerer Fachwerkrahmen [9.19]

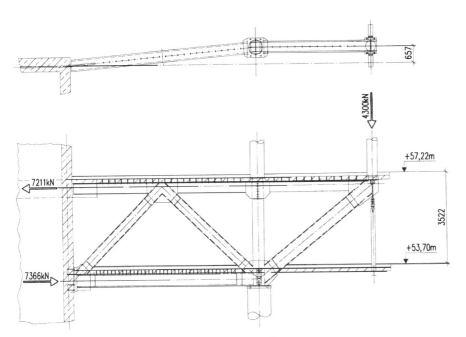

Bild 9.44 Fachwerkträger des Abfanggeschosses [9.18]

Durch den Verbundanschluß der Ober- und Untergurte mit den Decken vergrößert sich die Steifigkeit der Abfangträger, die dann die Kräfte aus den aufgehenden Stützen und den Hängergliedern der beiden Ebenen unterhalb des Abfanggeschosses und der elliptischen Lobby-Ebene aufnehmen. Indem die obere vierachsige Stützenstellung (b= 16,80 m) auf eine zweiachsige Stützenstellung (b= 7,60 m) in den Achsen der Tunnelseitenwände zurückgeführt wird, ermöglicht sie eine Modifizierung des vertikalen Tragsystems.

Der biegesteife Anschluß der Abfangträger an die Stahlbetonkerne führt infolge von Horizontalbeanspruchung zu einer beträchtlichen Entlastung der Biege- und Torsionsverformungen der Kerne. Diese Entlastung bewirkt wiederum eine Verringerung der daraus resultierenden konzentrierten Belastung im darunter stehenden Gründungstunnel.

Das Deckensystem in den Regelgeschossen besteht aus 15 cm dicken Stahlbetonplatten als Verbunddecken aus zweiachsig gespannten Einfeldträgersystemen. Die Stahlbetondecken tragen die Lasten über Spannweiten von 2,50 bzw. 4,60 m und 7,50 bzw. 7,60 m jeweils zu den Unterzügen und Stahlverbund-

trägern ab (Bild 9.45). Damit eine geringe Bauhöhe der Unterzüge und Verbundträger möglich ist, wirken die Stahlbetondecken im Tragsystem als Obergurte. Das hierbei verwendete Stahlblechprofil dient zur Schalung und Befestigung des Aufbetons und aufgrund seiner Tragfähigkeit teilweise als Bewehrung im System. Die vertikale Lage bzw. die Konstruktionshöhe und die Durchbrüche der Verbundträger hängen mit der Installationsführung unmittelbar zusammen. Die Stahlträger mit mäßiger Belastung und geringer Bauhöhe bestehen aus Walzprofilen mit kleinen Durchbrüchen, und sind durch Mineralfaserspritzputz brandgeschützt. Die Träger mit größerer Belastung und normaler Bauhöhe bestehen aus Schweißprofilen (b = 20 cm, h = 70 cm) mit großen Durchbrüchen, und sind zum Brandschutz und zur vertikalen Verformungsbegrenzung mit Kammerbeton bei sichtbarem Stahlunterflansch ausgeführt.

Die Deckenscheiben werden durch die Stahl-Beton-Verbunddecken gebildet. Die Einleitung der Windlasten erfolgt durch Fassadenbefestigungselemente an Deckenrandstahlprofilen. In jedem dritten Geschoß werden die Deckenscheiben durch jeweils drei Verbundträger schub- und biegesteif mit den Fach-

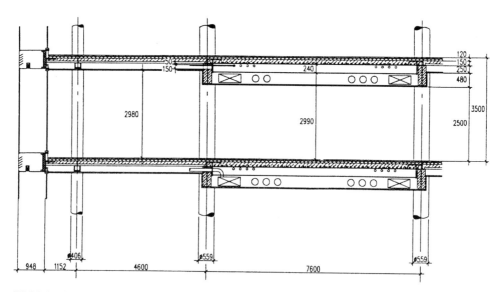

Bild 9.45 Schnitt durch ein Regelgeschoß [9.20]

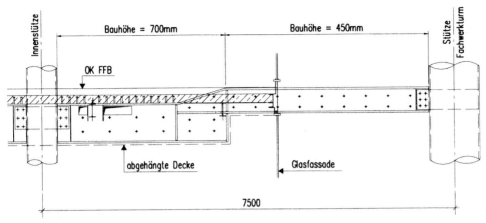

Bild 9.46 Anschluß der Unterzüge zur Kopplung der Deckenscheiben und der Fachwerktürme [9.18]

werktürmen verbunden, so daß ein geschlossenes Gesamtaussteifungssystem entsteht (Bild 9.46). Die übrigen Deckenscheiben nehmen lediglich die am Rand auftretenden Windlasten auf, und leiten sie an den Stahlbetonkern weiter.

Als Gründungskörper beider Hochhaus-Fachwerktürmen dienen zwei darunter liegende, seitliche Tunnelkastenbauten. Zwischen den zwei Tunneln befindet sich ein abgetrennter Haupttunnel, der auf Großbohrpfählen im Tertiär gegründet ist. Die seitlichen Gründungstunnel besitzen im Quartär (sandiger Kies) eine Flachgründung. Sie bilden zwei voneinander getrennte, setzungs- und verdrehungsweich gelagerte Gründungskörper. Somit definieren die Seitenwände der Kastenquerschnitte die Stützenstellung des Hochhauses, und die konstruktive Abtrennung des Haupttunnels von den seitlichen Gründungstunneln

verhindert Wechselwirkungen aus Setzungen infolge der Hochhauslasten.

Die maximale horizontale Verformung des Gebäudes infolge Windbelastung, unter Berücksichtigung der bei der Verformung wirkenden Vertikalbelastung, beträgt circa 10 cm. Dieses bestätigt die große horizontale Steifigkeit des Aussteifungstragwerks trotz seiner Exzentrizität bei Horizontalbelastung.

Architekt:
Wettbewerb, Entwurfsplanung, Genehmigungsplanung:
Overdiek, Petzinka und Partner, Düsseldorf
Realisierung:
Petzinka Pink und Partner, Düsseldorf

Tragwerksplaner:
Stahlbau Lavis GmbH, Offenbach
Ove Arup and Partner, London

9.7 Hochhaus RWE AG Essen – zu Abschnitt 5.2.3

Architektur

Das Ende 1996 fertiggestellte Hochhaus der RWE AG in Essen ist ein zylindrischer Baukörper mit einer Höhe von 162 m und einem Durchmesser von 32 m (Bild 9.47). Die Bruttogrundrißfläche des Gebäudes beträgt 36.000 m² und die gesamte Nutzfläche 20.000 m². Das Hochhaus ist ein federführendes Beispiel für eine energieoptimierte Hochhausarchitektur, wobei in erster Linie ökologische und organisatorische Kriterien die Hochhausplanung bestimmt haben. Im Rahmen dessen wurde eine Optimierung der Konstruktion und Form des Hochhauses erzielt. Der kreisförmige Hochhausgrundriß bietet hierbei das günstigste Energieverhältnis zwischen Flächeninhalt und Oberfläche, und die Zylinderform ermöglicht es, Wärmeverluste zu minimieren, den Lichteinfall zu maximieren, sowie die Konstruktion und Winddruckverteilung des Gebäudes zu optimieren.

Im Inneren ist der Baukörper deutlich in einzelne Funktionsbereiche – Eingangshalle, Bürogeschosse, Technikgeschoß und Dachgarten – strukturiert (Bild 9.48). Die vertikale Erschließung befindet sich in einem außen liegenden, vollständig verglasten Aufzugsturm in Stahlkonstruktion, die horizontale Erschließung für die ringförmig laufenden Büro- bzw. Besprechungsräume auf der Konferenzebene erfolgt über einen Ringkorridor. Durch die kreisförmige Grundrißorganisation konnten die Büroräume in Bezug auf Tageslicht, Raum- und Flächenausnutzung optimiert und gleichwertig genutzt werden. Die Nebenflächen beschränken sich auf eine Mittelzone mit Berei-

Bild 9.47 Ansicht des Hochhauses RWE AG Essen (Foto: H.G. Esch, Köln)

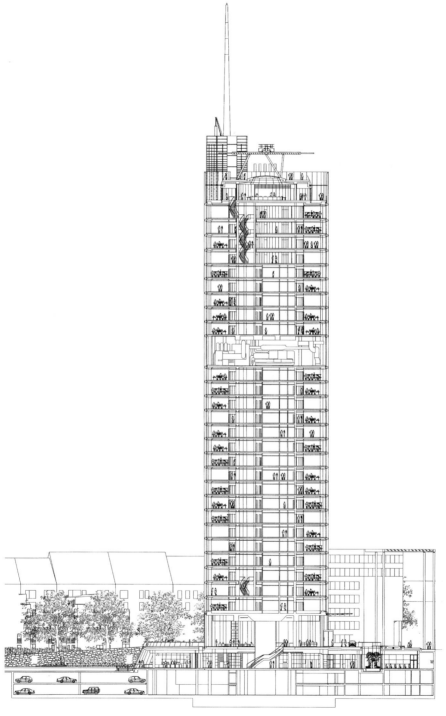

Bild 9.48 Querschnitt des Hochhauses RWE AG Essen

chen für gemeinschaftliche und kommunikative Nutzungen, teils mit geschoßverbindenden Innentreppen, und auf zwei dezentrale, an der Fassade liegende Kerne mit Sicherheitstreppenhäusern, Feuerwehraufzügen und Technikschächten. Die dezentrale Lage der Kerne im Hochhausgrundriß ermöglicht eine gewisse Nutzungsflexibilität und eine eindeutige Orientierung in den Obergeschossen.

Im obersten Geschoß befindet sich ein zentraler, kreisrunder Konferenzsaal, der über eine Glaskuppel und eine umlaufende, geschoßhohe Glasfassade natürlich belichtet wird, sowie eine Dachterrasse und zwei vorgelagerte halbkreisförmige Dachgärten. Alle drei Terrassen liegen innerhalb der Glashülle, so daß sie windgeschützt auch noch in dieser Höhe nutzbar sind. Den Abschluß des Gebäudes bildet eine kreisförmige, aufgeständerte Stahlgitterstruktur oberhalb der Glaskuppel (Bild 9.49). Das Hochhaus hat in diesem Bereich einen offenen Abschluß mit einer besonderen stadtorientierten Transparenz für die Nutzer.

Im Eingangsbereich paßt sich eine überhöhte, transparente, offene Halle in den vorhandenen zweigeschossigen Geländesprung vom Straßen- zum Parkniveau ein, und verknüpft gleichzeitig den öffentlichen Platz vor dem Gebäude mit dem Garten dahinter. Im mittleren Erdgeschoßbereich nimmt ein Abfangträgersystem die vertikalen Lasten der oberen Stützen und Wandscheiben auf, und

leitet sie an die darunterliegenden Stützen weiter. Dadurch ergibt sich ein Innenraum, der ungehinderte Blickbeziehungen ermöglicht.

Die Entwicklung und Integration der technisch-energetischen Mechanismen in die Fassade und ins Deckensystem ermöglicht sowohl eine natürliche, vertikale Gebäudedurchlüftung, als auch eine horizontale Geschoßdurchlüftung. Die angewandten Mechanismen sind unmittelbar auf die windbedingte Druckverteilung am Gebäude und die Deckenkonstruktion abgestimmt.

Die doppelschalige Glasfassade unterstützt durch innere öffenbare Schiebeflügel eine natürliche Belüftung der Büroräume. Die im Abstand von 50 cm montierte äußere Glashaut ist nicht luftdicht abgeschlossen, und verfügt über mäanderförmig versetzte Lüftungsöffnungen. Sie ermöglicht gleichzeitig, auf allen Geschossen, nach Wind- und Wetterverhältnissen, die stoßweisende oder dauernde Belüftung der Räume individuell zu regulieren. Erst bei extremen Wetterbedingungen werden die Räume konventionell belüftet, wenn auch mit minimalem Luftwechsel.

Die Betondecken sind mit perforierten Blechen verkleidet, um ihre Speicherfähigkeit nutzbar zu machen. In den abgehängten Deckenelementen sind neben technischen Belichtungs- und Brandschutzanlagen auch Kaltwasser-Kühlrohre integriert, die eine zugfreie Raumkühlung ermöglichen.

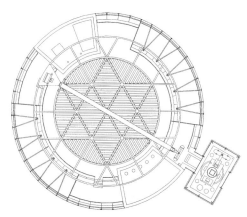

Bild 9.49 Dachaufsicht [9.27]

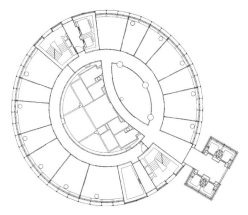

Bild 9.50 Normalgeschoß [9.27]

Tragkonstruktion

Das Tragwerk des Hochhausbaus besteht aus den zwei äußeren Kernen aus Wandscheiben, einer äußeren, ringförmig angeordneten Stützenreihe, den in der inneren Mittelzone ringförmig gekoppelten Stützen und Wandscheibe, und aus fünf innerhalb der Innenzone vertikallastabtragenden Stützen (Bild 9.50). Die Wandscheibe und die letztgenannten Stützen werden im unteren Eingangsbereich, im Technikgeschoß und in den zwei oberen Geschossen aus funktionalen Gründen nicht beibehalten (Bild 9.51).

Die Kerntragwerke bilden das primäre Aussteifungstragwerk gegen die Horizontallasten, und sind über eine Fachwerkstruktur zwischen dem 18. und dem 20. Geschoß zu einem Megarahmen verbunden. Die innere Stützenreihe ist in diesem Bereich ebenfalls mit dem Aussteifungssystem biegesteif gekoppelt. Durch dieses komplexe Aussteifungstragwerk werden die Biegebeanspruchungen des gesamten Tragsystems um seine schwache Achse und die Torsionsverformungen infolge des nicht-symmetrischen primären Aussteifungskerntragwerks minimiert.

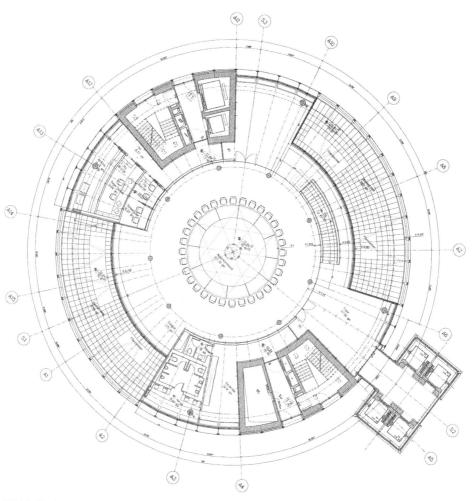

Bild 9.51 Schalungsplan Konferenzsaal [9.27]

Alle vertikalen Bauteile vom 3. Untergeschoß bis zum 5. Obergeschoß sind mit Beton der Festigkeitsklasse B 45 erstellt worden. Die Kerne haben horizontale Abmessungen von etwa 10 und 6 m. Die Wanddicke nimmt von 50 cm im unteren Bereich bis auf 30 cm im oberen Bereich des Gebäudes ab. Der Durchmesser der äußeren Stützen verringert sich von 60 cm im unteren Bereich auf 40 cm an der Gebäudespitze. Die innere Stützenreihe ist rautenförmig mit Abmessungen von 95 und 45 cm im unteren Bereich, und mit Abmessungen von 55 und 45 cm im oberen Bereich des Gebäudes ausgeführt. Diese Stützenreihe wird durch einen 80 cm hohen, mit Durchbrüchen für Versorgungseinrichtungen versehenen Ringträger gekoppelt. Die fünf Stützen in der inneren zentralen Zone (drei Rundstützen und zwei winkelförmige Stützen) reichen vom 2. bis zum 17. Geschoß und vom 19. bis zum 26. Geschoß. Sie übertragen die Vertikallasten im zentralen Einzugsbereich über Deckenunterzüge auf die Kerne und die Hauptstützen, und tragen begrenzt auch zur seitlichen Stabilität der Kerne bei.

Die vertikalen Tragglieder des Aussteifungstragwerks dienen zusammen mit den zentralen Stützen und der äußeren Stützenreihe zur Vertikallastabtragung. Aufgrund der unterschiedlichen haustechnischen und funktionalen Anforderungen über die gesamte Gebäudehöhe wurden in den verschiedenen Funktionsbereichen des Gebäudes unterschiedliche Deckentragsysteme eingesetzt.

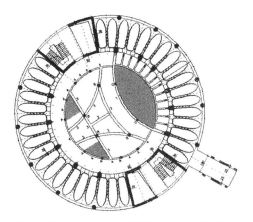

Bild 9.52 Deckenuntersicht Erdgeschoß [9.6]

Die Normalgeschosse des Hochhauses sind mit einem Stahlbeton-Flachdeckensystem konstruiert. Die Deckenplatten haben bei Spannweiten von 5,2 m eine Konstruktionshöhe von 25 cm. Maßgebend für die Dimensionierung waren die Minimierung des Eigengewichts und die vertikallastbedingten Deckenverformungen. Als Nutzlast wurden 5 kN/m² in den Regelbereichen und 10 kN/m² in den Archiv- und Zentralbereichen angesetzt. Zur Aufnahme der integrierten Kühlträger und damit zur Bildung der gewünschten thermischen Masse sind die Deckenbereiche zwischen dem inneren und äußeren Stützenring radial gerippt, bei einer Gesamthöhe von 62,5 cm (Bild 9.52).

Das Deckentragsystem über dem doppelgeschossigen Eingangsbereich bildet eine radial gerippte Trägerplatte, die im Außenring, zwischen der inneren und äußeren Stützenreihe, als 50 cm dicke Flachdecke ausgeführt ist. In der Innenzone fungiert eine stark gevoutete runde Balkenkonstruktion, mit einer Konstruktionshöhe von 2 m, als Abfangsystem für die oben liegenden vertikallastabtragenden Tragglieder. Die Formgebung der gekrümmten Stahlbetonplatte erfolgte durch den Einsatz von 1,5 m hohen Schalkörpern aus Glasfaserkunststoff-Elementen. Neben den Vertikallasten, die vom Deckentragsystem an die untenstehenden Stützen verteilt werden, leitet die Deckenscheibe in diesem Bereich auch die Horizontalkräfte von den oben liegenden Aussteifungselementen (innere Stützenreihe mit Wandscheibe) vollständig an die Aussteifungskerne weiter.

Das 7,80 m hohe Technikgeschoß in der 17. und 18. Ebene ist als Balkendecke mit Haupt- und Nebenträgern ausgeführt. In diesem Bereich wurde für das Deckentragsystem eine Belastung von 10 kN/m² berücksichtigt. Bedingt durch die dicht beieinander liegenden haustechnischen Installationen entfallen in diesem Bereich die fünf Innenstützen, und die Balkenkonstruktion hat eine Höhe von 1,25 m.

Die obersten vier Geschosse wurden aufgrund der sehr hohen Nutzungs- und Flexibilitätsanforderungen als Flachdecke mit Unterzügen und Deckenversprüngen konzipiert.

Die Deckenplatte des Konferenzsaals im 27. Geschoß besitzt eine mittige, kreisförmige Aussparung für die Glaskuppel. Da hier die Zuluftführung über den Boden erfolgt, ist die Decke über dem 26. Geschoß abgesenkt, um mit Hilfe eines Installationsbodens das darüber liegende Deckensystem weitgehend von Technikinstallationen freizuhalten.

Die drei Untergeschosse des Hochhauses wurden im Regelfall als Flachdecken mit Stärken von 30 bis 50 cm erstellt. Die Deckenspannweiten sind in diesen Geschossen sehr unterschiedlich, und liegen im Regelfall zwischen 5 bis 15 m. Bei den großen Spannweiten wurden Unterzüge angeordnet.

Das Hochhaus ist teilweise auf Kalk- und teilweise auf Sandstein mit Zwischenlagen aus Kohlebändern gegründet. Das zusammenhängende Plattenfundament hat eine Dicke von 3 bis 3,35 m und einen Durchmesser von 36,70 m. Die obere Bewehrung wurde in bis zu zehn Lagen verlegt. Zum Einbau wurde ein circa 2,80 m hohes Stahlrohrgerüst mit einem Stützenabstand von 1,20 bis 1,50 m eingesetzt. Um Risse infolge behinderter Temperaturverformungen zu vermeiden, erforderte die Bodenplatte Betonzusammensetzungen, die eine übermäßige Erwärmung des Betons durch die Hydration des Zements verhindern. Zur Verbesserung der Verarbeitung beim Einbau des Betons wurde zusätzlich zum Betonverflüssiger ein Fließmittel beigefügt, welches sich in den Bereichen mit großer Bewehrungsdichte als besonders vorteilhaft erwiesen hat.

Die Windlasten wurden in einem Freistrahlwindkanal an einem Sektionsmodell im Maßstab 1 : 64 ermittelt. Aufgrund des äußeren, verglasten Aufzugschachts haben sich gegenüber der DIN-Norm 1055-4 größere Lasten ergeben. Die zusätzlichen Abrißkanten, welche sich durch den außenliegenden Baukörper bei Ostwind ergeben, verhindern aber Beschleunigungseffekte auf die Gebäudehülle. Im Planungsstadium wurden die resultierenden Sogspitzen, welche sich bei der Umströmung zylindrischer Gebäude ausbilden, berücksichtigt (Bild 9.53).

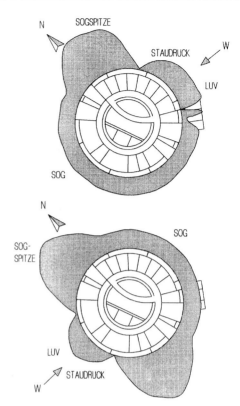

Bild 9.53 Qualitative Druckverteilung auf der Außenhaut bei Ost- und Westwindbeanspruchung [9.28]

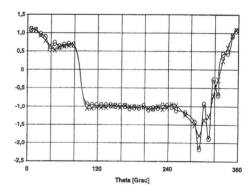

Bild 9.54 Winddruckverteilung um das Gesamtgebäude [9.4]

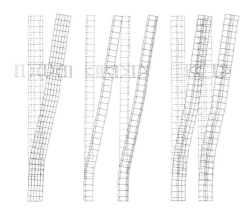

Bild 9.55 Statische Verformungsformen des Hochhaustragwerks bei unterschiedlichen Steifigkeiten des Kopplungsträgers im Technikgeschoß [9.6]

Die im Windkanal gemessenen Ergebnisse lieferten eine Winddruckverteilung am Hochhaus zwischen Luv- und Leeseite von c_p = 1,0 bis –2,0 (Bild 9.54). Anhand dieser Ergebnisse konnte mit einem auf das Gebäude wirkenden Winddruck von circa +600 Pa in der Druckzone und bis zu –1.100 Pa im Sogbereich gerechnet werden.

Die unter Windbelastung statische horizontale Tragverformung beträgt 27 cm (Bild 9.55). Dieses Ergebnis entspricht unter maximaler Horizontallast am obersten Tragwerksbereich einem maximalen Wert von 50 cm. Aufgrund der dezentralen Anordnung der Kernaussteifungstragwerke beinhalten die resultierenden Verformungen einen gewissen Anteil an Torsionsverformungen. Die Hochhausbeschleunigungen liegen bei einer Wiederholfrequenz der dynamischen Belastung von 10 Jahren unterhalb der allgemein gültigen Grenzwerte von 2,0% g.

Architekt:
Ingenhoven Overdiek und Partner, Düsseldorf

Tragwerksplaner:
Hochtief AG, Hauptniederlassung Rhein-Ruhr, Hoch- und Ingenieurbau, Essen
Büro Happold Consulting Engineers Ltd., Bath/Düsseldorf

9.8 Commerzbank Hochhaus – zu Abschnitt 5.3.1

Architektur

Das mit 63 Geschossen 258,70 m hohe Commerzbank Hochhaus wurde im Jahr 1997 als Erweiterung der Commerzbank-Zentrale im Zentrum von Frankfurt am Main gebaut. Das Hochhaus ermöglicht städtebaulich die Wiederherstellung der Blockrandbebauung. Die Grundrißform des Gebäudes besteht aus einem konvex geformten, gleichseitigen Dreieck mit gerundeten Ecken und 60 m Seitenlänge (Bild 9.56). Die Hochhauskerne, welche Transport-, Versorgungs- und Entsorgungseinrichtungen aufnehmen, liegen in den drei Eckbereichen des Gebäudes. Das Zentrum des Gebäudes ist als Atrium ausgebildet.

Die Verbindung zwischen den Kernen bilden jeweils achtgeschossige Segmente, welche die Büroräume beinhalten. Letztere wechseln sich über die Höhe mit einem jeweils viergeschossigen Garten ab, so daß sich in jedem Geschoß auf zwei Seiten des Dreiecks Büroflügel und auf der dritten Seite ein Garten befinden (Bild 9.57). Die Gartenfassaden sind zurückversetzt und zum Atrium hin öffenbar. Jeweils alle vier Geschosse ist der Grundriß um 120° gedreht, so daß die Gärten einer Schraubenlinie über die Höhe des Gebäudes folgen. Nach einer vollen Drehung um 360°, d.h. nach jeweils 12 Geschossen, wird das Atrium durch ein Glasdach abgeteilt, und die eingeschlossenen Geschoßbereiche bilden eine zusammenhängende klimatisch kontrollierbare Einheit (Bild 9.58).

Bild 9.56 Ansicht des Commerzbank Hochhauses

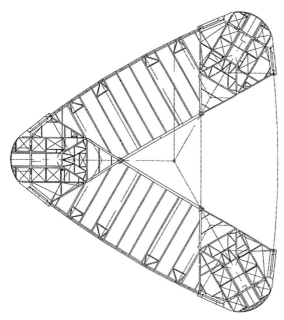

Bild 9.57 Tragwerksplan eines typischen Geschosses mit Garten im Osten [9.16]

Die natürliche Belichtung und Belüftung des Atriums ermöglicht die Ausrichtung der Büroräume nicht nur zur Außenfassade hin, sondern auch in das Gebäudeinnere mit Blickrichtung in das Atrium und die Gärten. Die Büroräume sind stützenfrei und somit flexibel, so daß sie sowohl als Einzelbüros, als auch als Gruppen- und Großraumbüros nutzbar sind.

Der Hochhausentwurf gründet sich auf besondere räumliche, ökologische und klimatische Optimierungskriterien, und erzielt eine von innen und außen ablesbare Wechselwirkung zwischen dem gebauten Raum, dem offenen Atrium und den mehrgeschossigen Gärten. Das Gebäude weist eine Gesamthauptnutzfläche von 52.700 m² auf, die in Stahl konzipierte Tragkonstruktion ein minimales Gewicht von circa 18.000 t, bzw. circa 300 t pro Geschoß. Dabei wurde ausschließlich Baustahl St 52-3 und StE 460 verwendet. Der thermomechanisch gewalzte Feinkornbaustahl wurde bei größeren Profildicken als 30 mm aufgrund seiner guten Schweißeignung, Zähigkeit und Festigkeit eingesetzt.

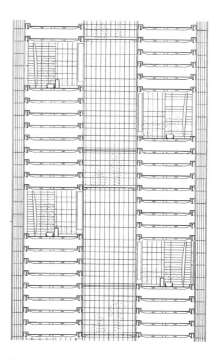

Bild 9.58 Teilschnitt des Commerzbank Hochhauses [9.7]

Tragkonstruktion

Das primäre Aussteifungstragsystem des Hochhauses bildet eine außenliegende Rahmenröhre, die aus sechs Megastützen in den Gebäudeecken und achtgeschossigen, leicht gekrümmten Vierendeelrahmen mit einer Spannweite von 34 m besteht. Jedes Megastützenpaar im Kernbereich ist durch Stockwerkrahmen verbunden (Verbindungsrahmen). Die Megastützen, Vierendeelrahmen und Verbindungsrahmen bilden zusammen eine im dreigeschossigen Kellerkasten eingespannte biege- und torsionssteife Röhre mit ein- und viergeschoßhohen Durchbrüchen (Bild 9.59).

Die Geschoßdecken überspannen die Büroflügel frei zwischen den Vierendeelrahmen und den Atriumrandträgern. Die Vertikallasten des Gebäudes werden von weitgespannten Deckenträgern aufgenommen und an die Atriumrandträger und Vierendeelrahmen weitergeleitet. Von diesen werden sie an die Atriumstützen, bzw. an die Megastützen, abgetragen. Im Kernbereich geben die Verbindungsrahmenriegel ihre Lasten einerseits an die Megastützen, andererseits an die Verbindungsrahmenstiele ab. Alle Stützen im Kerninneren sind gelenkig mit den Trägern verbunden.

Die Megastützen sind einbetonierte, vertikal stehende Fachwerke mit Außenabmessungen von circa 7,5 x 1,20 m (Bild 9.60). Die Stahlkomponenten des Verbundquerschnitts übernehmen im Bauzustand alleine die Aussteifung und sind direkt mit den Vierendeelrahmen verbunden. Die geschweißten Doppel-T-Stahlprofile bestehen aus St 52-3 und StE 460 mit Blechdicken bis 100 mm. Der verwendete Beton weist eine über die Höhe abgestufte Anzahl von Bewehrungsstäben und Festigkeitsklassen (B 65, B 55, B 45) auf.

Die Megastützen erhalten Normalkräfte bis 175 MN und Schubkräfte bis zu 11 MN. Die Biegebeanspruchung dieser Tragglieder ist gering mit Ausnahme im unteren Bereich, wo die Megastützen als Rahmenstiele wirken. In diesem Bereich ist für den Stahlquerschnitt der hochfeste Feinkornbaustahl StE 460 eingesetzt worden.

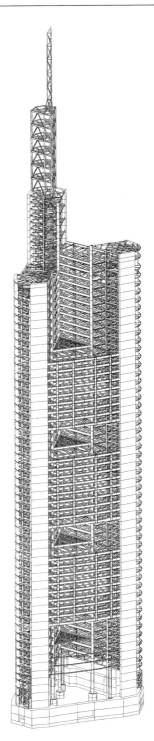

Bild 9.59 Isometrie des Hochhaustragwerks [9.5]

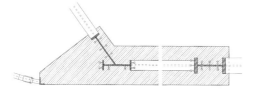

Bild 9.60 Megastütze [9.17]

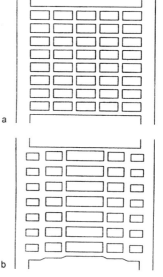

Bild 9.61 Optimale Vierendeelrahmenanordnung in Abhängigkeit von der Beanspruchung [9.34]
a) Windbeanspruchung
b) Vertikalbelastung

Das Tragverformungsverhalten der Vierendeelrahmen infolge Vertikal- und Horizontalbelastung war ausschlaggebend für die geometrische Ausbildung der Tragelemente. Obwohl die Schubbeanspruchung der Vierendeelfelder bei Horizontalbelastung konstant bleibt, nimmt die Schubbeanspruchung bei Vertikalbelastung in Auflagernähe zu. Im Idealfall sollten die Rahmenstiele in den höher beanspruchten Bereichen enger stehen und stärker dimensioniert werden (Bild 9.61). Auch die oberen und unteren Gurte des achtgeschossigen Vierendeelrahmens sollten in diesem Belastungsfall aufgrund der erheblichen daraus resultierenden Druck- und Zugkräfte einen stärkeren Querschnitt haben. In Anlehnung an diese Erkenntnisse und an herstellungsbedingte Wirtschaftlichkeitsfaktoren haben die Rahmenfelder von außen in Richtung Feldmitte Längen von 4,5 m, 7,5 m und 10,5 m.

Alle Vierendeelrahmen der Rahmenröhre sind über die Höhe geometrisch gleich und bestehen aus den gleichen Komponenten. Diese sind werkmäßig als kreuzförmige Einzelteile vorgefertigt und auf der Baustelle an den Riegelbereichen mit geringen Biegemomenten durch Laschen und gleitfeste vorgespannte Schrauben verbunden. Beim Anschluß an die Megastützen sind die Laschen verschweißt, um einen größeren Toleranzausgleich zu ermöglichen. Die infolge der Krümmung der Vierendeelträger auftretenden Horizontalkräfte werden über zusätzliche Streben in die Geschoßverbundträger weitergeleitet. Die Vierendeeltragglieder bestehen in den hochbeanspruchten unteren Anschlußbereichen an die Megastützen aus hochfestem Feinkornbaustahl StE 460. Die Stahlstiele weisen Querschnittsabmessungen von 475 x 65/50 – 870 x 85 mm und die Stahlriegel

von 475 x 65/50 – 970 x 32/85 mm (Gurt – Steg) auf.

Die Verbindungsrahmen, als Bestandteil der Aussteifungsröhre, bestehen ebenfalls aus geschweißten Stahlprofilen aus St 52-3 und StE 460 und besitzen im Gegensatz zu den Vierendeelrahmen durchgehende Stiele.

Im Gebäudeinneren sind die dreieckigen Verbund-Atriumstützen an jeder Ecke des Atriumbereichs, Stahl-Dreieckinnenstützen in Feldmitte der Kernrandträger und kleinere Stahlstützen in den Kernbereichen für die Abtragung der Vertikalbelastung verantwortlich. Die Atriumstützen bestehen aus einem innenliegenden, dreieckig zusammengeschweißten Kern mit Abmessungen von 850 x 25 bis 80 mm und aus einem äußeren Mantelblech mit Abmessungen von 850 x 10 bis 40 mm. Die Stahlprofile aus St 52-3 und StE 460 sind mit hochfestem unbewehrten Beton B 65 ausbetoniert (Bild 9.62).

Die Stahl-Beton-Verbunddecken bestehen aus Profilblechen mit in der Regel 13 cm

Bild 9.62 Atriumstütze [9.17]

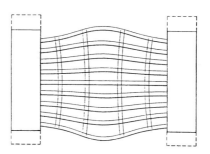

Bild 9.64 Stauchung der Vierendeelrahmen [9.34]

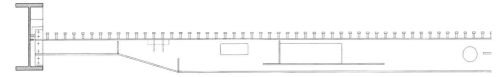

Bild 9.63 Detailansicht eines Deckenträgers [9.25]

Leichtbeton B 35 einer spezifischen Dichte von 2,0 kg/dm³. In den Segmenten sind die Bleche als Durchlaufsystem mit einer Dicke von 1,0 mm und in allen anderen Bereichen als Einfeldsystem mit einer Dicke von 1,25 mm ausgeführt. Die Deckenträger spannen frei über maximal 15,65 m und sind in den Segmenten als unsymmetrische, geschweißte Stahlprofile mit großen Stegdurchbrüchen konzipiert. Im Auflagerbereich ist die Bauhöhe der Träger geringer, um darunter Leitungen der Haustechnik zu installieren (Bild 9.63). Die Atriumrandträger tragen über 18 m ohne Verbund und sind durch einen Koppelstab in Feldmitte verbunden, um Verformungsdifferenzen aus geschoßweise unterschiedlicher Belastung und Trägersteifigkeit auszugleichen.

Die Deckenscheiben sichern die Form des Röhrentragwerks und dienen zur Stabilisierung der inneren Stützen und der gekrümmten Vierendeelrahmen. In jedem vierten Geschoß ist eine durchgehende Deckenscheibe vorhanden, in den übrigen Geschossen sind die Scheiben durch die Gärten unterbrochen.

Die kombinierte Nutzung von vertikal- und horizontallastabtragenden Traggliedern im Hochhaus erzielt ein optimiertes Maß an geringem Materialverbrauch und hoher Tragfähigkeit des Tragwerks. Eine besondere Problematik bildet bei diesem System jedoch die Begrenzung und der Ausgleich der vertikalen Verformungen der Tragglieder. Diese entstehen aus ihrer ungleichmäßigen Beanspruchung, aufgrund der sehr hohen Steifigkeitsunterschiede (Megastützen – Innenstützen) und aus dem Langzeitverhalten des Betons (Kriechen, Schwinden) in den Verbundstützen. Dieses wirkt sich sowohl auf die Vierendeelrahmen, als auch auf die Deckenplatten aus. Den erstgenannten werden durch die Stauchung der Eckstützen zusätzliche Verformungen aufgezwungen, welche von den Traggliedern mit größerer Stahlfestigkeit aufgenommen werden müssen (Bild 9.64). Zur Gewährleistung der Horizontallage der Deckenplatten sind entsprechende Überlängen der Stützen berücksichtigt. Dies führt zunächst zu einer Neigung der oberen Hochhausdecken in Richtung Atrium, die sich jedoch aufgrund der Langzeitverformungen des Betons mit der Zeit in die entgegengesetzte Richtung entwickelt.

Unter Berücksichtigung der möglichen Einflüsse der Hochhausgründung auf die Standsicherheit und Gebrauchstauglichkeit anderer

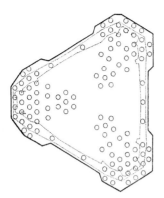

Bild 9.65 Layout des Hochhausfundament-
systems [9.9]

übertragungswege in der Pfahlkopfplatte auf
ein Minimum zu beschränken (Bild 9.65). Die
Pfähle nehmen im Gebrauchszustand eine
vertikale Pfahllast bis 22 MN auf und sind
zwischen 37,6 und 45,6 m lang, so daß sie
die Frankfurter Tonschichten durchstoßen und
im Durchschnitt 8,8 m tief in die Kalkschicht
einbinden.

Um ein Aufweichen des Bodens durch Stütz-
flüssigkeit zu verhindern, wurden die Pfähle
bis auf Endtiefe verrohrt abgeteuft, was zu
einer Verbesserung der Mantelreibung führ-
te. Bei 19 bis 21 m Tiefe erfahren sie aufgrund
der Grenzen der verfügbaren Herstellungstechnik eine Abstufung im Durchmesser von
1,8 auf 1,5 m. Die Frankfurter Kalkschichten
sind im Bereich der Pfahltragstrecken durch
eine Pfahlmantelverpressung und bis 10 m
unter den tiefstgelegenen Pfahlfüßen durch
die Gebirgsvergütung mittels Zementinjek-
tionen homogenisiert worden [9.9].

Gebäude, wie der daneben existierenden,
flach gegründeten Commerzbank-Zentrale,
besteht die Gründung des Hochhauses aus
einer Pfahlgründung mit 111 Großbohrpfählen.
Diese sind unter dem 12 m hohen, aus bis zu
3,0 m dicken Außenwänden bestehenden
Kellerkasten, und der 2,5 bis 4,45 m dicken
Gründungsplatte angeordnet. Im Hochhausgrundriß stehen die 1,8 m dicken Pfähle in
Gruppen direkt unter den lastabtragenden
Elementen mit einem Mindestpfahlabstand
von 3,75 m so eng wie möglich, um die Last-

Die modale Analyse des Hochhaustragwerks
liefert ein schubweiches Verformungsverhalten der Rahmenröhre mit einer Eigenfrequenz in der Hauptschwingungsform von
0,171 Hz (Bild 9.66). Infolge einer Windbeanspruchung mit einer Eintrittsperiode von 100
Jahren beträgt die maximale horizontale Ver-

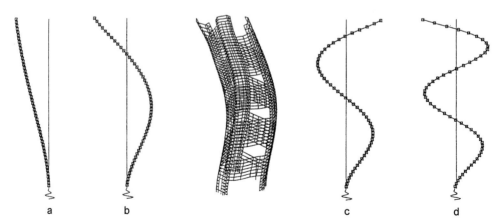

    a   b   c   d

Bild 9.66 Schwingungsverhalten des Hochhaustragwerks [9.34]
a) 1. Eigenform (Eigenfrequenz: 0,171 Hz)
b) 3. Eigenform (Eigenfrequenz: 0,477 Hz)
c) 5. Eigenform (Eigenfrequenz: 0,776 Hz)
d) 7. Eigenform (Eigenfrequenz: 1,089 Hz)

schiebung des Tragwerks im obersten Bereich 35 cm (N-S) und 32,5 cm (O-W). Die größte entsprechende Verschiebung des 18. Geschosses beträgt circa 55 cm. Die Untersuchung nach dem National Building Code of Canada (NBCC) ergab im obersten Geschoß aufgrund eines Dämpfungsgrads von 0,0125 und einer Windbeanspruchung mit Eintrittsperiode von 10 Jahren eine maximale Be-

schleunigung unterhalb der 1,5% g Grenze von 0,93% g.

Architekt:
Sir Norman Foster and Partners, London

Tragwerksplaner:
Ove Arup and Partners, London
Krebs und Kiefer, Darmstadt

9.9 Bank of China –
zu Abschnitt 5.3.2

Architektur

Das Hochhaus der Bank of China wurde 1990 in Hongkong fertiggestellt, und weist mit 70 Geschossen eine Konstruktionshöhe von 310 m auf. Das Gebäude steht am Rande der Innenstadt von Hongkong, in Hanglage, am Fuße des Victoria Peak, und ist von vielbefahrenen Hauptverkehrsstraßen umgeben. Das Hochhaus nimmt indes kaum Bezug auf das nächste Umfeld der angrenzenden Verkehrsadern, sondern steht leicht verdreht auf dem Grundstück, und nimmt somit Bezug auf das Straßenraster des Stadtzentrums.

Der Gebäudeentwurf basiert auf einem unteren prismatischen Teil, dessen Grundriß aus einem Quadrat von 52 m Seitenlänge besteht. Entlang seiner inneren Diagonalen ist der quadratische Grundriß in vier gleichschenklige Dreiecke unterteilt. Mit zunehmender Höhe wird der Grundriß alle 13 Geschosse variiert, indem das 25., 38. und 51. Geschoß je ein Dreieck weniger erhielt, so daß sich der Baukörper nach oben verjüngt. Die Dachflächen der weggelassenen Dreiecke neigen sich dabei über 7 Geschosse schräg zum Hochhausmittelpunkt (Bild 9.67). Konstruktions- und Ausbauraster des Gebäudes folgen einem einheitlichen Modul mit einer Grundlänge von 1,33 m. Die typische Breite der Büroräume gründet sich auf zwei Module und die Konstruktionshöhe der Geschosse auf drei Module, basierend auf 4 m.

Bild 9.67 Ansicht des Hochhauses der Bank of China (Foto: Leslie E. Robertson Ass., Ing.)

40% der Geschoßflächen nutzt die Bank of China (1. bis 17. Geschoß), die übrigen Geschosse werden vermietet (Bild 9.68). Das Gebäude verfügt über insgesamt 70 Geschosse mit einer Gesamtfläche von 132.895 m² und zwei Untergeschosse mit einer Parkgarage für 370 Autoabstellplätze. 51 Geschosse werden als Büroflächen genutzt, die weiteren Geschosse beherbergen unter anderem im unteren Hochhausbereich eine zweigeschossige, stützenfreie Bankhalle, ein Restaurant für Bankangestellte und im obersten Bereich einen von der Bank genutzten Repräsentationsraum.

Zur vertikalen Erschließung des Gebäudes dient das im 43. Geschoß eingerichtete Umsteigegeschoß. Außer den in zwei Zonen gruppierten Personenaufzügen, die das 1. bis 43. und das 43. bis 70. Geschoß erschließen, gibt es noch sechs Expreßaufzüge, welche die Gebäudenutzer direkt zum Umsteigegeschoß befördern.

Neben den Aufzügen nehmen die beiden im Inneren des Gebäudes angeordneten dreizelligen Aussteifungskerne die technischen Einrichtungen des Hochhauses auf, und bilden durch ihre Wände in den Untergeschossen den Sicherheitsbereich der Bank. Eine Aussteifungsfunktion haben die Kernwände erst unterhalb des vierten Geschosses, in dem Bereich, wo das Tragsystem sich von einer Megafachwerkröhre zu einer Megarahmenröhre ändert.

Die Fassadengestaltung des Hochhauses spiegelt die dahinterstehende Tragkonstruktion in idealisierter Weise wider (Bild 9.69). Die Aluminiumverkleidung der Tragkonstruktion wurde in der Fassade des Gebäudes, auch bei den über die Höhe unterschiedlich ausgebildeten Fachwerkknoten, einheitlich ausgeführt. Die Diagonalen scheinen einen theorietreuen zentrischen Anschluß miteinander zu haben, obwohl diese sich, entfernt vom Knotenpunkt der Verbundstütze, an die Stahlstützenprofile anschließen. In der Fassade folgen sie einer Breite von drei Modulen und erscheinen somit größer als sie in Wirklichkeit sind. Außerdem gibt die Aluminiumverkleidung der Eckstützen des Hochhauses

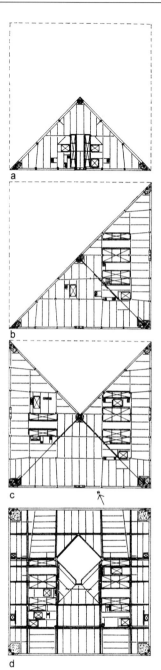

Bild 9.68 Typische Tragwerkspläne der Hochhausebenen [9.30]
a) Ebenen 51, 52
b) Ebene 38
c) Ebene 25
d) Ebene 4

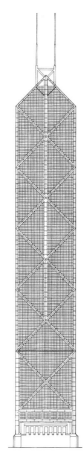

Bild 9.69 Südansicht des Hochhauses der Bank of China [9.30]

nicht die wahren Abmessungen dieser Mega-tragglieder wider. Schließlich sind die horizontalen Fachwerkriegel in der Fassade nicht sichtbar. Daraus ergibt sich das für das Bauwerk charakteristische Gesamtbild der aneinandergefügten dreieckigen Flächen ohne Horizontalen. Dies war der ausdrückliche Wunsch der Auftraggeber, denn anderenfalls hätte das Hochhaus wie eine Addition von X-en ausgesehen, was für Chinesen negative Konnotationen hervorruft.

Die gesamte Hochhausform gründet sich auf die einheitliche Integration von Architektur und Tragwerk, und die besonderen Vorteile der Konstruktion liegen in der Realisierung des

Konzepts durch die Stahl-Beton-Verbundbauweise. Wie nachfolgend erläutert wird, bewirkt erst letztere eine räumliche Röhrentragwirkung der einzelnen, in sich starren, aber nicht direkt miteinander gekoppelten Stahltragebenen. Parallel dazu erreicht die Tragkonstruktion ein hohes Maß an Wirtschaftlichkeit gegenüber Hochhäusern dieser Höhenordnung, insbesondere an einem Standort mit erhöhten Anforderungen an die Nutzlasten (zweimal so hoch wie in den USA) und an die Windersatzlasten (zweimal so hoch wie in Chicago und viermal so groß wie die in Los Angeles zu berücksichtigenden Erdbebenlasten). Die Hochhaustragkonstruktion weist einen Stahlverbrauch von 111 kg/m², bzw. ein Gesamtgewicht von circa 13.500 t auf. Die Konstruktionskosten des Hochhauses betrugen 150 Millionen US-Dollar.

Tragkonstruktion

Ausgehend von ausgesteiften Rahmen wurde für das Hochhaus ein vertikales Megaraumfachwerk in Stahl-Beton-Verbundbauweise entwickelt, das die gesamte Vertikal- und Horizontalbelastung aufnimmt.

Beinahe das gesamte Gewicht des Gebäudes wird von den Aussteifungsdiagonalen und den horizontalen, geschoßhohen Fachwerkriegeln in jeder 13geschossigen Dreieckseinheit auf die vier primären Eckstützen übertragen. Eine fünfte Stütze – im Mittelpunkt des quadratischen Grundrisses –, die ab dem 26. Geschoß ebenso zur Außenstütze wird, leitet ihre Kräfte im 25. Geschoß durch ein Abfangraumfachwerk in die Eckstützen weiter. Dieses Abfangraumwerk ermöglicht erst die stützenfreien, darunterliegenden Geschosse. Somit werden alle Vertikallasten in systematischer Weise weitgehend nach außen verlagert, so daß das vertikale Megatragwerk eine Vorspannung aus der Vertikalbelastung für die Abtragung der Horizontallasten erhält (Bild 9.70).

Die Diagonalen bestehen aus Stahlhohlkastenprofilen, die zur Vergrößerung der Steifigkeit und inneren Dämpfung mit Beton gefüllt sind. Die Stahlprofile bestehen aus flachen angeschweißten Stahlplatten, wobei nur die

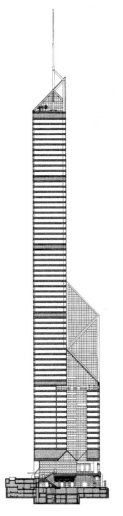

Bild 9.70 Querschnitt des Hochhauses der Bank of China [9.1]

weitgehend einheitlich ausgebildet. Durch ihre Befestigung an den Diagonalen wird die Außenwandsteifigkeit erhöht, so daß jede Außenwand für sich, zusammen mit den Eckstützen und den horizontalen Fachwerkriegeln, eine starre Scheibe bildet.

In den Schnittlinien mit den Eckstützen treffen in der Regel zwei oder drei Fachwerkebenen zusammen. Eine Ausnahme bildet die mittlere Stütze im Bereich zwischen dem 25. und 38. Geschoß, wo sich vier Fachwerkebenen treffen. Die beiden in jedem Eckbereich stehenden Stahlstützen der einzelnen Fachwerkebenen sind einbetoniert und bilden zusammen die Hochhauseckstützen. Das Zusammenwirken aller Tragglieder des Megafachwerks – Stützen, Diagonalen, horizontale Fachwerkriegel der einzelnen Tragebenen – wird im Verbundquerschnitt der jeweiligen Eckstütze durch die Schubtragwirkung des Betons gewährleistet. Auf diese Weise zeichnet sich das Hochhaustragwerk durch eine Konstruktionshierarchie aus, wobei – makroskopisch betrachtet – die Fachwerkstäbe mit ihren Knotenpunkten dreidimensional verbunden sind (Bild 9.72).

Das Fachwerksystem endet im vierten Geschoß des Hochhauses. Von dort aus geht das Tragsystem in einen Megarahmen mit Kernwandscheiben im Inneren des Gebäudes über. Die vier Eckstützen tragen weiterhin den Hauptanteil der vertikal anfallenden Lasten in die Fundamente ab, und das Kerntragwerk leitet die aus der Horizontalbelastung entstehenden Schubkräfte in die Fundamente weiter. Zusätzlich nimmt das Kerntragwerk die Torsionsverformungen des Gebäudes aus der Deckenscheibe im dritten Geschoß auf und leitet sie weiter in die Stahlbetondecke vom Erdgeschoß, die mit den 90 cm dicken Umfassungswänden der Untergeschosse verbunden ist.

jeweils vertikalen Platten an die Stützen angeschlossen sind. Die obere und untere Platte besitzen Öffnungen, durch die der Beton gepumpt wird. Die Verbundquerschnitte reichen von 37,5 x 97,5 cm bis zu 40 x 147,5 cm, und bilden mit den vertikal verlaufenden Stahlprofilen, sowohl in den Umfangsebenen, als auch in den inneren Diagonalebenen des Gebäudes, ebene Fachwerkträger (Bild 9.71).

Die sekundäre Stahlkonstruktion, wie z.B. die Zwischenstützen der Außenwände, wurde

Die Stahl-Beton-Verbundbauweise der vertikalen Tragglieder bringt dem Tragsystem und der Tragkonstruktion besondere Vorteile. Aus der Geometrie der Tragstruktur resultiert nach der Wandlung des Mittelpunkts des Querschnitts und nach der Lage der vertikalen Tragglieder eine über die Höhe veränderliche

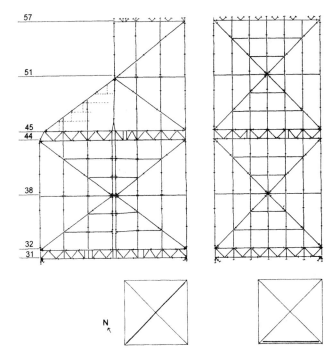

Bild 9.71 Tragwerksansicht von typischen Fachwerkebenen [9.30]

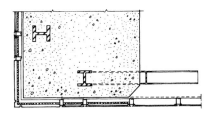

Bild 9.72 Konstruktionsdetail einer Hochhauseckstütze mit einbetonierten Stahlprofilen zweier Fachwerkebenen [9.30]

exzentrische Belastung der einzelnen Stahlstützenprofile. Der Exzentrizität wirkt der gemeinsame Betonquerschnitt bzw. der einheitliche Schubkraftmechanismus der jeweiligen Eckstütze entgegen, und dieses schließt die Entstehung von Durchbiegungen der vertikalen Stahlprofile aus.

Dadurch, daß die Fachwerke getrennt voneinander und die Eckstahlstützen einbetoniert sind, kann auch auf große, dreidimensionale,

geschweißte Stahlknotenpunkte verzichtet werden. Dies ermöglicht es, bis zu 75% an Stahl einzusparen.

Die typischen Deckenplatten über dem dritten Geschoß sind in Stahl-Beton-Verbundbauweise ausgeführt und bestehen aus einem 12 mm dicken Stahlblechprofil und einem mittragenden Stahlbetonobergurt. Zur Tageslichtbeleuchtung der Erdgeschoß-Bankhalle haben die Deckenplatten innerhalb der ersten 17 Geschosse eine Aussparung. Das Oberlicht ist in die unterste Dachschräge integriert, die bis zum 23. Geschoß hinaufreicht.

Das Kerntragwerk besteht aus Stahlstützen, die durch vertikale und horizontale Stahlscheiben ausgesteift sind. Die Kernwände sind durch 25,0 cm starke Stahlbetonscheiben zur weiteren Vergrößerung ihrer Festigkeit und Steifigkeit laminiert (Bild 9.73). Am Auflagerbereich der Stahlstützen ist die Stahlbetonobergurtplatte des Deckenverbundsystems mehr als 90 cm dick.

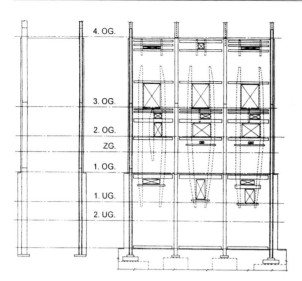

Bild 9.73 Detailansicht und -schnitt vom Aussteifungskern unterhalb des vierten Hochhausgeschosses [9.30]

Insgesamt geben 110 Kegelfußpfähle mit Durchmessern bis zu 9,1 m die anfallenden Lasten an den Felsuntergrund ab. Unterhalb der Hochhausstützen ist ein Pfahl angeordnet, unterhalb beider Kerne insgesamt 16 Pfähle. Die restlichen Kegelfußpfähle sind unterhalb der Hochhausfundamentplatte gemäß Raster eingebaut. Das Ausschachten erfolgte ohne Maschinen, so daß simultan ein Baufortschritt möglich war.

Die einzelnen Komponenten des Hochhaustragsystems (Fachwerkdiagonalen, -riegel, Eckstützen und verstärkte Kernwände unterhalb des vierten Geschosses) besitzen eine ausreichende Steifigkeit, so daß das Gesamt-

system nach den am Standort geltenden Richtlinien, infolge einer Grenzbelastung über eine Taifunbeanspruchung hinaus, ein elastisches Tragverformungsverhalten aufweist. Das Röhrentragwerk weist in seinem Verformungsverhalten dominante Biegeverformungen auf, mit einem maximalen Wert im obersten Bereich von 45 cm.

Architekt:
I.M. Pei & Partners, New York
Kung & Lee Ass. Arch., Hongkong

Tragwerksplaner:
Leslie E. Robertson Associates, New York
Vallentine, Laurie and Davies, Hongkong

9.10 Overseas Union Bank Zentrum Singapur – zu Abschnitt 5.3.3

Architektur

Das Hochhaus des Overseas Union Bank-Zentrums von Singapur wurde mit einer Höhe von 280 m und einer Gesamtfläche von 95.000 m² 1986 fertiggestellt. Das Gebäude beherbergt die zentralen Büros der gleichnamigen Bank, sowie weitere Mietbüros und kommerzielle Flächen. Der Hochhausbaukörper besteht aus zwei dreieckigen Türmen mit gegenüberliegenden Hypotenusen, die über ein gemeinsames Tragwerk verfügen. Der kleinere Turm besteht aus 49 Geschossen mit Abmessungen von 30 x 30 m, der größere Turm aus 63 Geschossen mit Abmessungen von 40 x 40 m. Somit weist das Hochhaus eine an die Grenze stoßende Schlankheit von 1 : 10 auf der Südseite und eine Schlankheit von 1 : 8 auf der Nordseite auf (Bild 9.74).

An das Hochhaus schließt sich ein öffentlich zugänglicher Gebäuderiegel mit einem 36 m hohen Atrium an, der eine visuelle und funktionale Verbindung zum Raffles Place des zentralen Finanzdistrikts und zum Fluß von Singapur ermöglicht. Auf der Westseite des Riegels ist die Börse von Singapur untergebracht, und von hier aus kann auch die unterirdische zentrale Bahnhofshalle erreicht werden. Über eine an das Hochhaus anschließende Fußgängerbrücke kann ein öffentlicher Parkplatz mit 3.000 Stellplätzen erreicht werden.

Bild 9.74 Ansicht des Hochhauses OUB Zentrum von Singapur

Die Büroflächen in den Hochhausgeschossen sollten architektonisch in Einklang stehen mit den Anforderungen einer sich schnell entwikkelnden Informationsgesellschaft. Deshalb ermöglicht das entwickelte Hochhaustragwerk dadurch, daß die vertikalen und horizontalen Tragelemente an den Rand der Grundrißflächen verlagert werden, vollkommen stützenfreie Büroflächen mit Abmessungen von 20 x 41 m (Bild 9.75). Die technischen Gebäudeinstallationen konzentrieren sich auf 5 Technikzentralenebenen mit doppelter Geschoßhöhe. Die vertikalen Installationssysteme zwischen den einzelnen Geschossen

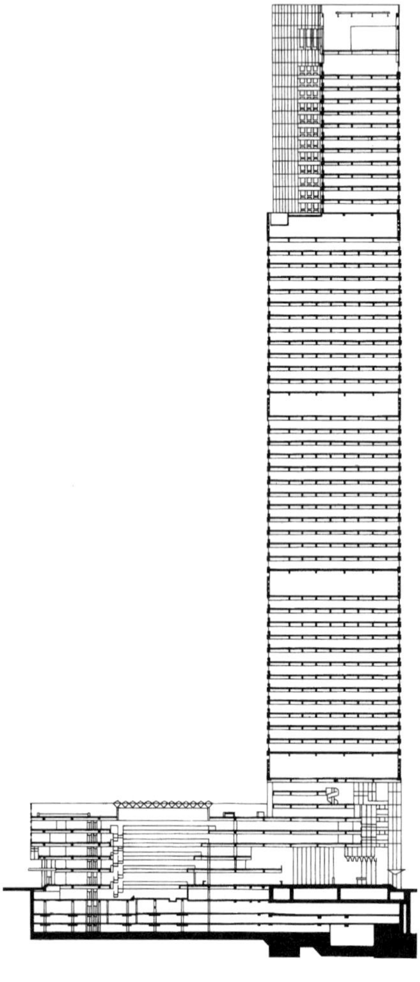

Bild 9.75 Querschnitt des OUB Hochhauses [9.2]

werden ausschließlich auf einer der Längsfassaden des Gebäudes geführt.

Die spezifischen Charakteristika der Tragkonstruktion des Gebäudes gründen sich auf eine wirtschaftliche Verbundbauverstärkung des primären Stahlskeletts. In nur 24 Monaten wurde das Hochhaus errichtet, eine Tatsache, die aufgrund der hohen Qualität des architektonischen und konstruktiven Entwurfs nicht unerwähnt bleiben sollte.

Tragkonstruktion

Das Hochhaustragwerk besteht aus einem Megastahlrahmen mit ausgesteiften Megarahmenstützen und -riegeln (Bild 9.76). Die 7,80 m hohen ausgesteiften Megariegel wirken wie starre Scheiben und verleihen dem Tragwerk die erforderliche horizontale Schubsteifigkeit. Im unteren Megastützenbereich (bis zum 25. Geschoß) wurden zur Entwicklung von Stahl-Beton-Verbundwandscheiben Stahlbetonwandscheiben ausgeführt. Diese dienen zusammen mit den sekundären, teilweise einbetonierten, Stockwerkstahlrahmen auf der Grundrißlängsseite, auf der sich alle Nebenfunktionen des Gebäudes (Aufzüge, Nebennutzräume, vertikale Installationsführung) befinden, zur Vergrößerung der Steifigkeit des primären Skeletttragwerks. Durch das gekoppelte Verbundsystem vergrößert sich im oberen Hochhausbereich die Schubsteifigkeit und im unteren Bereich die Biegesteifigkeit des Rahmensystems.

Das endgültig optimierte Hochhaustragwerk bildet ein Megarahmen mit ausgesteiften Stahlgliedern, der als hybrides System mit Stahlbetonwandscheiben in Verbundbauweise konstruiert wurde. Die primären Megastützen werden im oberen Hochhausbereich zu einer rechteckigen und zwei unterschiedlich großen dreieckigen Stahl-Beton-Verbundmegastützen, die sich auf die Grundrißecken konzentrieren. Im unteren Hochhausbereich bilden die primären Megastützen in den vier Grundrißecken zwei unterschiedlich große L-förmige Verbundmegastützen (Bild 9.77).

Die einzelnen Tragelemente (ausgesteifte Stahlrahmen der Megastützen und Stahl-

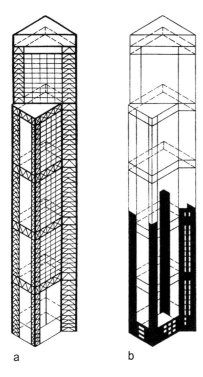

a   b

Bild 9.76 Primäres Hochhaustragwerk [9.26]
a) Megastahlrahmen
b) Stahlbetonwandscheiben

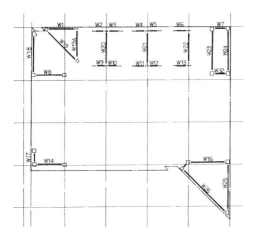

Bild 9.77 Layout des Stahl-Stahlbeton-Verbund-
tragwerks im unteren Hochhausbereich [9.15]

betonwandscheiben) leiten selbstständig die
Vertikalkräfte des Gebäudes in die Fundamente ein, wobei der Stahlbeton in den Verbund-
tragelementen auch als Auflager für die Stahlprofile wirkt, so daß letztere in vollem Umfang
beansprucht werden können.

Im Rahmen der vorhandenen unsymmetrischen Tragwerksgeometrie hat das gewählte
Tragsystem gegenüber einer vollkommen
hybriden Stahlbetonkern-Stahlrahmenröhren-
Tragkonstruktion den Vorteil, daß die relativen Verformungen der Stahl- und Stahl-
betonverbundkomponente bei ihrem vertikalen Kurz- und Langzeitverhalten vermindert
werden, und sich die Masse reduziert. Nach
umfangreichen Analysen in Bezug auf die differenzierten Kriechverformungen zwischen
der Beton- und Stahlkonstruktion, wie auch
den Konstruktionsablauf, wurden bei der Errichtung des Tragwerks zuerst vier bis fünf
Ebenen des Stahlbaus montiert, bevor der
Betonbau folgte. Die maximal zulässigen relativen Vertikalverformungen der zwei Komponenten erlaubten einen bis zu 24 Ebenen
großen Vorsprung des Stahlbaus gegenüber
dem Betonbau.

Die Effektivität des hybriden Tragsystems bei
seinem horizontalen Verformungsverhalten
gründet sich zum größten Teil auf die einzelnen Eigenschaften der Stahl- und Stahlbeton-
komponenten. Die Verwendung von Stahlbeton zur Verformungskontrolle des Stahl-
tragwerks ermöglicht ein effektiv alternatives
Tragsystem, welches die größere zulässige
Fließgrenze von hochfestem Stahl zur Wirkung kommen läßt, wenn andere Aussteifungssysteme nicht effizient oder architektonisch implementiert werden können. In diesem Kontext erlaubte die Auswahl von hochfestem Stahl leichtere, kleinere und wirt-
schaftlichere Tragglieder, welche die Steifigkeitskriterien erfüllen können.

Bei Horizontalwindbelastung wirken die Verbundwandscheiben den entstehenden Kipp-
momenten und Zugkräften der Megarahmenstützen entgegen. Somit konnten das Fundamentsystem und alle Schweißverbindungen
der Stützen weiterhin vereinfacht werden.
Aufgrund der angewandten Verbundbau-

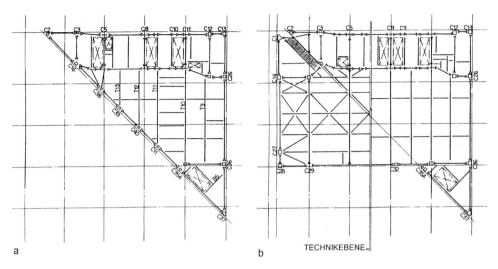

a   b   TECHNIKEBENE

Bild 9.78 Tragwerkspläne typischer Hochhausgeschosse [9.26]
a) Obere Geschosse
b) Technikgeschosse, untere Geschosse

lösung, der daraus ermöglichten kompakten Stahlstützenquerschnitte und der Vereinfachung der Fachwerkverbindungen wurde das gesamte Stahlgewicht der Tragkonstruktion auf rund 40% reduziert.

Die Stahl-Beton-Verbunddeckenplatten bestehen aus bewehrtem Beton mit einer Dicke von 15 cm und einem 6,3 cm starken mittragenden Stahltrapezblech. Die einachsig gerichteten Verbundfachwerkträger spannen bei Achsabständen von 4,32 m über 20,3 m in Ost-West-Querrichtung und haben eine Konstruktionshöhe von 95 cm (Bild 9.78a). Der Brandschutz der Stahlfachwerkträger wird durch eine auf ihre Unterseite eingebrachte leichtgewichtige Mineralfaserschicht gewährleistet. Die an die Megafachwerkriegel angrenzenden Deckenscheiben wurden zur Erhöhung der Schubsteifigkeit ersterer durch zusätzlich angeordnete horizontale Stahlplatten und Aussteifungsverbände verstärkt ausgeführt (Bild 9.78b).

Die Stahltragglieder sind aus hochfestem Stahl des Grades 55 und 50 ausgeführt. Die vertikalen Stahlglieder, mit Abmessungen von 80 x 80 cm, bestehen zum größten Teil aus zusammengesetzten Hohlkastenprofilen aus

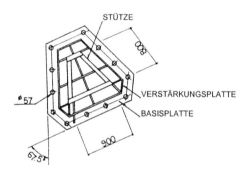

Bild 9.79 Konstruktionsdetail einer trapezförmigen Hohlkastenstütze

Doppel-T-Profilen, damit sie möglichst wenig Platz in Anspruch nehmen. Für den aus zwei Dreiecken unterschiedlicher Größe bestehenden Geschoßgrundriß mußten für die Eckbereiche trapezförmige Hohlkastenstützen entwickelt werden (Bild 9.79).

Im Bereich der Megastützen übertragen die an allen vier Stahlprofilflanschen der Rahmenfelder angeschweißten Kopfbolzendübel die inneren Kräfte der Tragelemente in die Stahlbetonwandquerschnitte, mit Festigkeiten von B 45 (Bild 9.80). Der Verbund in den sekundären, mittleren Rahmenfeldern wird durch die

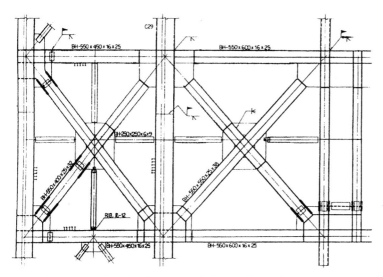

Bild 9.80 Konstruktionsdetail und -anschluß einer Verbundmegastütze mit Fachwerkriegel

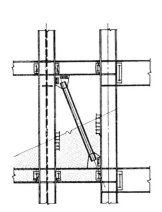

Bild 9.81 Konstruktionsdetail der mittleren Verbundstahlrahmen

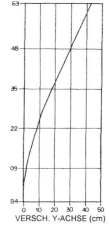

Bild 9.82 Dynamisches Verformungsverhalten des Hochhaustragsystems unter Windbelastung

an die Stützenflansche angeschweißten Kopf-bolzendübel gewährleistet (Bild 9.81). Die ein-betonierten Aussteifungsdiagonalen der Rah-men unterstützen die Kraftübertragung zwi-schen den zwei Baustoffkomponenten.

Insgesamt 7 Kegelfußpfähle unterhalb des 4-geschossigen Hochhauskellerkastens bil-den das Fundamentsystem des Hochhaus-tragwerks. Die Pfähle erreichen eine Tiefe von

96 bis 110 m und besitzen einen Durchmes-ser von 5 bis 6 m. Zur Minimierung unter-schiedlicher Verformungen sind sie an ihre Basis gekoppelt und geben ihre Lasten an den festen Felsuntergrund ab.

Die maximale horizontale Auslenkung des Hochhaustragwerks beträgt 44,8 cm (Bild 9.82). Das dynamische Tragsystem besitzt aufgrund eines Dämpfungsgrades von 0,02 eine Eigenperiode von 7,27 s. Die zweite Eigenperiode des Tragwerks in der horizontalen Achse beträgt 6,05 s und die für die Torsionsverformungen maßgebende dritte Eigenperiode 4,83 s. Die horizontalen Beschleunigungen des Systems aus jährlichen Windbelastungen liegen in der ersten horizontalen Hauptachse bei 0,57% g und in der zweiten Hauptachse bei 0,54% g.

Architekt:
Kenzo Tange & Associates, Tokio

Tragwerksplaner:
W.L. Meinhardt & Partners, Melbourne
Nippon Kokan K.K. (NKK), Tokio

9.11 Tour Sans Fins – zu Abschnitt 5.3.4

Architektur

Das dreieckige, von drei Verkehrsachsen umschlossene Grundstück des Hochhausprojekts Tour Sans Fins liegt im Pariser Stadtteil La Defence, direkt neben dem Grande Arche Gebäude und somit auch in der Hauptachse Louvre-Champs-Elysees-Grande Arche. Durch seine Vertikalität bildet der 1993 geplante Baukörper zur vorhandenen horizontalen Achse einen Kontrast. „Gespannt wie ein Faden zwischen Himmel und Erde" hebt sich das mit zunehmender Höhe immer immaterieller erscheinende Gebäude bewußt von dem massiven, erdverbundenen Baukörper der Grande Arche (Bild 9.83).

Das runde Hochhaus hat bei einer Höhe von 425,60 m lediglich einen Außendurchmesser von 43 m, und wirkt wie ein glatter, kompakter Zylinder, der aus der Erde herauszuwachsen scheint. Nach oben hin entmaterialisiert sich der Baukörper durch immer helleres und leichteres Material in seiner Fassade. Zum Effekt eines undefinierten Turmendes würden auch die klimatischen Bedingungen in Paris beitragen. Im Gegenlicht würde der Turm nicht immer sichtbar sein, und seine Struktur würde wie eine Masse aussehen, die sich mit zunehmender Höhe auflöst. Die Wirtschaftlichkeit spielt in dem konzeptionellen Entwurf eine relativ untergeordnete Rolle. Der Schlankheitsrekord von 1 : 10 war aber nicht das Entwurfsziel von Anfang an.

Bild 9.83 Modellansicht des Hochhauses Tour Sans Fins (Foto: Georges Fessy)

Das Hochhaus besteht aus drei übereinander angeordneten Einheiten mit jeweils 24 Bürogeschossen für je 60 Personen. Insgesamt besteht das Gebäude aus 92 Geschossen mit 78.000 m² Fläche (Bild 9.84). Über den drei Hochhauseinheiten liegt jeweils ein zweigeschossiges Technikgeschoß und zwischen den zwei oberen Einheiten jeweils ein Umsteigegeschoß. Letztere werden von der Lobby aus durch eine Gruppe von 6 Doppeldeck-Expreßaufzügen mit einer Geschwindigkeit von 6 m/s erreicht. In den Hochhauseinheiten verkehren lokale Aufzüge. Für den Lastenverkehr stehen drei Lastenaufzüge zur Verfügung, die alle Geschosse bedienen und außerdem von der Feuerwehr benutzt werden können.

Die öffentlichen Flächen – Restaurant-, Konferenz-, Aussichtsräume und ein Sportklub - konzentrieren sich auf den Fußpunkt und die Spitze des Hochhauses. Diese Räume werden von einem öffentlichen Eingangsbereich durch Treppen und zwei eigenständige Expreßaufzüge erschlossen. Letztere bieten Besuchern während der Fahrt zu den zwei oberen Aussichtsplattformen nicht nur einen Panoramablick über die Stadt, sondern machen auch die unterschiedlichen Funktionseinheiten des Hochhauses erlebbar. Im oberen Bereich kann die passive Schwingungspendelmasse des Gebäudes wie ein Kunstobjekt besichtigt werden.

In seinem vertikalen Aufbau soll der „Turm ohne Ende" einer Stadt mit fließender Verkehr gleichen. Analog dazu weisen die Bürogeschosse eine große Flexibilität auf, indem sie kern- und stützenfrei sind und die Versorgungs- und Aufzugsschächte an der Peripherie liegen (Bild 9.85). Somit ergeben sich zwei unterschiedliche Typen von innenliegenden und außenliegenden Flächen. Die daraus resultierenden Belichtungsprobleme sollen durch die Glashaut vor der Stahltragkonstruktion und interne Atrien verbessert werden. Der Mittelbereich der Geschosse kann für Großraumbüros oder sekundäre Nutzungen wie Konferenzsäle, Archive usw. verwendet werden. Prinzipiell wird eine große Grundrißvielfalt angestrebt. Büroeinheiten von einem halben Geschoß bis zu einem ganzen Gebäude sind möglich, und können letztendlich vom jeweiligen Büronutzer gestaltet werden.

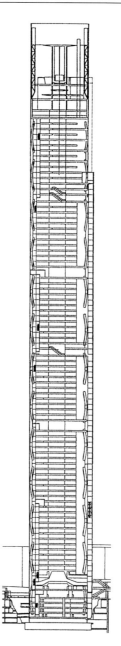

Bild 9.84 Querschnitt des Hochhauses Tour Sans Fins

Am Fuß des Turms ist der Granit der Fassade fast schwarz und rauh und wird mit zunehmender Höhe anthrazitfarbiger, heller und glatter. In diesem Bereich liegt der Verglasungsanteil bei 50%. Der polierte massive Baustoff geht anschließend in eine Aluminiumverkleidung über, und dann in silberserigraphiertes Glas, dessen Siebdruck immer dichter wird und mehr Farbabstufungen widerspiegelt, bis der Baukörper an der Spitze in einer optisch durchlässigen Gitterstahlstruktur endet. Der Charakter der horizontalen Schichtung wird durch die horizontal gegliederte Glasfassade noch verstärkt. Bei Nacht wird diese Wirkung durch die punktuelle Zeichensetzung von Lichtern und Farben weiter verstärkt.

Tragkonstruktion

Die Hochhausröhre besteht bis zu einer Höhe von 372,85 m aus zwei gegenüberliegenden perforierten Wandschalen, die durch die den Kreissegmenten folgenden Megagitterstrukturen gekoppelt sind (Bild 9.86). Letztere bestehen lediglich aus 7geschossigen Stahldiagonalen, die eine horizontale Projektionslänge von 16,89 m, bzw. eine wahre Länge

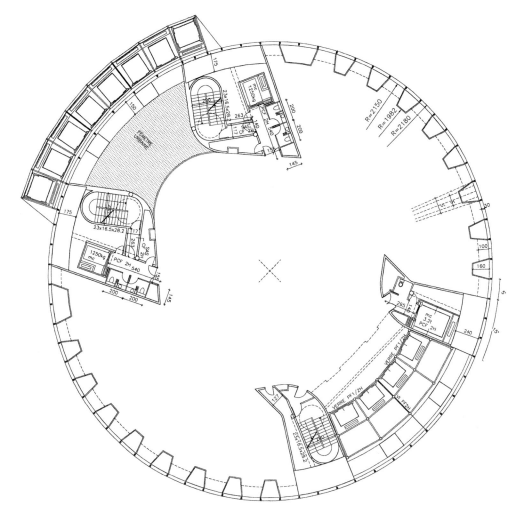

Bild 9.85 Typischer Grundriß der Bürogeschosse von 46,20 bis 88 m Höhe

von 32 m aufweisen. Die Wandschalen sind
an den Randbereichen durch die senkrecht
laufenden Wandscheiben der Versorgungs-
schächte verstärkt. Der Beton aller tragenden
Bauteile besitzt eine Festigkeitsklasse von
B 60 und die Stärke der Wandscheiben nimmt
über die Höhe von 1,70 auf 0,40 m ab. Die
Öffnungsbreite der Scheiben beträgt ein hal-
bes Modul des Hochhausumfangs von 3,80 m,
d.h. 1,9 m.

Im obersten Bereich besteht das am Rande
liegende Röhrentragwerk aus einem kreisförmigen Stahlgitterfachwerk, dessen vertikale
Tragglieder dem Modul des Hochhausumfangs folgen und dessen horizontale Tragglieder in Feldhöhen von 5,275 m angeordnet sind. Alle Stahlglieder der Struktur bestehen aus normalfestem Baustahl.

Durch den kreisrunden Verlauf der X-förmigen
Gittertragglieder wird ihre prinzipielle Schwä-
che in der Ableitung der Vertikalbelastung aus
ihrer Ebene auf die perforierten Wandscheiben überbrückt. Dadurch können sich die
Tragglieder wie ebene Wandscheiben auch
an der Abtragung der horizontalen Windkräfte beteiligen. Somit besitzt die hierbei entwik-
kelte hybride Röhrenlösung eine einheitliche
Tragwirkung und eine über die Höhe progres-
sive Steifigkeitsabnahme. Dies kommt durch
die verwendeten Baustoffe und die Abmessungen der Wandschalen zustande und bewirkt, daß der Massenschwerpunkt zugunsten
eines günstigeren Schwingungsverhaltens
des Systems abgesetzt wird.

Das äußere Röhrentragwerk und ein innerer
Ringträger auf jedem Geschoß dienen zur
Auflagerung der gerichteten oder ungerichteten Stahlträger des Verbunddeckensystems
(Bild 9.87). Die Ringträger werden auf 6
Pendelstützen aufgelagert, die sich in den
Stahlbetonschächten befinden. Aufgrund der
verminderten Spannweiten der Stahlträger
werden vollkommen stützenfreie Innenräume
erreicht, und alle Vertikallasten von der Kern-
zone nach außen auf das Röhrentragwerk
verlagert. Der Hohlraum unter den Decken
beträgt einschließlich der abgehängten Dek-
ken einen Meter. Das hohe Konstruktions-
system kann die technischen Installationen

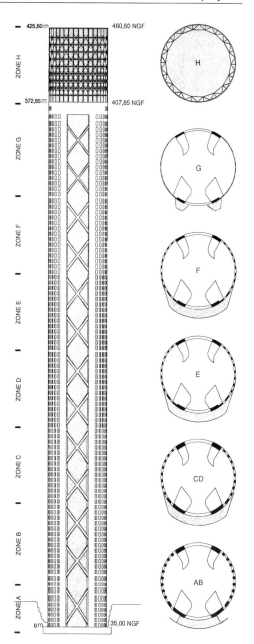

Bild 9.86 Aufriß und Layout des Röhrentragwerks nach Hochhauszonen

aber nicht in geeigneter Weise aufnehmen.
Diese großzügige Höhe soll sicherlich auch
dazu dienen, den Mangel an natürlichem Licht
in den Innenräumen zu kompensieren.

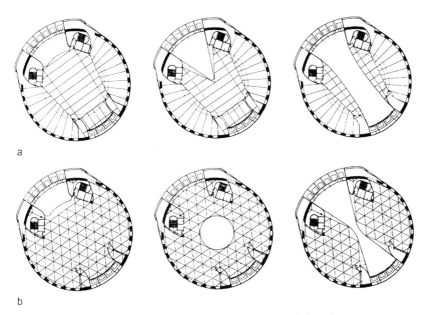

a

b

Bild 9.87 Tragwerkspläne typischer Geschosse mit inneren Atriumsformen
a) Gerichtetes Deckenträgersystem
b) Ungerichtetes Deckenträgersystem

Bei der Entwicklung des statischen Hochhaustragsystems und der -konstruktion erfolgte
eine iterative Untersuchung des dynamischen
Verformungsverhaltens, mit Rücksicht auf die
windinduzierten Beschleunigungen des Baukörpers.

Das Hochhaus besitzt ein biegeweiches
Verformungsverhalten mit einer für seine
Höhe sehr niedrigen Eigenperiode von circa
5 s (Bild 9.88). Somit konnten durch die Ausbildung des hybriden Stahlbetontragwerks mit
den perforierten Wandschalen und der Mega-
gitterstruktur in den ersten 372,85 m und der
Stahlgitterstruktur im oberen Bereich – große
Masse im unteren Bereich zur Gewährleistung
des Windwiderstands und geringe Masse im
oberen Bereich zur Minimierung der Eigenperiode – die Ziele einer Begrenzung der
Eigenperiode und der aus starker Windbelastung resultierenden Beschleunigungen
des dynamischen Systems erreicht werden.

Im Anfangsstadium des Entwurfs konzentrierten sich die Untersuchungen auf den Einfluß
der Öffnungen im obersten Hochhausbereich

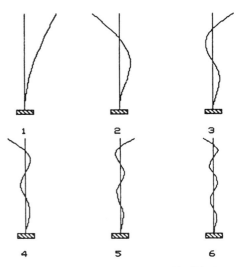

Bild 9.88 Schwingungsformen des idealisierten
modalen Hochhaustragsystems

auf die dynamische Systemantwort und die
Schwellbewegungen, die das Hochhaus von
einem echten zylindrisch geschlossenen Baukörper unterscheiden. Die Ergebnisse haben

gezeigt, daß sich bei 50% Öffnungsflächen in
diesem Bereich, in den Tragelementen keine
bleibenden Spannungen aus Horizontalbelastung ergeben. Somit konnte für die Analyse ein gleich hohes zylindrisches Hochhaus
mit geschlossener Röhrenfläche modelliert
werden. Die Untersuchungen gründeten sich
auf Modelle kleineren Maßstabs und Luftbe-
wegungen mit Geschwindigkeiten unterhalb
der Grenzwerte. Ziel war es, hierbei erste
Standardwerte zu gewinnen, welche in wirtschaftlich vertretbarem Rahmen die Entwicklung einer einfachen und konventionellen
Tragstruktur für das extrem schlanke Hochhaus unterstützen würden.

Im oberen Turmbereich dienen Öffnungen in
der Fassade zur Behinderung einer durchgehenden Ablöselinie von Wirbeleffekten aus
Windbelastung. Dadurch, daß die Luft durch
das Hochhaus zirkulieren kann, wird der
Nachlauf turbulent „belüftet", und es tritt somit eine dynamische „Schwingungsdämpfung"
in Kraft.

Im Rahmen des Tragwerksentwurfs wurde ein
passiver Schwingungstilger entwickelt und
durch eine Pendelform vereinfacht (Bild 9.89).
Die Zusatzmasse wird an einer Kette abgehängt, und beträgt beinahe 2% der Gesamt-

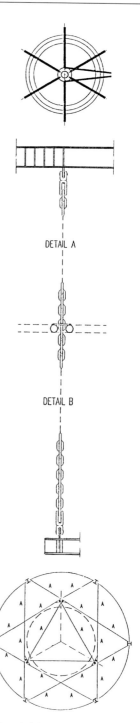

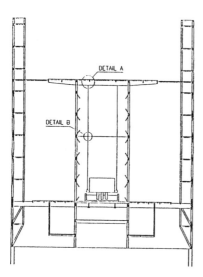

Bild 9.89 Querschnitt des oberen Hochhaus-
bereichs mit geregelter Schwingungspendelmasse

Bild 9.90 Konstruktionsdetail der Tilgermassen-
pendelung

gebäudemasse (Bild 9.90). Die Auflagerungskonstruktion liegt in einem viskosen, flüssigkeitsgefüllten Behälter, so daß die aus kleinen Verschiebungen der Kontrollmasse erzeugten Reibungskräfte in der viskosen Flüssigkeit Bewegungen des Gebäudes verhindern.

Die Dämpfungswirkung der geregelten Tilgermasse beschränkt sich auf die Reduzierung der dynamischen, elastischen Antwort des Hochhauses unter starker Windbelastung. Der Kontrollmechanismus bewirkt infolge Windbelastung einer Eintrittsperiode von 10 Jahren eine Abnahme der maximalen Beschleunigungen des Hochhauses um 2,5% g, bei 1,0 bis 1,5% g. Dadurch befindet sich das Gebäude unterhalb der kritischen, noch zulässigen Schwellenwerte. Die Zieleffektivität des Kontrollsystems bleibt weniger empfindlich gegenüber Veränderungen der äußeren Erregung, die sich aus der Belastungsrichtung oder der vertikalen Verkehrsbelastung resultieren können.

Architekt:
Wettbewerbsentwurf:
AJN Architectures Jean Nouvel, Paris
Ausführungsplanung:
Jean Nouvel, Emmanuel Cattani et Associés, Paris

Tragwerksplaner:
Ove Arup and Partners, London

9.12 Kostabi World Tower – zu Abschnitt 5.3.5

Architektur

Das Projekt des Kostabi World Tower, benannt nach dem Künstler und Sponsor Mark Kostabi, ist ein 609,6 m hoher Turm für den unterentwickelten New Yorker Stadtteil Brooklyn. Der Entwurf schöpft die nach den zur Zeit geltenden US Normen maximal erlaubte Höhe am Standort voll aus und besitzt eine Geschoßfläche von 475.000 m² (Bild 9.91). Der runde Querschnitt des Gebäudes verjüngt sich nach oben und soll mit der Landschaft harmonieren.

Die Tragstruktur des Hochhauses ohne vertikale Tragglieder kann sich an unterschiedliche räumliche Situationen anpassen. Auf jeder Ebene können Funktionsflächen hinzugefügt oder entfernt werden, ohne daß die primären Tragglieder davon beeinflußt werden.

Im unteren Hochhausbereich gibt es Gärten und Parkanlagen auf mehreren Ebenen. Weiter oben schließt sich ein Komplex von Museen und Galerien an. Die stützenfreien Geschoßgrundrisse sind so flexibel wie möglich, so daß das multifunktionale Gebäude Wohnräume, Werkstätten, Schulen, Theater, Büros, Bibliotheken, Hotels und Restaurants beherbergen kann. Architektonisches Ziel ist eine eigenständige, vertikale Künstlerstadt.

Bild 9.91 Modellansicht des Hochhauses Kostabi World Tower (Foto: Eli Attia, Arch.)

Der Kostabi World Tower zeichnet sich durch eine optimale Formgestaltung aus, die in Einklang mit der unterstützenden Tragstruktur steht. Das Tragwerk besteht aus einer inneren und einer äußeren Röhre, mit nach oben abnehmendem Durchmesser (Bild 9.92). Die primären diagonalen Tragglieder weisen eine Kontinuität auf, so daß das gesamte System in seiner Lastabtragung vollkommen ist und in optimalem Gleichgewicht steht. Jedes einzelne Tragelement mit seinen Gliedern hat im System eine bestimmte Tragfunktion und ist gleichwertig zu allen Tragelementen bzw. Traggliedern. Nach diesem Prinzip beteiligen sich alle Tragglieder an der Lastabtragung, so daß die Effektivität und die Arbeitsweise des gesamten Systems durchgängig optimiert sind. Alle einzelnen Segmentteile sind unerläßlich und agieren in Harmonie zum ganzen Tragsystem.

Die Ausbildung des Hochhaustragwerks aus lediglich diagonalen und horizontalen Traggliedern bewirkt, daß das Tragwerk gegen äußere Belastungen sehr stabil ist. Aus der Geometrie wird die eigene vertikale Stabilität in eine horizontale umgeformt. In diesem Sinne bildet das Hochhaustragwerk für die Nutzung des Gebäudes ein intelligentes System, das in effizienter Weise menschlichen Bedürfnissen und wechselnden Anforderungen gerecht werden kann.

Tragkonstruktion

Das Hochhaustragwerk besteht aus einem Rohr-in-Rohr-System mit einem Wendelverlauf aller Tragglieder der dreidimensionalen Gitterstrukturen. Die Fachwerkdreiecke der Struktur werden dadurch gebildet, daß die Diagonalstäbe an die horizontalen Stahlträger in den Hochhaushauptebenen anschließen. Outriggersysteme verbinden die beiden Röhren schubsteif, wobei die Outriggerfachwerkdreiecke ebenfalls an horizontalen Hauptebenen, mit über die Höhe abnehmender Frequenz eingesetzt werden (Bild 9.93). Durch die geometrischen Gesetzmäßigkeiten der Struktur in der Horizontalen und Vertikalen ergeben sich mit zunehmender Höhe steilere mehrgeschossige Outriggerdiagonalen. Die Lage der Hochhausgeschosse kann zwi-

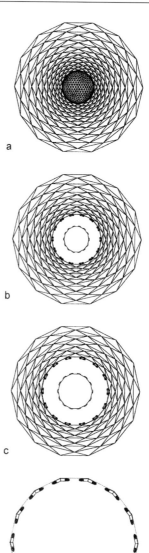

a

b

c

d

Bild 9.92 Typische Tragwerkspläne (Foto: Eli Attia, Arch.)
a) Hauptebene 18, ca. 225. Geschoß
b) Hauptebene 10, ca. 100. Geschoß
c) Hauptebene 5, ca. 50. Geschoß
d) Hauptebene 1, Erdgeschoß

schen den Hauptebenen flexibel festgelegt werden.

Das Hochhaustragsystem ist über die gesamte Höhe gleich. Die primären Diagonalglieder sind am Rande der Röhren so angeordnet, daß sie auch im unteren Bereich ohne architektonische Funktionsbeeinträchtigungen bis zu den Fundamenten des Gebäudes durchlaufen. In diesem Bereich braucht für das obere Hochhaustragwerk kein Abfangträger eingesetzt zu werden. Darüber hinaus entstehen, aufgrund der äußeren Diagonalengeometrie, bei starker Horizontalbelastung keine Zugkräfte in den Traggliedern an der Hochhausbasis. Daraus ergibt sich eine Vereinfachung des Fundamentsystems.

Innerhalb des Tragsystems werden alle Querschnittsgrößen, -verhältnisse und Proportionen nach streng geometrischen Grundsätzen aufgrund ihrer statischen Wirkung bestimmt und geleitet. Je größer die Längskräfte sind, desto kürzer sind die Tragglieder zur Minimierung ihrer Biegebeanspruchungen. Nach diesem Prinzip nimmt die Länge der Diagonaltragglieder von unten nach oben exponentiell zu, und die Erscheinung des Hochhauses erhält eine über die Höhe zunehmend stärkere Vertikalität. Die symmetrische Hochhausform ermöglicht eine weitgehende Elementierung der Stahltragglieder und ist aufgrund der Vorfertigung der Tragkonstruktion und der daraus resultierenden geringeren Bauzeiten besonders wirtschaftlich.

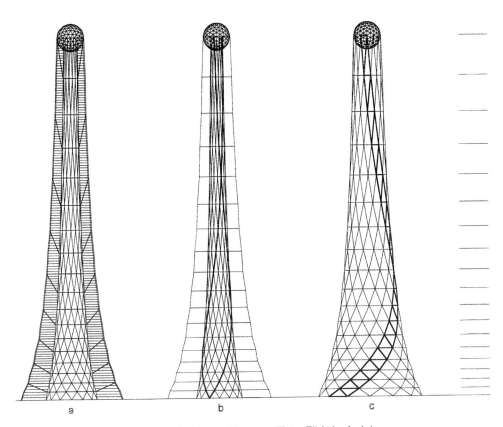

a   b   c

Bild 9.93 Hochhaustragwerk des Kostabi World Towers (Foto: Eli Attia, Arch.)
a) Querschnitt des Hochhaustragwerks
b) Aufriß der inneren Röhre mit Hauptebenen
c) Aufriß der äußeren Röhre

Die Proportionen des Gebäudes wurden so festgelegt, daß der projizierte Durchmesser im oberen, dem stark windbelasteten, Bereich klein ist, und im unteren, dem am wenigsten windbelasteten Bereich am größten. Daraus ergibt sich ein über die Höhe möglichst geringes statisches Windlastprofil. Der aerodynamische Kraftbeiwert des Gebäudes ist kleiner als der zylindrischen Gebäuden entsprechende Wert von 1,4.

Den Abschluß des Hochhauses bildet eine Fachwerkkugel, die gelenkig auf die äußere Röhre gelagert wird. Das Kugeltragwerk folgt den gleichen Wirkungsprinzipien wie das Hochhaustragwerk, wobei alle Tragglieder ausschließlich normalkraftbeansprucht sind,

und zur Abtragung der Horizontal- und Vertikallasten beitragen. Die äußere Röhre erhält dadurch eine Leichtigkeit und einen richtungslosen Abschluß.

Es wird erwartet, daß das Hochhaustragwerk durch seine Geometrie das Behagen der Bewohner des Gebäudes ohne eine Implementierung von Kontrollanlagen, wie z.B. passiv oder aktiv geregelte Schwingungstilger, gewährleisten kann.

Architekt:
Eli Attia, New York

Tragwerksplaner:
Dr. J.P. Colaco, CBM Engineers Inc., Houston

9.13 Petronas Towers – zu Abschnitt 5.3.6

Architektur

Ende 1996, nach einer Bauzeit von drei Jahren, entstanden in Kuala Lumpur die Petronas Towers, das Residenzgebäude der gleichnamigen staatlichen Ölgesellschaft. Die beiden 451,90 m hohen Türme bilden das Portal zu dem neuen Stadtzentrum der malaisischen Hauptstadt, und sie sind mit circa 218.000 m² Geschoßfläche, verteilt auf 88 Geschosse, zugleich Zentrum einer riesigen neuen Stadt-in-der-Stadt (Bild 9.94). Im architektonischen Entwurf werden die traditionelle islamische Formensprache mit buddhistischen Elementen vereint: Zwei im Grundriß um 45° verdrehte Quadrate ergeben einen achtstrahligen Stern; zwischen den Zacken der sich überlagernden Quadrate befindet sich jeweils ein Halbkreis, so daß im Horizontalschnitt eine kreisförmige Figur aus 16 Dreiecken und Halbkreisen entsteht, immer im Wechsel aneinandergefügt. Zwei zusätzliche zylindrische Anbauten mit einem Durchmesser von jeweils 23 m enden im 40. Geschoß in der Höhe einer Brücke, welche die beiden Hochhäuser miteinander verbindet und gleichzeitig die Torfunktion des Gebäudes betont. Die beiden an das Haupttragwerk angedockten Kreiszylinder haben keinen Einfluß auf die Aussteifung der Hochhäuser.

Bild 9.94 Ansicht der Petronas Towers

Tragkonstruktion

Die Tragkonstruktion der Petronas Towers besteht aus einem Verbundsystem aus Stahl und hochfestem Beton. Eine aus betonierten Rundstützen bestehende Rahmenröhre (äußere Tragstruktur) leitet zusammen mit dem Gebäudekern aus Stahlbeton (innere Tragstruktur) die angreifenden Horizontallasten in das Fundament (Bild 9.95).

Im Bereich der Technikgeschosse wird die regelmäßige schubsteife Verbindung beider Röhren durch ein Outriggersystem ermöglicht. Die äußere Rahmenröhre und der innere Kern wirken zusammen als ein Rohr-in-Rohr System. Dieses ist in der Lage, eine angenommene Windersatzgeschwindigkeit von 35,1 m/s, gemessen zehn Meter über der Terrainoberkante, mit einer Windstoßdauer von drei Sekunden aufzunehmen. Die angenommenen maximalen Windkräfte haben eine Eintrittsperiode von fünfzig Jahren.

Die Stahlbetonkonstruktion hat eine Dichte von ungefähr 290 kg/m³. Der Stahlbetonkern und die Rahmenröhre jedes Turms bestehen aus circa 100.000 m³ Stahlbeton und 16.000 t Bewehrungsstahl. Die Betonfestigkeiten des Stahlbetonkerns und der zylindrischen Rohrstützen nehmen von 80 N/mm² im unteren Bereich auf 40 N/mm² an der Hochhausspitze ab. Bedingt durch die große Masse des eingespannten Hochhaustragwerks, sowie durch die zugelassenen und kalkulierten Bewegungen, bleiben die Spannungen im Beton relativ gering. Ein Beton mit hoher Festigkeit wurde aber gebraucht, um die notwendige Festigkeit und Druckkapazität herzustellen – was ab einem Elastizitätsmodul von 48.300 N/mm² der Fall ist.

Die Tragkonstruktion der Petronas Towers verdeutlicht insbesondere die Möglichkeiten von Stahl-Verbundkonstruktionen. Die ihren spezifischen Eigenschaften entsprechend genutzten Materialien – Beton, hauptsächlich für die vertikalen Tragglieder des Gebäudes, und Stahl, hauptsächlich für die horizontalen Tragglieder der Deckenkonstruktion – führten zu einer wirtschaftlichen Tragstruktur, die innerhalb einer begrenzten Bauzeit verwirklicht werden konnte.

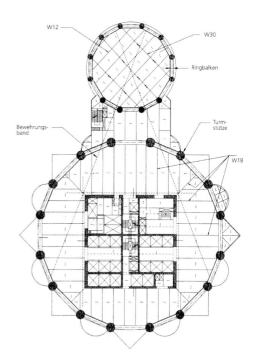

Bild 9.95 Tragwerksplan der Ebenen 31 und 33 eines Turms [9.22]

Der hochfeste Beton des zentralen Kerns, der Stützen und Ringträger des Rahmentragwerks und der Outrigger ermöglichte es, die Tragglieder wirtschaftlich zu dimensionieren, und in jedem Geschoß ein Maximum an vermietbarer Fläche zu wahren. Mit diesem Material konnten geometrisch schwierige Knotenverbindungen des Tragwerks vergleichsweise einfach gelöst werden; zudem garantierten alleine die nackten Betonflächen den geforderten Brandschutz (z.B. Kernwände). Im Bezug auf die am Standort herrschende Windbelastung führt die innere Festigkeit von Beton und seine höhere Masse zu längeren, „verträglicheren" Schwingungsperioden. Die große innere Materialdämpfung begrenzt die bei starken Windstößen auslösenden Auslenkungen des Hochhaustragwerks.

Die Stahlträger und die Stahldeckenkonstruktion erlaubten auf der anderen Seite eine schnelle und flexible Montage. Das gewählte Stahlrahmensystem für die Decken konnte vor

Ort gefertigt werden; schwere Kräne waren
nicht erforderlich. Die Verbunddecke aus Stahl
und Beton ist brandsicher und bedarf keines
zusätzlichen Überzugs aus Spritz-, Normal-
oder Leichtbeton.

Die kreisförmige zylindrische Stahlbeton-
rahmenröhre, die im Umfang des Gebäudes
angelegt ist, wird in 16 Segmente aufgeteilt.
Die Röhre setzt sich aus Stahlbetonring-
trägern (Bild 9.96) und 16 runden Stahlbetonstützen zusammen, die jeweils im Abstand
von 8,2 bis 9,8 m zueinander stehen. Der
Stützendurchmesser verjüngt sich von 2,4 m
an der Basis auf 1,2 m in der obersten Ebene.

Die Verwendung von Doppeldeckaufzügen
erforderte konstante Geschoßhöhen. Im oberen Drittel verjüngen sich die beiden Türme
durch insgesamt fünf in der Höhe abgestufte
Rücksprünge. Die Rücksprünge erfolgten
nicht mit Kragträgern, sondern mit Hilfe von
3geschossigen, geneigten Stützen (Bild 9.97).
Oberhalb der 84. Ebene, wo die Neigung der
Stützen am stärksten ist, wurden Stahlstützen
und Stahlringträger verwendet, um komplizier-
te und aufwendige Schalarbeiten zu vermeiden.

Der quadratische Stahlbetonkern – 23 x 23
und 19 x 22 m im unteren bzw. oberen Be-

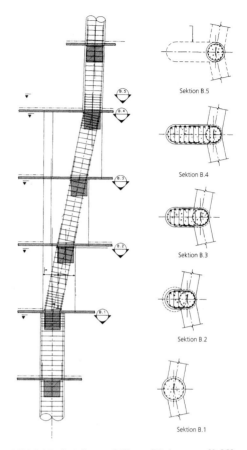

Bild 9.97 Detail vom Stützen-Rücksprung [9.22]

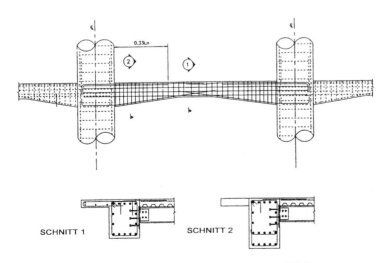

Bild 9.96 Schnitte und Details vom Peripherie-Ringträger [9.31]

reich – besitzt wechselnde Wandstärken – Peripheriewände: 750–350 mm, Innenwände: 350 mm – und verschiedene Betongüten. Die Innenkreuzwände des Kerns haben zur Maximierung der Systemsteifigkeit keine Öffnungen. Der Kern wird in Höhe des 38. Doppel-Technikgeschosses an seinen vier Ecken mit dem zylindrischen Stahlbetonrahmenrohr durch Kragwandscheiben schubsteif verbunden, so daß ein maximaler innerer Hebelarm für die Ableitung der Horizontalkräfte aktiviert werden kann (Bild 9.98). Aus der Windbelastung werden vom Kerntragwerk etwas mehr als die Hälfte des Drehmomentes im Fundamentbereich aufgenommen.

Das Stahldeckensystem stützt sich wiederum auf die innere und äußere Röhre ab und ist biegesteif mit diesen verbunden. Es besteht aus 457 mm hohen Walzträgern, angeordnet in einem Achsraster von drei Metern. Das Gewicht der Walzprofile beträgt 5.500 t.

Die darüberliegende 115 mm starke Deckenplatte setzt sich aus einem 51 mm hohen Trapezblech und 63 mm Aufbeton zusammen

und ist schubsteif mit den Stahlträgern verbunden. Die im Bereich der Außenwand abwechselnd vorspringenden, dreiecks- und kreissegmentförmigen Deckenabschnitte werden an auskragenden Stahlfachwerkträgern aufgelagert, welche biegesteif an die Stützen der primären Tragkonstruktion angeschlossen sind.

Die 2geschossige Außenbrücke verbindet die beiden Hochhäuser im 41. und 42. Geschoß. Die Brücke ist als Zweigelenkbogen ausgeführt und hat eine Spannweite von 58,4 m. In der Mitte wird sie auf vier kreisförmigen Spreizen aufgelagert, die jeweils in der Außenwand des 29. Geschosses gelenkig aufgelagert sind (Bild 9.99).

Alle Verbindungen sind als Reibungsgelenke aus einer Teflonschicht und Edelstahl ausgeführt. Die Spreizen haben eine positive Wölbung, damit Verformungen aus dem Eigengewicht vermieden werden und bei starken Windbelastungen, bedingt durch die in gleicher Richtung maximale Auslenkung der Hochhäuser um 300 mm, keine Einspannmomente entstehen.

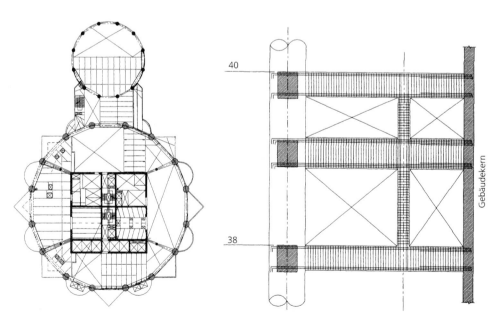

Bild 9.98 Grundriß und Aufriß der Outrigger im Bereich der Technikgeschosse [9.22]

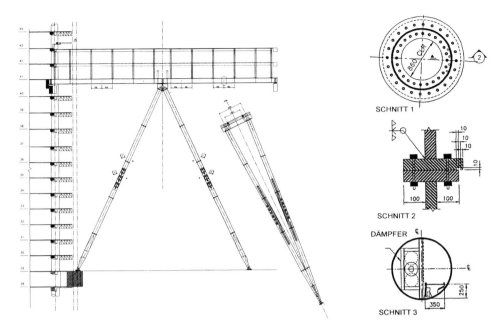

Bild 9.99 Ansicht der Außenbrücke und Details der Konstruktion [9.22, 9.31]

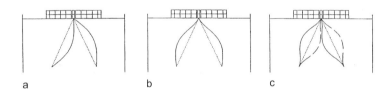

a   b   c

Bild 9.100 Eigenschwingungsformen der Spreizen der Außenbrücke [9.31]
a) 1. Eigenform; 4 Spreizen in einer Richtung
b) 7. Eigenform; Spreizenpaare in gegensätzlicher Richtung
c) 9. Eigenform; Verdrehung der Spreizenpaare

Zur Verhinderung von langjährigen Ermüdungseffekten in den Stahlgliedern aus den angreifenden Wechselkräften sind die Spreizen mit jeweils drei geregelten Schwingungstilgern versehen, die rechnerisch auf ihre drei Haupteigenschwingungsformen abgestimmt sind (Bild 9.100). In dieser Weise wird in der ersten, siebten und neunten Schwingungsform, ein Dämpfungsgrad von 0,005, 0,0025, bzw. < 0,0025 erreicht.

Der obere Abschluß der Hochhäuser wird von einer gestuften, kegelförmigen Spitze aus acht radial angeordneten Edelstahlrahmen und einem Mast gebildet (Bild 9.101). Der 63 Meter hohe Mast wird etwa bis zur halben Höhe von der Turmspitze stabilisiert, in welcher sowohl Scheinwerfer für die Beleuchtung als auch eine Luftfahrtwarnbefeuerung integriert sind.

Zur zusätzlichen Sicherheit ist im oberen Mastbereich ein schlichter Stoßdämpfer aus einer gummiverkleideten Kette integriert worden. Die galvanisierte Ankerkette hat eine Massendichte von 54 kg/m und eine Länge von 7,3 m. Sie wirkt als Pendeldämpfer und

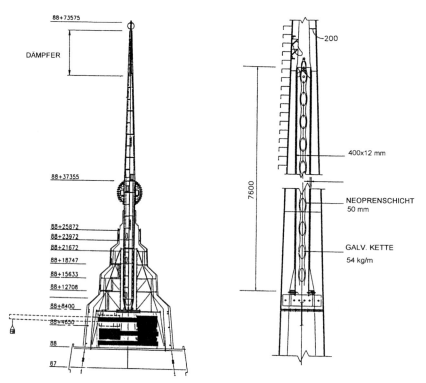

Bild 9.101 Struktur der Hochhausspitze und Ansicht des Stoßdämpfers im Mastbereich [9.22, 9.31]

soll eine möglichst große Effektivität in mehrfachen Schwingungsformen haben. Die effektive Auslenkung des Pendels beträgt circa 70 mm innerhalb des Mastgehäuses. Da die Masse der Kette kleiner als diejenige des Mastes ist, wird sie auch bei kleineren Mastverschiebungen den oberen Grenzwert zur Dämpfungsaktivierung erreichen.

Ein unterirdisches, 19 m tiefes Podium, das sechs Ebenen beinhaltet, wird von einer 30 m tiefen und 0,8 m starken Wandscheibe mit einer Länge von 970 m getragen. Die Hochhäuser stehen jeweils auf einer 4,5 m starken, massiven Stahlbetonplatte, mit einer Betonfestigkeit von 60 N/mm². Jede Fundamentplatte ruht auf insgesamt 104 Stahlbetonpfählen mit einer Betonfestigkeit von 45 N/mm², welche die Vertikallasten über Mantelreibung und Spitzendruck in den Baugrund ableiten (Bild 9.102). Die Pfähle weisen unterschiedliche Längen auf, von 40 m

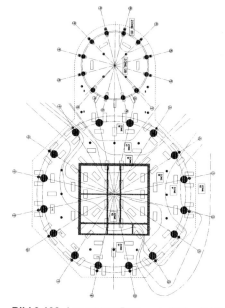

Bild 9.102 Layout von Reibungspfählen [9.22]

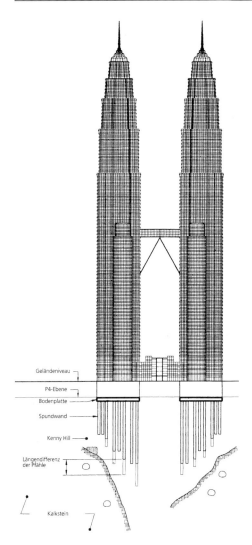

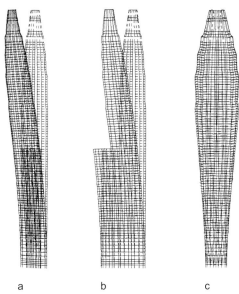

a   b   c

Bild 9.104 1., 2. freie Schwingungsform (a,b) und
3. freie Torsionsform (c) [9.22]

Bild 9.103 Ansicht von den Petronas Towers und
Fundamentprofil [9.32]

auf den einander abgewandten Turmseiten,
bis zu 105 m auf den einander zugewandten
Seiten der Türme (Bild 9.103). Das liegt einerseits am starken Gefälle der festen Boden-
schicht im mittleren Gründungsbereich, zum
anderen überlagert sich die resultierende
Bodenpressung jedes einzelnen Turms im
Bereich der einander zugewandten Seiten.
Die ins Erdreich gerammten Pfähle haben einen Querschnitt von 1,2 x 2,8 m.

Grundlage für die Windtunneluntersuchungen
der beiden Hochhäuser bildete ein 1 : 400
aeroelastisches Modell mit einem Dämpfungsgrad von 0,01 bis 0,03. Die Eigenperiode von
jedem Hochhaus liegt bei 9 s und die erste
Torsionsform entspricht einer Eigenperiode
von etwa 6 s (Bild 9.104). Die vorherrschenden Windlasten bewirken im obersten Geschoß eine maximale Auslenkung von 560
mm. Die maximalen Beschleunigungen liegen
im Bereich von 1,4 bis zu 1,8% g, und somit
unterhalb der 2,1% g Grenze für Bürogebäu-
de mit langer Schwingungsperiode. Aus diesem Grund ist auf eine zusätzliche viskoelastische Dämpfung des Tragsystems verzichtet worden.

Architekt:
Cesar Pelli & Associates, Inc., New Heaven
Adamson Associates, Toronto
KLCC Berhad Arch. Division, Malaysia

Tragwerksplaner:
Thornton-Tomasetti Engrs., New York, NY
Ranhill Bersekutu Sdn. Bhd., Malaysia

9.14 Shinjuku Park Tower – zu Abschnitt 5.3.7

Architektur

Der Shinjuku Park Hochhauskomplex liegt in der südwestlichen Ecke des neuen gleichnamigen Stadtzentrums und bildet den Abschluß der Nord-Süd-Achse des langgestreckten, engen Chuo Parks. Diese Achse bestimmt die Orientierung des Hochhauses und die architektonischen Charakteristika seiner äußeren Erscheinung.

An erster Stelle dient das Hochhaus als Sitz des Tokyo Gas Shinjuku District Heating and Cooling Zentrums, wird in den drei gebündelten Turmeinheiten mit 52, 47 und 41 Geschossen und 5 Untergeschossen aber multifunktional genutzt. Die maximale Höhe des südlichen Turms beträgt 235 m. Mit Rücksicht auf die Parklandschaft wurde die große Gebäudemasse des Hochhauses mit 264.000 m² Gesamtfläche in 3 Volumen aufgelöst (Bild 9.105). Auch die Neubauten des benachbarten Geschäftsbezirks, einschließlich des Tokio City Hall Komplexes passen sich an diese Randbedingungen an.

Ein 18 m hohes, begrüntes Atrium im südlichen Turm bildet den Eingang des Komplexes und reflektiert die Parklandschaft. Von hier aus werden die Hochhausgeschosse erschlossen. Der untere Geschoßbereich beinhaltet eine Reihe von Ausstellungsräumen, darunter das bekannte „Ozon" Wohn-Designzentrum, und eine an das Gebäude anschließende multifunktionale Halle. Der mittlere Hochhausbereich bietet flexible Büroflächen mit einer typischen Geschoßfläche von 4.500 m², bzw. einer Geschoßnutzfläche von 3.500 m². Im obe-

Bild 9.105 Ansicht des Shinjuku Park Hochhauses

ren Hochhausbereich befindet sich ein Hotel. Das Umsteigegeschoß auf der 41. Ebene bietet den Besuchern einen Ausblick auf die Stadt und von hier aus führen Pendelaufzüge zur ersten Eingangshalle des Hotels, im 42. Geschoß. Im ersten Untergeschoß des Hochhauskomplexes befindet sich ein Restaurant, in den weiteren 4 Untergeschossen das Parkhaus und die Technikzentrale.

Die Grundrißgestaltung der einzelnen Hochhausbereiche folgt der architektonischen Konfiguration der drei Türme, die den Hochhauskomplex bilden. Der erste Turm besteht aus einer quadratischen Grundfläche von 19,5 x 19,5 m, welche durch zwei rechteckige Flächen von jeweils 6,5 x 19,5 m erweitert wird. Die freien Eckbereiche ergänzt eine quadratische Fläche von 6,5 x 6,5 m, so daß der Baukörper quaderförmig an den Ecken abgestuft ist. Die zwei weiteren Türme gleicher Konfiguration sind um 13 m zur Querachse versetzt, und haben mit dem jeweils benachbarten Turm eine gemeinsame Erweiterungsfläche (Bild 9.106). In den oberen 11 Geschossen entfällt jeweils die äußere rechteckige Erweiterungsfläche.

In allen drei Funktionsbereichen des Komplexes und über die gesamte Höhe des Hochhauses bildet die zentrale quadratische Fläche jedes Turms die Foyer- oder Büronutzfläche. Die Nebenflächen der Geschosse wurden in die Eckbereiche und die gemeinsamen rechteckigen Turmflächen auf der Ostseite verlegt. Auf diese Weise bleibt die große innere Fläche stützenfrei und flexibel.

Der Hochhauskomplex wird also in erster Linie vom architektonischen Entwurf charakterisiert, der ein Ergebnis der städtebaulichen Disposition des Baukörpers ist. Die Gebäudeform wird nachträglich von einem einfachen und relativ effektiven Tragsystem einer in Längsrichtung gebündelten Rahmenröhre unterstützt. Die Asymmetrie der Gebäudeform in den zwei horizontalen Richtungen verhindert jedoch ein optimales Tragverformungsverhalten des Systems, so daß aufgrund der am Standort herrschenden starken Horizontalkräfte aus Wind und Erdbeben eine zusätzliche Antwortkontrolle erforderlich war.

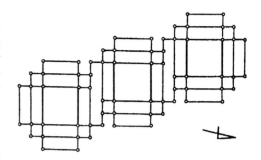

Bild 9.106 Tragwerkslayout des Hochhauskomplexes

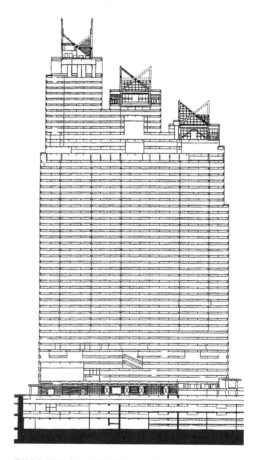

Bild 9.107 Nord-Süd Längsschnitt des Shinjuku Park Hochhauses

Tragkonstruktion

Das Hochhaustragwerk besteht aus drei Einheiten von Stockwerkrahmenröhren mit unterschiedlichen Höhen und versetzten horizontalen Hauptachsen (Bild 9.107). Die primären hochfesten Stahlstützen der Rahmenröhren wurden in den Eckbereichen der Kompositionsflächen der Türme eingeplant, so daß ein zentraler räumlicher Stockwerkrahmen durch zwei weitere mit je 1/3 Spannweite verstärkt wird. Die äußere einachsige Bündelung der drei Stockwerkrahmenröhren ergibt sich aus den zwei gemeinsamen räumlichen Verstärkungsrahmen in Querrichtung.

Am äußeren Rand des Baukörpers sind mit einem Achsabstand von 3,25 m zusätzliche Stützen eingebaut. Die oberen 11 Geschosse jedes Turms springen samt ihrer Stützen um 6,5 m zurück. Das Auflagersystem der oberen sekundären Stützen bilden dann 2,7 m hohe Fachwerkträger, die sich im 40. Geschoß zwischen die primären Stützen spannen. Somit beteiligen sich die bis zu 8-Geschosse hohe, darunter liegenden Hängerstützen, sowie die darüber liegenden nicht an der Horizontallastabtragung.

Das Deckentragsystem besteht aus einer auf das mittragende Trapezblech aufbetonierten Stahlbetonplatte, die im Verbund mit den Stahldeckenträgern wirkt. Letztere bestehen aus Doppel-T-Profilen und bilden ein einlagiges, ungerichtetes Tragsystem mit einer maximalen Spannweite im jeweils zentralen Turmbereich von 19,5 m. Bei einem Achsab-

stand von 3,25 m beträgt ihre Konstruktionshöhe 0,80 m. Das Deckentragsystem gewährleistet unter Horizontalbelastung die erforderliche Scheibenwirkung. Die Deckendurchbrüche in den Atrium- und Foyerbereichen konzentrieren sich innerhalb der zentralen quadratischen Flächen, außerhalb der mittragenden Gurtbreiten der Deckenhauptträger.

Das Hochhaustragwerk entwickelt aufgrund seiner unsymmetrischen Form in beiden horizontalen Achsen ein unterschiedliches Verformungsverhalten, wobei alle horizontalen Verschiebungen mit Torsionsverformungen gekoppelt sind. Aus diesem Grund wurde bei der dynamischen Analyse das Tragverformungsverhalten des Systems in beiden Richtungen einschließlich seiner Torsionsverformungen berücksichtigt. Die Eigenperiode des Systems beträgt in der ersten Eigenform in Querrichtung 5,24 s, in der zweiten Eigenform in Längsrichtung 4,50 s und in der Torsionsform 3,98 s (Bild 9.108).

Die Kopplung aller drei Eigenformen des Systems war für die Ermittlung der Windbelastung anhand Windtuneluntersuchungen grundlegend. Letztere erfolgten anhand eines Hochhausmodells im Maßstab 1 : 700, und die gesamten Windkräfte (Basisschubkraft, Biegemoment, Torsionsmoment) wurden anhand eines 5-Komponenten-dynamischen Kräftegleichgewichts gemessen. Darüber hinaus wurden die lokalen Windkräfte an 10 repräsentativen Höhenzonen eines mehrfachen Röhrensystems ermittelt. Somit ließen sich die zur Konvertierung der gesamten Windkräfte

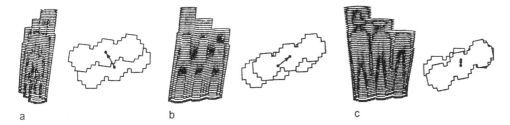

a   b   c

Bild 9.108 Dynamisches Eigenschwingungsverhalten des Hochhaustragwerks [9.13]
a) 1. Eigenform in Querrichtung
b) 2. Eigenform in Längsrichtung
c) 3. Eigentorsionsform

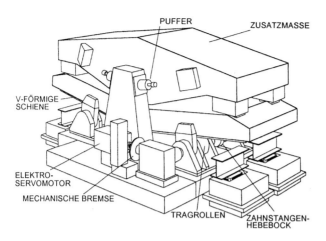

Bild 9.109 Konstruktiver Aufbau des hybrid geregelten Schwingungstilgers [9.13]

in modale Windkräfte erforderlichen Koeffizienten ermitteln, die sich auf die Entwurfsschwingungsformen beziehen. Die Entwurfswindkräfte wurden für zwei Windgeschwindigkeitsstufen mit Eintrittsperioden von 100 Jahren (Stufe 1) und 500 Jahren (Stufe 2) hergeleitet. Die maximalen Verformungen in der jeweiligen Windrichtung stellen die Summe der Grund- und Schwankungskomponente dar.

Zur Minimierung des Unbehagens der Bewohner im oberen Hotelbereich des Hochhauses, aufgrund übermäßiger Verformungen in Querrichtung, sind im 39. Geschoß des höchsten, südlichen Turms drei Einheiten eines hybrid geregelten Schwingungstilgers implementiert. Das Kontrollsystem soll aber auch die Hochhausverformungen infolge starker Windbeanspruchung mit einer zu erwartenden Eintrittsperiode von 5 Jahren um mindestens 50% verringern und eine Dämpfung der Abklingschwingungen aus Erdbebenerregungen geringer und mittlerer Intensität bewirken. Zuletzt sollen die dynamischen Verformungen langer Periode, die aus Erdbebenbeanspruchungen aus einem entfernten Epizentrum resultieren können, verringert werden.

Der V-förmige Schwingungstilger bildet eine hybride Kombination einer passiv geregelten Schwingungspendelmasse, die durch eine

elektrische Motoranlage mit einer Kapazität von 75 kW aktiv kontrolliert wird. Die Zusatzmasse unterliegt pendelartigen Schwingungen mit maximalen Verschiebungen von ±1,0 m, und ist auf Stahlschienen gelenkig aufgelagert, die auf Rollagern gleiten können. Die Kontrollkräfte der Schwingungen der Zusatzmasse werden von der Motoranlage über eine Räderuntersetzung und einen Zahnstangenhebemechanismus übertragen (Bild 9.109).

Eine Anpassung des Basiswinkels der V-förmigen Anlage ermöglicht die Abstimmung der Eigenperiode des Kontrollmechanismus zur Eigenperiode des Hochhaustragsystems

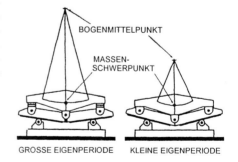

Bild 9.110 Einstellung des Basiswinkels des Schwingungstilgers zur Bestimmung der Eigenperiode [9.29]

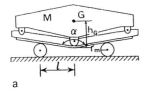

a

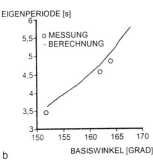

b

Bild 9.111
a)   Idealisierter Kontrollmechanismus
b)   Verhältnis zwischen Eigenperiode und Basis-
     winkel des Schwingungstilgers

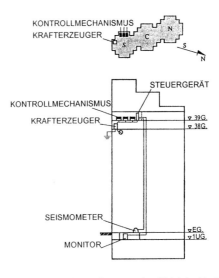

Bild 9.112 Kontrollsystem des Shinjuku Park
Hochhauses

(Bild 9.110). Die Veränderung des Basiswinkels erfolgt durch entsprechendes Hinzufügen von Stahlplatten zwischen der Zusatzmasse und den Stahlschienen, die als Abstandhalter in den äußeren Gliederverbin-
dungen dienen. Dabei ist eine Einstellung der
Eigenperiode im Bereich zwischen 3,7 bis
5,8 s möglich (Bild 9.111). Das bedeutet, daß
der Aufbau des Kontrollmechanismus eine
kompakte Masse begünstigt, die zwischen
Geschossen normaler Höhe eingebaut werden kann.

Die drei implementierten Kontrolleinheiten
wirken in der gleichen Querrichtung und sind
vom geometrischen Mittelpunkt des Hoch-
hausquerschnitts weggerückt. Auf dem gleichen Geschoß befindet sich ein Akzelero-
meter, und im Erdgeschoß des Gebäudes ist
ein Seismometer eingesetzt (Bild 9.112). Die
Zusatzmassen bestehen jeweils aus einer
Masse von 110 t, d.h. insgesamt 330 t, und
bilden somit 0,25% der Gebäudemasse mit
134.000 t.

Zur Beurteilung der Effektivität des Kontrollmechanismus wurden die freien und gezwun-

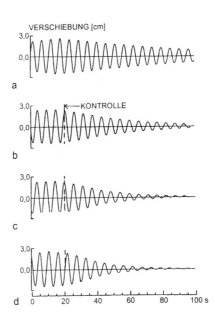

Bild 9.113 Freies Schwingungsverhalten des
südlichen Turms im 39. Geschoß [9.14]
a)   Ohne Kontrolle
b)   Kontrolle durch eine Einheit
c)   Kontrolle durch zwei Einheiten
d)   Kontrolle durch drei Einheiten

genen Schwingungen des gedämpften Systems untersucht. In letzterem Fall funktionierten zum Teil die Einheiten des Schwingungstilgers auch als Erreger. Indikativ für das resultierende Verformungsverhalten sind die Querverformungen des südlichen Turms im 39. Geschoß (Bild 9.113). Die Aktivierung aller 3 Zusatzmassen basierte auf ihrer Schwingung in übereinstimmendem Phasenwinkel, so daß eine effektive, integrierte Zusammenwirkung des Kontrollmechanismus entsteht. Der Dämpfungsgrad des Hochhauses reicht von 0,011 bis 0,049, falls keine oder alle drei Kontrolleinheiten in Kraft treten.

Die Ergebnisse der durchgeführten freien und gezwungenen Schwingungen des gedämpften Systems lassen sich wie folgt zusammenfassen:

1. Aufgrund der Aktivierung von einer und zwei Zusatzmassen wird der erste und zweite maximale Wert der ersten Eigenform in Querrichtung um circa 50%, bzw. 33% reduziert.

2. Der Kontrollmechanismus bewirkt eine relativ schwache Verringerung der maximalen Werte der zweiten und dritten Eigenform, die den Längs- und Torsionsverformungen des Hochhaustragwerks entsprechen.

In den praktischen Ausführungen konnte sichergestellt werden, daß die Geräusche und Schwingungen der Kontrollmassen kein Unbehagen bei den Gebäudenutzern hervorrufen.

Architekt:
Kenzo Tange & Associates, Tokio

Tragwerksplaner:
Kajima Corporation, Tokio

Kontrollsystem:
Kobori Research Complex, Tokio
Ishikawajima-Harima Heavy Industries Co., Ltd., Tokio

9.15 Dynamisches Intelligentes Gebäude, DIB-200 – zu Abschnitt 5.3.8

Architektur

Die Projektarbeit eines Dynamischen Intelligenten Gebäudes für die Stadt Tokio gründet sich auf ein 200geschossiges Hochhaus mit Büro-, Hotel- und Wohnraumnutzungen. Beim Entwurf und Konzeption dieses Superhochhauses mußten neben den tragwerksspezifischen Planungsschwerpunkten auch architekturrelevante soziologische, funktionale und energetische Faktoren berücksichtigt werden.

Der gesamte Hochhauskomplex besteht aus 12 Hochhauseinheiten, die funktional kommunizieren. Die 50geschossigen zylindrischen Einheiten besitzen einen Durchmesser von 50 m und eine Gesamtfläche von jeweils ca. 2.000 m². Sie sind in vertikaler und horizontaler Richtung über zentrale Umsteigegeschosse miteinander verbunden und übereinander gestapelt, bis die Höhe von 800 m (200 Geschosse) erreicht wird (Bild 9.114). Durch eine veränderliche Anzahl von Kombinationen und Abmessungen der Hochhauseinheiten können verschiedene architektonische Hochhaustypen entwickelt werden.

Das Hochhaus bildet eine „Stadt-in-der-Stadt" mit besonderen, aufgrund seiner Größe erforderlichen energetischen Eigenschaften, und bietet den Nutzern eine große funktionale Flexibilität und Bewegungsfreiheit. Die Konstruktion ermöglicht ein hohes Maß an Feuerschutz, und das außenliegende räumliche Skeletttragwerk bewirkt, daß die „induzierten Windbewegungen" im benachbarten Stadtgebiet reduziert werden. Darüber hinaus verfügt

Bild 9.114 Modellansicht des Dynamischen Intelligenten Gebäudes, DIB-200 (Foto: S. Masuda, A. Scott Howe, Arch.)

der Hochhauskomplex über Informations- und Unterhaltungssysteme, die für eine Katastrophenvorbeugung der einzelnen Hochhauseinheiten sorgen.

Die Umwelt- und Energieerhaltung im Stadtkontext spielte bei der Entwicklung der technischen Ausbausysteme des Bauwerks eine Hauptrolle. Durch die ausschließlich dafür implementierten Energieerzeugungsanlagen, die sich zum großen Teil auf Wind- und Solarenergienutzung gründen, können 25% der gesamten für den Betrieb erforderlichen Energiekraft erhalten werden. Auf diese Weise wird die öffentliche Energieversorgung des Gebäudes entsprechend reduziert. Durch das Recycling des verbrauchten Wassers und den Betrieb von Regenwasserverarbeitungssystemen kann der Verbrauch des sauberen Wassers um 50% reduziert werden.

Mit konventionellen Baumethoden würde die erforderliche Bauzeit des Hochhauses 10 Jahre betragen. Durch eine Rationalisierung der Baukonstruktion und der Bauabläufe, wie z.B. die Implementierung von Verbunddeckensystemen, das Ausbetonieren der Stahlhohlprofile, die Anwendung hoher Turmkräne und Bauroboter auf der Baustelle, könnte die Bauzeit auf 7 Jahre begrenzt werden. Auf jeden Fall wird jedoch erwartet, daß sich während der Bauzeit sowohl die soziologischen Verhältnisse, als auch die Funktionsschwerpunkte des Hochhauses selbst verändern werden. In diesem Kontext sind Fragen der psychologischen und physischen Einflüsse, die sich beim Wohnen im obersten Hochhausbereich ergeben würden, noch ungeklärt.

Tragkonstruktion

Das Hochhaustragwerk bildet eine Megarahmenstruktur aus den als Megastützen konzipierten zylindrischen Hochhauseinheiten, die alle 50 Geschosse mit 6geschossigen Großrahmenriegeln zur Gewährleistung der horizontalen Schubsteifigkeit des Tragwerks biegesteif verbunden sind (Bild 9.115). Die Hochhauseinheiten bestehen jeweils aus einem Rohr-in-Rohr Aussteifungstragwerk. Der innere zylindrische Kern aus Wandscheiben wird in jeder Hochhauseinheit mit der äuße-

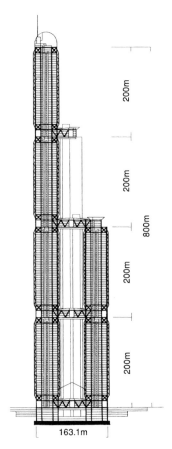

Bild 9.115 Querschnitt des Megarahmentragwerks [9.12]

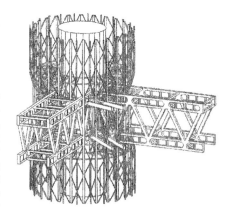

Bild 9.116 Megarahmenknoten aus Rohr-in-Rohr Stützen und Megariegeln [9.12]

ren Raumfachwerkröhre an zwei Stellen, unter- und oberhalb der Großrahmenriegel, durch 4geschossige Outriggersysteme gekoppelt (Bild 9.116). Das Tragsystem ermöglicht eine maximale horizontale Steifigkeit der einzelnen Hochhauseinheiten, und die außenliegenden Raumfachwerkträger dienen zusätzlich dazu, die auf die Hüllkonstruktion wirkende Windbelastung abzumindern.

Das äußere Röhrentragwerk ist einheitlich in Stahl-Beton-Verbundbauweise konstruiert. Die Stützen als kreisförmige, hochfeste Stahlhohlprofile bestehen aus einem Baustahl SM 570 und sind mit hochfestem Beton mit einer Entwurfsgrundfestigkeit von 1500 kg/cm² ausgefüllt. Durch dieses Konstruktionsprinzip der vertikalen Tragstruktur kann ein schneller Bauablauf begünstigt, und die Aufnahme von großen Längskräften mit einem vergleichsweise kleinen Querschnitt ermöglicht werden. Im unteren Bereich haben die Stahlprofile einen Durchmesser von 1,2 m und im oberen Bereich einen Durchmesser von 1,0 m. Die Stärke des Profils verringert sich von 12,5 cm im unteren Bereich auf 2,5 cm im oberen Bereich. Die Großrahmenriegel bestehen aus dem gleichen hochfesten Baustahl und der gleichen Profilstärke wie die Stützen. Baustahl von noch größerer Festigkeit würde zu einer klei-

neren Profilstärke führen, die jedoch mit einer kleineren horizontalen Steifigkeit der Tragglieder gleichbedeutend wäre.

Das Hochhaustragwerk besitzt in der ersten biegeweichen Schwingungsform aufgrund seiner Höhe, trotz der großen Steifigkeit der Megarahmenstruktur, eine sehr große Eigenperiode von 10,5 s (Bild 9.117). Demzufolge ist aufgrund von langdauernden Horizontalerregungen, beispielsweise starken Windbeanspruchungen, eine aktive Tragverformungskontrolle erforderlich, um sehr große Verformungen des ungedämpften Systems in Grenzen zu halten.

Das gedämpfte Tragsystem unterliegt aufgrund seiner Größe und der daraus resultierenden Einflüsse in soziologischer und wirtschaftlicher Hinsicht stärkeren Entwurfskriterien als konventionelle Systeme. Maßgebend für sein Tragverformungsverhalten sind folgende drei Kriterien:

1. Das Hochhaus gewährleistet seine Betriebssicherheit auch während Erdbeben- und Windbeanspruchungen, die sich alle paar Jahre wiederholen können. Zu diesem Zweck wird das integrierte aktive Kontrollsystem aktiviert.

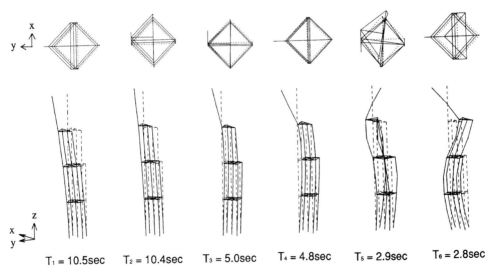

$T_1 = 10.5 sec$ $T_2 = 10.4 sec$ $T_3 = 5.0 sec$ $T_4 = 4.8 sec$ $T_5 = 2.9 sec$ $T_6 = 2.8 sec$

Bild 9.117 Freie Schwingungsformen des Hochhaustragwerks [9.12]

2. Infolge von Horizontalbelastungen, die alle 100 bis 200 Jahre zu erwarten sind, bleibt die Tragwerksantwort durch die Anwendung einer passiven Tragverformungskontrolle im elastischen Bereich.

3. Infolge maximaler dynamischer Belastung mit einer Eintrittsperiode von 500 bis 1000 Jahren, verringert sich die Tragwerksantwort durch die passive Tragverformungskontrolle um mindestens 25%. Das Tragwerk erfährt dabei ausschließlich elastische Verformungen.

Die erste, zweite und dritte Eigenperiode des Tragsystems sind in den zwei horizontalen Hauptrichtungen ähnlich. Das bedeutet, daß das Kontrollsystem für beide Richtungen gleiche Parameter besitzen kann. Bei einer Horizontalbelastung der Stufe 1 beträgt der Dämpfungsgrad der ersten Schwingungsform 0,01, bei einer Belastung der Stufe 2 beträgt er 0,02. In der dreidimensionalen Antwortanalyse wurden die Horizontalkräfte gleichzeitig in beiden horizontalen Hauptrichtungen berücksichtigt. Das dynamische Tragverformungsverhalten des Hochhaussystems in der Belastungsstufe 3 wurde aufgrund fehlender Daten nicht ermittelt. Es wird jedoch davon ausgegangen, daß die entsprechende Erdbebenbelastung der Belastungsstufe 2 ähnelt, und die Windbelastung 25% stärker ist als diejenige der Stufe 2.

Der aktive Kontrollmechanismus für die Belastungsstufe 1 besteht aus acht aktiv geregelten Schwingungstilgern von einer jeweils 500 Tonnen schweren Masse, die in den acht oberen Hochhauseinheiten eingebaut wird, im 100., 150. und 200. Geschoß des Hochhauses. Die Anwendung des aktiven Kontrollprinzips bei der Belastungsstufe 2 würde sehr große Verschiebungen der Zusatzmassen zur Folge haben. Aus diesem Grund wird bei der Überschreitung der ersten Belastungsstufe der aktive Kontrollmechanismus automatisch deaktiviert, und er agiert weiter wie ein passiv geregelter Schwingungstilger. Die insgesamt acht vorhandenen, passiv geregelten Zusatzmassen im Hochhaus verleihen dem Tragsystem einen zusätzlichen Dämpfungsgrad von 0,02.

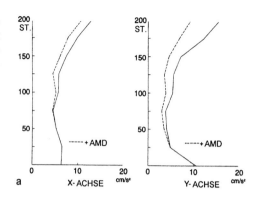

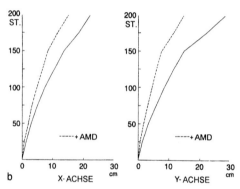

Bild 9.118 Maximale Systemantwort aufgrund einer Erdbebenbelastung der Stufe 1 [9.12] (Koutou Erdbeben 02.90; N-S Komponente: $a_{b\,max} = 6{,}382$ cm/s², O-W Komponente: $a_{b\,max} = -10{,}55$ cm/s²)
a) Systembeschleunigung
b) Systemverschiebung

Die aus einer Erdbebenbelastung der Stufe 1 resultierenden Beschleunigungen des aktiv gedämpften Systems verringern sich in der Y-Richtung im Vergleich zum ungedämpften System um 40%. In der senkrechten Richtung sind die resultierenden Systembeschleunigungen beträchtlich kleiner (Bild 9.118a). Ähnliche Ergebnisse in den zwei Hauptrichtungen werden auch bei den resultierenden Verformungen des Systems erzielt (Bild 9.118b). Die maximale Verschiebung des Schwingungstilgers beträgt in der Y-Richtung 1,5 m und in der X-Richtung 1,6 m. Im Falle der Belastungsstufe 2 wird die passiv kontrollierte Systemantwort um 25% verringert (Bild 9.119).

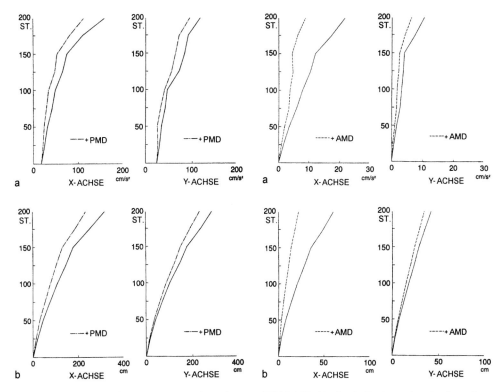

Bild 9.119 Maximale Systemantwort aufgrund einer Erdbebenbelastung der Stufe 2 [9.12] (Hybrides Sakata Erdbeben; N-S Komponente: $a_{b\,max}$ = 18,12 cm/s², O-W Komponente: $a_{b\,max}$ = −24,42 cm/s²)
a) Systembeschleunigung
b) Systemverschiebung

Bild 9.120 Maximale Systemantwort aufgrund einer Windbelastung der Stufe 1 (v_{max} = 27 m/s) [9.12]
a) Systembeschleunigung
b) Systemverschiebung

Bei einer Windbelastung der Stufe 1 ist vor allem eine beträchtliche Verringerung der Systemantwort in der Querwindrichtung (X-Richtung) festzustellen. In der Längswindrichtung (Y-Richtung) erfährt das System durch die aktive Kontrolle eine verhältnismäßig kleine Verringerung seiner Beschleunigungen und Verschiebungen (Bild 9.120). Das liegt daran, daß in der Querwindrichtung die Windkraft hauptsächlich aus der Schwankungskomponente besteht, für die der Schwingungstilger in effektiver Weise arbeitet. In der Längswindrichtung stellt die Schwankungskomponente bei der dynamischen Analyse eine statische Windersatzkraft dar, für die der Schwingungstilger nicht effektiv sein kann. Die

maximale Verschiebung des Schwingungstilgers beträgt in der X-Richtung 4,3 m und in der Y-Richtung 9,3 m. Dabei kann das aktive Kontrollsystem die aus jährlichen Taifunen resultierenden Beschleunigungen des Gebäudes im Durchschnitt um rund 40% verringern. In der Belastungsstufe 2 zeigt das passive Kontrollsystem in der Systemantwort eine ähnliche Wirkung (Bild 9.121).

Die aus der Horizontalbelastung entstehenden maximalen Schubkräfte am Fußpunkt des Hochhaustragwerks liefern Erkenntnisse hinsichtlich der in den verschiedenen Bemessungsstufen aufnehmbaren statischen Lasten des Tragsystems. Aufgrund einer Windbela-

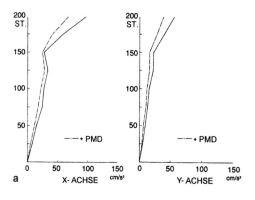

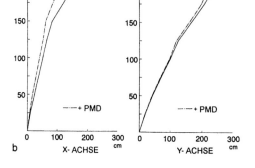

Bild 9.121 Maximale Systemantwort aufgrund einer Windbelastung der Stufe 2 (v_{max} = 70 m/s) [9.12]
a) Systembeschleunigung
b) Systemverschiebung

stung der Stufe 2 betragen die maximalen Werte des Basisschubkoeffizienten nach einem Systemdämpfungsgrad von lediglich 0,02, in der X-Richtung 0,034 und in der Y-Richtung 0,038. Infolge einer Erdbebenbelastung der Stufe 2 vergrößern sich die Kraftkoeffizienten in der X-Richtung auf 0,045 und in der Y-Richtung auf 0,047.

Architekt, Tragwerksplaner:
Kajima Design [Architectural and Engineering Design Group, Kajima Corporation], Tokio

Kontrollsystem:
Kajima Corporation, Tokio
Kobori Research Complex, Tokio

9.16 Fort Canning Tower – zu Abschnitt 5.4.1

Architektur

Der Projektentwurf des Telekommunikationsturms von Singapur wurde im Rahmen eines internationalen Wettbewerbs Ende 1991 fertiggestellt. Der Entwurf sieht am Fort Canning Park ein 253,50 m hohes abgespanntes Turmbauwerk vor, dessen Form ein integratives Ergebnis von städtebaulichen, funktionalen und konstruktiven Entwurfsaspekten ist. Der Turm hat seine minimale Größe im obersten Bereich mit einem Kerndurchmesser von 5,5 m und seine maximale Größe von 30 m im unteren Bereich, definiert durch 24 einzelne Abspannseile des Kerntragwerks mit leicht gekrümmtem Verlauf über die Höhe (Bild 9.122).

Innerhalb des Seilmantels sind die Funktionsräume, in denen sende- und empfangstechnische Einrichtungen untergebracht sind, als drei Raumeinheiten mit einer gesamten Fläche von 3.500 m² angeordnet. In Einklang mit tragwerksplanerischen Kriterien weist der Turm eine beträchtliche Zunahme seiner Masse von unten nach oben auf, wobei die drei Raumeinheiten in ihrer Größe und ihrem Volumen variieren. Die Anordnung und die Massenbestimmung der Raumeinheiten erfolgten unter Berücksichtigung der Proportionsverhältnisse von geschlossenem und offenem Bauvolumen über die Höhe und in Abstimmung zu einer optimalen dynamischen Massenverteilung entlang des äußerst schlanken Stahlbetonkerns.

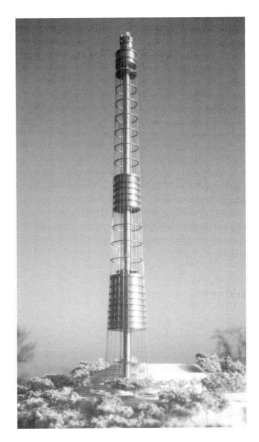

Bild 9.122 Modellansicht des Fort Canning Towers (Foto: Friedrich Grimm, Arch.)

Die größte, unterste Raumeinheit befindet sich zwischen 34,20 bis 69,12 m Höhe und beherbergt in 7 Geschoßebenen die Räume für die Radioanlagen. Die mittlere Raumeinheit in Höhe von 116,28 bis 139,68 m trägt auf 5 Plattformen die Mikrowellenanlagen und die entsprechenden technischen Räume. Die kleinste, oberste Raumeinheit zwischen 220,68 bis 237,78 m Höhe besteht aus zwei Geschossen mit Mikrowellensatelliten und einer öffentlich zugänglichen, verglasten Aussichtplattform. Die freien Abstandsflächen zwischen den Raumeinheiten und der oberste Turmbereich sind für die Radioantennen reserviert, die nicht weit entfernt von den zugehörigen Funktionsflächen sein sollten. Zwei Untergeschosse enthalten die erforderlichen Fernsehanlagen und die technischen Installationsanlagen des Bauwerks. Jede Raumeinheit des Turms besitzt ein eigenes technisches Kühlungs- und Lüftungssystem, das getrennt in Betrieb gesetzt und individuell geregelt werden kann (Bild 9.123).

Der Kern nimmt im Inneren eine Fluchttreppe aus vorgefertigten Betonelementen auf, die vertikal in Brandabschnitte von rund 20 m unterteilt ist, sowie die in einem eigenen Brandabschnitt geführten Stränge der Telekommunikationskabel. Ein großer Lastenaufzug und zwei kleinere freie Personenglasaufzüge werden horizontal um den Kern angeordnet und an Auslegern aus Stahl geführt (Bild 9.124).

Die Raumeinheiten werden mit einer Edelstahlvorhangfassade verkleidet, die Schaftoberfläche mit Edelstahlpaneelen. Edelstahl ist an diesem Extrembauwerk nicht nur das strukturelle Rückgrat, die Präzision und Leistungsfähigkeit des Werkstoffs spiegeln sich auch in der Fassade und den Details wider und verleihen damit dem Turm sein unverwechselbares technisches Gepräge.

Im Eingangsbereich sind die radial angelegten Treppen, die von der rauhen Parkfläche auf die gebaute Ebene führen, in Naturstein konzipiert, so daß der Turm eine feste Basis bekommt. Das Tragwerk erlaubt die Ausbildung einer filigranen Konstruktion in diesem Bereich, der sich harmonisch in die parkarti-

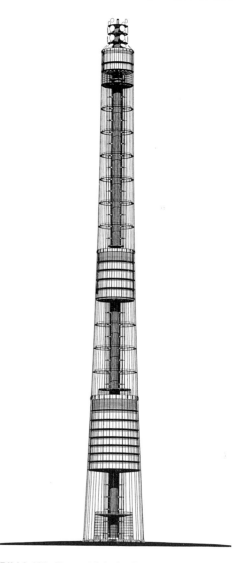

Bild 9.123 Perspektivische Ansicht des Fort Canning Towers

ge Umgebung einfügen sollte (Bild 9.125). Die äußerst transparente Verglasung der Eingangslobby wird von 24 vorgespannten Seilpfosten über Edelstahl-Gußbefestigungsglieder gehalten. Die Seilpfosten liegen im Inneren des Abspannseilmantels und sind an der kreisförmigen Plattform in einer Höhe von 13,10 m und an der Basisebene befestigt.

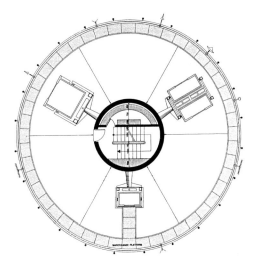

Bild 9.124 Horizontaler Schnitt in 208,80 m Höhe

Die wegweisende Spannseilstruktur wäre für die Realisierung von Hochhäusern mit sehr großer Schlankheit geeignet, wobei die Systeme in ihrem statischen Tragverformungsverhalten über eine hohe Intelligenz verfügen würden.

Tragkonstruktion

Das Turmtragwerk besteht aus einem Stahlbetonkern mit einem nach oben leicht abnehmenden Außendurchmesser von 5,5 auf 5,1 m

Das Projekt demonstriert eine optimierte architektonische und konstruktive Entwurfslösung, die vom konstruktiven System getragen wird. Die Tragkonstruktion bietet eine große Oberfläche zur Unterbringung der erforderlichen Funktionsflächen bei einer äußerst filigranen Bauweise, und ermöglicht im Vergleich zu den konventionellen, vom Kern auskragenden Betonplattformen eine beträchtlich vorteilhaftere Tragwirkung.

Bild 9.125 Turmeingangsbereich

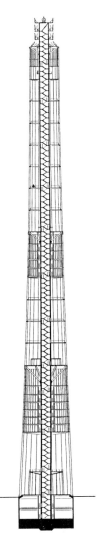

Bild 9.126 Querschnitt des Turmbauwerks

...

und aus 24 Abspannseilen, die im Winkel von 15 Grad auf einer unteren Kreislinie mit einem Außendurchmesser von 30 m angeordnet sind (Bild 9.126). Die Seile werden an drei Stellen über rotationssymmetrische Outriggersysteme mit dem Kern gekoppelt. Der Durchmesser ihrer Kreislinie verjüngt sich in Richtung des Turmkopfes auf 15 m.

Die Outriggersysteme befinden sich in 69,12, 139,68 und 237,78 m Höhe und bestehen aus jeweils 6 radial angeordneten Stahlfach-

werken. Die Fachwerke bestehen aus 60° geneigten Druckdiagonalen und horizontalen Zugstahlgliedern. An diesen sind zur Abhängung der Plattformen der Raumeinheiten auch Hängerglieder befestigt.

Durch zusätzlich angeordnete Druckringe zwischen den Raumeinheiten, die auch als Antennenträger dienen, werden die Seile in Richtung des Kerntragwerks gespannt, so daß die Kontur des Turms eine parabolische Verjüngung erhält, die subtil auf den Kräfteverlauf

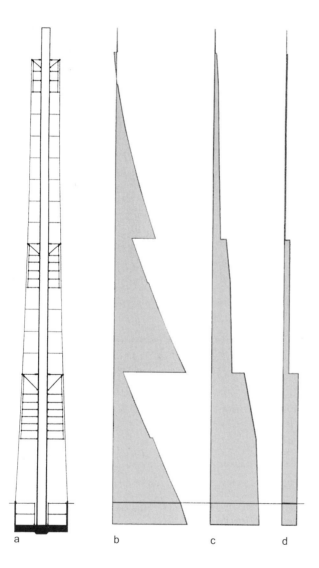

Bild 9.127
a) Statisches System
b) Biegemomentenverlauf
c) Normalkraftverlauf
d) Maximaler Seilkraftverlauf

a   b   c   d

hinweist. Über die untere Raumeinheit werden alle 12 m insgesamt 3 Druckringe mit einem Durchmesser von 20 m eingesetzt, über die mittlere Raumeinheit werden alle 11,5 m 6 Druckringe mit einem Durchmesser von circa 16 m eingesetzt. Die Druckringe weisen einen Stahlgrad von 50 mit einer Fließgrenze von 360 N/mm² auf, und werden radial durch jeweils 6 kleine Drahtseile gegen den Kern vorgespannt, so daß sich Felge-Speiche-Systeme bilden. Diese sollen windinduzierte Schwingungen der Abspannseile verhindern.

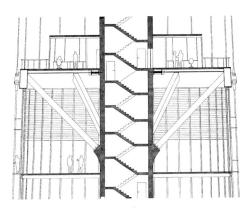

Bild 9.128
Schnittdetail des untersten Outriggersystems

Das System ist in der Lage, die mit der Höhe des Kragarms stark zunehmenden Biegemomente und Längskräfte an den Stellen der Outriggersysteme wirksam abzuschneiden (Bild 9.127). Die beiden primären Tragelemente nehmen die anfallenden Horizontallasten aufgrund ihrer relativen Steifigkeit auf, wobei der größte Teil der aus der Horizontalbelastung resultierenden Biegemomente auf die Abspannung des Kerns übertragen wird. Dabei wird die Vorspannung der Seile so ausgelegt, daß auch bei starker Horizontalbelastung die windabgewandten Seile stets zugbeansprucht werden.

Das Deckenverbundtragsystem besteht aus 24 radial angeordneten Stahlträgern und einer 15 cm starken Ortbetonplatte, die auf Trapezblech als verlorene Schalung aufbetoniert wird. Die gesamte Konstruktionshöhe des Deckensystems beträgt circa 40 cm. Die Träger werden im Inneren konventionell am Stahlbetonkern und von außen an den Stahlhängergliedern befestigt.

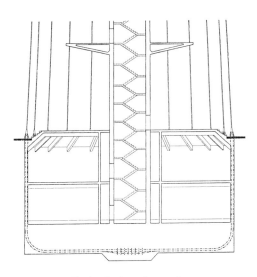

Bild 9.129 Flachgründungskonzept

Der Stahlbetonkern besteht aus hochfestem Beton mit einer Stahlbewehrung des Grades 460. Über die Höhe bleibt der Innendurchmesser des Kerns mit 4,50 m konstant, seine Wandstärke verändert sich von 70 auf 40 cm. Die Grenzzugfestigkeit aller Seile beträgt 1570 N/mm², der Seildurchmesser beträgt bis zu einer Höhe von 69 m 105 mm, bis 139,68 m 65 mm und im oberen Bereich 40 mm. Aufgrund der vorhandenen Steifigkeitsverhältnisse der drei Tragelemente – Kern, Outrigger, Abspannseile – nimmt das Seilsystem unter Windbelastung im unteren Bereich 60% des gesamten Biegemomentes auf.

Die Krafteinleitung in das Kerntragwerk erfolgt bei den Druckdiagonalen der Outriggersysteme über einen angevouteten Konsolring. Die horizontalen Zugglieder der Outriggersysteme geben ihre Lasten an Stahlringträger ab, die über Stahlkonsolen an dem Stahlbetonkern befestigt sind (Bild 9.128). Somit wird eine tangentiale Weiterleitung der Horizontalkräfte am Kern gewährleistet. Die Outriggersysteme sind in hochfestem Stahl mit einer Fließgrenze von 690 N/mm² konzipiert. Die Druckglieder bestehen aus Hohlkasten-

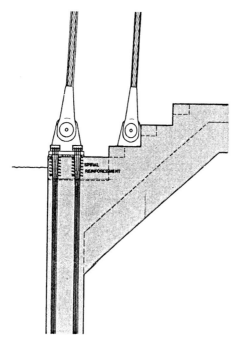

Bild 9.130 Konstruktionsdetail der Seilverankerung

profilen aus angeschweißten Stahlplatten, und die Zugglieder aus Stahlplatten. Die Anschlüsse der Tragglieder erfolgen durch hochfeste Bolzen.

Die Flachgründung des Turmbauwerks besteht aus einer kreisförmigen, 5 m dicken Stahlbetonplatte, die mit einer bis zur Geländeebene 16 m hohen kreisförmigen Wandscheibe monolithisch verbunden ist (Bild 9.129). Die Wandscheibe wird durch konventionelle Spannglieder vorgespannt, und im oberen Bereich werden die eigenen Spannglieder und die vorgespannten Seile des Überbaus an speziell entworfenen Verankerungselementen aus einem duktilen Gußstahl eines Grades von 500 verankert (Bild 9.130). In dieser Weise wird der direkte Kraftfluß in die Fundamentplatte gewährleistet.

Architekt:
Architekturbüro Friedrich Grimm, Stuttgart

Tragwerksplaner:
Ingenieurbüro Leonhardt, Andrä und Partner, Stuttgart

10 Ausblick

Die Entwicklung innovativer und wirtschaftlicher Hochhaustragwerke erfordert eine intensive interdisziplinäre Zusammenarbeit der verantwortlichen Planer. Die gesetzten Ziele von statisch optimierten Hochhaustragwerken mit kontrolliertem zeitabhängigem Tragverformungsverhalten können nur erreicht werden, wenn bei der Planung ein iterativer Entwurfsprozeß stattfindet.

Der Entwurf des statischen Tragsystems hängt mit dem architektonischen Hochhausentwurf zusammen und bildet einen grundlegenden Baustein in der weiteren Entwicklung des Projekts. In diesem Stadium werden Entscheidungen über die Baustoffe, die Konstruktion und das Gründungssystem getroffen. Die Analyse des dynamischen Verhaltens des Hochhaussystems, die außer der bisher berücksichtigten Steifigkeit auch die effektive Masse und Dämpfung des Systems in Betracht zieht, liefert tatsächliche Ergebnisse zum Tragverformungsverhalten des Gebäudes anhand der am Standort herrschenden Horizontalbelastungen. Die angestrebte Optimierung der komplexen Tragstrukturen erfordert in vielen Fällen ihre weitere Entwicklung in Tragmechanismen mit kontrollierten dynamischen Eigenschaften im gesamten elastoplastischen Beanspruchungsbereich. Diese sollen die uneingeschränkte Nutzbarkeit und darüber hinaus die Standsicherheit des Gebäudes gewährleisten.

Die in diesem Buch ausgeführte theoretische Analyse und die dokumentierten Projektbeispiele haben gezeigt, daß die weitere Entwicklung von Hochhaustragwerken mit Fortschritten bei den einzelnen Tragkomponenten und Einflußparametern des dynamischen Systems eng verknüpft ist.

Die Entwurfsmethodik und die Abstimmung zwischen Hochhaus- und Tragwerksentwurf sind dabei von entscheidender Bedeutung. Dazu sollten auch neue Tragsysteme mit einfacherer und wirtschaftlicherer Herstellung und Konstruktion dienen. Zur Zeit wird die Steigerung der Festigkeit von verwendbaren Baustoffen und eine Überwachung ihrer Zähigkeitseigenschaften angestrebt. Die weitere Entwicklung von Entwurfsvorschlägen für hochfeste Betone und Stähle, wie auch eine Systematisierung von Stahl-Beton-Mischbauweisen für primäre und sekundäre Tragkomponenten sind dabei notwendig. Damit hängt auch eine Klärung des Tragverformungsverhaltens von Verbund- und Misch-Tragverbindungen zusammen.

Die Weiterentwicklung von Verbundbaukonstruktionen wird einen großen Einfluß auf die Tragglieder und Deckentragsysteme haben. In diesem Bereich können wirtschaftlich vorgefertigte Verbundträger für große Spannweiten und verbesserte Verbundglieder von Vorteil sein.

Die Verbesserung der Tragwirkung von wirtschaftlichen Hochhausgründungssystemen hängt mit der Modellierung des Baugrunds, der Untersuchung des statischen und dynamischen Tragverformungsverhaltens der Fundamente und den Konstruktionsmethoden zusammen. Diese Aufgabengebiete spielen eine entscheidende Rolle für die Sicherheit des Gebäudes und ihnen sollte bei der Planung und Forschung eine entsprechende Bedeutung geschenkt werden.

Im Bereich der Tragverformungskontrolle werden neue duale Tragsysteme konzipiert und untersucht, wobei sich alle Tragglieder des Aussteifungstragwerks in der dynamischen Systemantwort ununterbrochen beteiligen. Parallel dazu werden weitere hybride Kontrollmechanismen entwickelt. Zudem werden auch Kontrollmechanismen mit veränderlichen aktiven Dämpfungseigenschaften analytisch und experimentell untersucht. Dabei wird versucht, die Verläßlichkeit und Kosteneffizienz der Systeme zu verbessern. Aktive Kontrollmechanismen mit direkter Energieversorgung aus Wind- und Erdbebenbeanspruchung sollten in diesem Kontext keine Vision bleiben. Im Gegenteil, es sollten möglichst frühzeitig die Grundlagen zur weiteren Forschung in dieser Richtung geschaffen werden.

Eine vielversprechende Möglichkeit zur Tragverformungskontrolle bietet die Implementierung intelligenter Materialien mit perfektem Formgedächtnis, welche reversible Plastizierungen aufweisen, sowie die direkte Kontrolle von Materialeigenschaften durch elektrische Verfestigung. Dies führt dazu, daß flexible Tragwerke mit kontrollierten Bewegungen steifer und fester werden. Die experimentelle und analytische Untersuchung ihres Verhaltens in größeren Tragwerken, wie auch die Beurteilung ihrer Nachhaltigkeit und der Verläßlichkeit ihrer Kontrollwirkung sind hierbei noch erforderlich.

Der enorme wissenschaftliche und technische Aufwand zur Erzielung optimierter und zugleich verläßlicher Hochhaustragsysteme nach dem heutigen Stand bildet auch die Grundlage für noch höhere Hochhäuser. Dabei darf die Tatsache nicht in Vergessenheit geraten, daß die Grenzen des Hochhausbaus nicht allein in seiner Höhe liegen, vielmehr entfalten sie sich aus der Vernunft und Innovation der anwendungsreifen Technik.

Literaturverzeichnis

Literatur zu Kapitel 2

[2.1] Blum, M., Schweißeignung einer neuen Generation gewalzter Stahlträger. der Praktiker, Heft 10/98, DVS-Verlag, Düsseldorf, 1998

[2.2] Blum, M., Stähle für den Stahlhochbau. Grimm, F., (Hrsg), Stahlbau im Detail, WEKA-Verlag, Teil 5/2, 1995

[2.3] Deutscher Stahlbau-Verband, Stahlbau Handbuch: Für Studium und Praxis. Band 1, Deutscher Stahlbau-Verband (Hrsg), 3. Auflage, Köln, 1993

[2.4] Hampe, E., Raue, E., Kaller, W., Stahlbeton. Teil 1 Grundlagen. Verlag für Bauwesen, Berlin, 1993

[2.5] Hegger, J., Hochhäuser aus Stahlbeton. Hegger, J., Führer, W., (Hrsg), Hochhäuser. Entwerfen – Planen – Konstruieren, Tagungsband RWTH Aachen 1995, S. 184–197, 1995

[2.6] Hosser, D., Gutachterliche Stellungnahme zum Brandverhalten von hochfestem Beton B 105 mit Faserzusatz. Institut für Baustoffe, Massivbau und Brandschutz der TU Braunschweig, 1994

[2.7] Jumppanen, U.M., Diederichs, U., Mechanical High Temperatures Properties and Spalling Behaviour of High Strength Concrete. ACI Spring Convention, Boston, 1991

[2.8] König, G., Bergner, H., Grimm, R., Erläuterungen zur DAfStb-Richtlinie Hochfester Beton. Bautechnik, Heft 4, Nr. 74, 1997

[2.9] König, G., Grimm, R., Hochleistungsbeton. In Beton-Kalender 2000, Teil 1, Ernst & Sohn, Berlin, 2000

[2.10] Lambotte, H., Taerwe, L.R., Fatique of plain, high strength concrete subjected to flexural tensile stresses. Proc. Utiliz. HSC, Stavanger, S. 331–342, 1987

[2.11] Mander, J.V., Priestley, M.J.N., Park, R., Seismic Design of Bridge Piers. Research Report 84-2, CEUCC, Feb. 1984

[2.12] Mayer, L., Neue Entwicklungen beim Einsatz von Hochleistungsbeton. Vorträge Deutscher Betontag 1995, Deutscher Betonverein E.V., 1995

[2.13] Müller, F.P., Keintzel, E., Chaylier, H., Dynamische Probleme des Stahlbetonbaus, Teil 1: Der Baustoff Stahlbeton unter dynamischer Beanspruchung. Deutscher Ausschuß für Stahlbeton, Heft 342, Ernst & Sohn, Berlin, 1983

[2.14] Park, R., Ductile Design Approach for Reinforced Concrete Frames. Earthquake Spectra, EERI, Vol. 2, No 3, May 1986

[2.15] Paulay, T., Deterministic Seismic Design Procedures for Reinforced Concrete Buildings. Eng. Struct., Vol. 5, S. 79–86, Jan. 1983

[2.16] Paulay, T., Bachmann, H., Moser, K., Erdbebenbemessung von Stahlbetonhochbauten. Birkhäuser Verlag, Basel, 1990

[2.17] Profil ARBED: Histar, Die neue Generation von Walzträgern für den wirtschaftlichen Stahlbau. Profilkatalog, HITD-989-12/95/3000, Luxembourg, 1995

[2.18] Roik, K., Bergmann, R., Bode, H., Einfluß von Kriechen und Schwinden des Betons auf die Tragfähigkeit von ausbetonierten Hohlprofilstützen. Studiengesellschaft für Anwendungstechnik von Eisen und Stahl e.V. (Hrsg), Projekt 27, Düsseldorf, 1979

[2.19] Simsch, G., Tragverhalten von hochbeanspruchten Druckstützen aus hochfestem
Normalbeton (B 65 – B 115). Technische
Hochschule Darmstadt, Dissertation, Darmstadt, 1994

[2.20] Sinha, B.P., Gerstle, K.L., Jülin, L.G.,
Stress-Strain Relations for Concrete under
Cyclic Loading. Journal of the American Con-
crete Institute, Feb. 1964

Literatur zu Kapitel 3

[3.1] Grimm, F., Neuartige Verbundkonstruktionen aus Stahl und Beton. Stahlbau im
Detail, WEKA-Verlag, Teil 15/2.1, 2000

[3.2] Krebs, A., Constantinescu, D., Der Einfluß der Axialverformungen der vertikalen
Tragglieder von Hochhäusern. In Hochhäuser, Darmstädter Statik-Seminar 1999, Bericht
Nr. 16, Technische Universität Darmstadt, Institut für Statik, Darmstadt, 1999

[3.3] Muess, H., Interessante Lösungen im
Verbundbau. Stahlbau Jg. 65, Nr. 10, S. 349–
355, 1996

[3.4] Muess, H., Verbundträger. Grimm, F.,
(Hrsg), Stahlbau Im Detail, WEKA-Verlag, Teil
8/4, 1995

[3.5] Ritz, P., Zur Berechnung und Bemessung vorgespannter Platten. Schweizer Inge-
nieur und Architekt, 7, S. 205–211, 1983

[3.6] Seismology Committee: Recommend-
ed Lateral Force Requirements and Commen-
tary. Structural Engineers Association of California, 1975

[3.7] Tauber, M., Zur Optimierung weitge-
spannter Geschoßdecken – Vergleich verschiedener Deckensysteme in konstruktiver
und wirtschaftlicher Hinsicht. Fachbereich
Konstruktiver Ingenieurbau der Technischen
Hochschule Darmstadt, Dissertation, Darmstadt, 1986

Literatur zu Kapitel 4

[4.1] Phocas, M.C., Siamesische Zwillinge.
Technik: Verbundtragwerke im Hochhausbau.
deutsche bauzeitung, Heft 09/1997, S. 126–
134, 1997

[4.2] Schmidts, H., Berechnungsmethoden
für Hochhaustragwerke aus Stahl. Grimm, F.,
(Hrsg), Stahlbau im Detail, WEKA-Verlag, Teil
9/12.2, 1996

Literatur zu Kapitel 5

[5.1] Hart, F., Henn, W., Sontag, H., Stahl-
bauatlas Geschoßbauten. Institut für internationale Architektur-Dokumentation, München,
Deutscher Stahlbau-Verband, Köln, 2. Auflage, 1990

[5.2] Isyumor, N., Steckley, A., Amin, N.,
Fathi, H., Effects of the Orientation of the prin-
cipal Axes of Stiffness on the dynamic Response of a slender square Building. Journal
of Wind Engineering and Industrial Aerodynamics, 36, 1990

[5.3] Janis, K.V., The Superskyscraper –
Continuing the Evolution of the Tall Building.
Chung, Y.K., (ed.), Proceedings of the Fourth
International Conference on Tall Buildings,
Hongkong, University of Hongkong, 1988, Vol.
I, S. 197–203, 1988

[5.4] Khan, F.R., Amin, N., R., Analysis and
Design of Framed Tube Structures for Tall
Concrete Buildings. The Structural Engineer,
No 3, Vol. 51, S. 85–9203, 1973

[5.5] Kind-Barkauskas, F., Kauhsen, B., Po-
lónyi, S., Brandt, J., Beton-Atlas: Entwerfen
mit Stahlbeton im Hochbau. Rudolf Müller,
Köln; Beton-Verlag, Düsseldorf, 1995

[5.6] Kowalczyk, R.M., Sinn, R., Kilmister, M.B., (ed.), Structural Systems for Tall
Buildings. Council on Tall Buildings and Urban Habitat, Committee 3, McGraw-Hill, Inc.,
New York, 1995

[5.7] Park, H.S., Park, C.L., Design of Tu-
bular Structure Systems for High-Rise Buildings with Minimized Shear Lag Factor Distri-
butions. Beedle, L.S., (ed.), Structural Design,
Codes, and Special Building Projects, Special Publication, Council Report 903.473,
Council on Tall Buildings and Urban Habitat,
Bethlehem, S. 55–60, 1997

[5.8] Phocas, M., Tragstrukturen für Hochhäuser. Grimm, F., (Hrsg), Stahlbau im Detail, WEKA-Verlag, Teil 9/12.1, 1996

[5.9]   Pocanschi, A., Budiu, V., Simplified Analysis of Precast Framed Tube Structures. The Indian Concrete Journal, Vol. 56, No 11, S. 306–311, November 1982

[5.10] Pocanschi, A., Olariu, I., Response of a Medium-Rise Frame-Tube Model under Static and Dynamic Actions. Journal of the American Concrete Institute, Proccedings, Vol. 79, No 2, S. 154–159, March–April 1982

[5.11] Qi, X., Chen, S., Design Issues Associated with Outriggers in Concrete High-Rise Buildings. Beedle, L.S., (ed.), Tall Building Structures – A World View. Proceedings of the 67th Regional Conference held in Chicago, IL, April 15–18, 1996, in conjunction with ASCE Structures Congress XIV, Council on Tall Buildings and Urban Habitat, Bethlehem, S. 255–264, 1996

[5.12] Schmidts, H., Zur effizienten Modellierung und Analyse von Hochhaustragwerken. Ramm, E., (Hrsg), Bericht Nr. 23, Institut für Baustatik der Universität Stuttgart, Dissertation, Stuttgart, 1998

[5.13] Schock, H.-J., Untersuchungen zur Tragfähigkeit von Seilverspannten Druckstäben. Dimitrov, N.S., (Hrsg), Forschungsbericht Nr 24, Institut für Tragkonstruktionen und Konstruktives Entwerfen, Universität Stuttgart, Stuttgart, 1976

[5.14] Seidlein, v.P.C., (Hrsg), Hochhäuser in München, Diplomarbeiten. Universität Stuttgart, Institut für Baukonstruktion Lehrstuhl 2, 2. Auflage, Stuttgart, 1991

[5.15] Stafford, S.B., Nwaka, I.O., Bahavior of Multioutrigger Braced Tall Buildings. ACI Special Publication SP-63, S. 515–541, 1980

[5.16] Taranath, B.S., Structural Analysis and Design of Tall Buildings. McGraw-Hill Inc., New York, 1988

Literatur zu Kapitel 6

[6.1]   Amann, P., Breth, H., Über die Setzung von Hochhäusern und die Biegebeanspruchung von Gründungsplatten. Bautechnik, 2, S. 37–42, 1977

[6.2]   Buja, H.J., Handbuch des Spezialtiefbaus: Geräte und Verfahren, Werner Verlag, Düsseldorf, 1998

[6.3]   Franke, E., Pfähle. Smoltczyk, U., (Hrsg), Grundbau-Taschenbuch, Teil 3, 5. Auflage, Ernst & Sohn, Berlin, 1997

[6.4]   Hartmann, H.G., Pfahlgruppen in geschichtetem Boden unter horizontaler dynamischer Belastung. Technische Hochschule Darmstadt, Dissertation, Darmstadt, 1985

[6.5]   Hettler, A., Gründung von Hochbauten. Ernst & Sohn, Berlin, 2000

[6.6]   Hettler, A., Setzungen von vertikalen, axial belasteten Pfahlgruppen in Sand. Bauingenieur, 61, S. 417–421, 1986

[6.7]   Hettler, A., Berg, J., Zulässige Lasten bei Betonrüttelsäulen und vermörtelten Stopfsäulen auf statistischer Grundlage. Geotechnik, 10, S. 169–179, 1987

[6.8]   Katzenbach, R., Moormann, C., Reul, O., Hoffmann, H., Hochhausgründungen als Motor innovativer, kostengünstiger Fundamentierungs- und Gebäudetechniken. In Hochhäuser, Darmstädter Statik-Seminar 1999. Bericht Nr. 16, Technische Universität Darmstadt, Institut für Statik, Darmstadt, 1999

[6.9]   Kirsch, K., Erfahrungen mit der Baugrundverbesserung durch Tiefenrüttler. Geotechnik, 1, S. 21–32, 1979

[6.10] Klein, G., Bodendynamik und Erdbeben. Smoltczyk, U., (Hrsg), Grundbau-Taschenbuch, Teil 1, 5. Auflage, Ernst & Sohn, Berlin, 1996

[6.11] Köhn, W., Katalog der Ortpfahl-Verfahren. Bauverlag, Wiesbaden, 1996

[6.12] Koreck, H.W., Zyklisch axial belastete Pfähle. Geotechnik, 2, Deutsche Gesellschaft für Erd- und Grundbau, Essen, 1985

[6.13] Leonhardt, F., Mönnig, E., Vorlesungen über Massivbau. 3. Teil, Springer Verlag, 1977

[6.14] Ripper, P., El-Mossallamy, Y., Entwicklung der Hochhausgründungen in Frankfurt. In Hochhäuser, Darmstädter Statik-Seminar 1999. Bericht Nr. 16, Technische Universität Darmstadt, Institut für Statik, Darmstadt 1999

[6.15] Schmidt, H.G., Seitz, J.M., Grundbau. In Beton-Kalender 1998, Teil II, Ernst & Sohn, Berlin, 1998

[6.16] Schmidts, H., Zur effizienten Modellierung und Analyse von Hochhaustragwerken. Ramm, E., (Hrsg), Bericht Nr. 23, Institut für Baustatik der Universität Stuttgart, Dissertation, Stuttgart, 1998

[6.17] Schulze, W.E., Simmer, K., Grundbau. 14. erweiterte Auflage, B.G. Teubner Verlag, Stuttgart, 1967

[6.18] Seitz, J.M., Schmidt, H.G., Bohrpfähle. Ernst & Sohn, Berlin, 2000

[6.19] Smoltczyk, U., Netzel, D., Flachgründungen. Smoltczyk, U., (Hrsg), Grundbau-Taschenbuch, Teil 3, 5. Auflage, Ernst & Sohn, Berlin, 1997

[6.20] Stocker, M., Walz, B., Pfahlwände, Schlitzwände, Dichtwände. Smoltczyk, U., (Hrsg), Grundbau-Taschenbuch, Teil 3, 5. Auflage, Ernst & Sohn, Berlin, 1997

[6.21] Waas, G., Pfahlgründungen unter dynamischer Belastung. Haupt, W., (Hrsg), Bodendynamik. Grundlagen und Anwendungen, Vieweg & Sohn Verlag, Braunschweig, 1986

Literatur zu Kapitel 7

[7.1] Banavalkar, P.V., Structural Systems to Improve Wind Induced Dynamic Performance of High Rise Buildings. Journal of Wind Engineering and Industrial Aerodynamics, 36, S. 213–224, 1990

[7.2] Bertero, V.V., Major Issues and Future Directions in Eartquake-Resistant Design. Earthquake Engineering, Tenth World Conference, Balkema, Rotterdam, S. 6407–6444, 1994

[7.3] Davenport, A.G., The Application of Statistical Concepts to the Wind Loading of Structures. Proc. Inst. Of Civil Engineers, 19, S. 449–472, 1961

[7.4] Eibl, J., Häussler-Combe, U., Baudynamik. Beton-Kalender 1997, Teil 2, Ernst & Sohn, Berlin, 1997

[7.5] Gerhardt, H.J., Die Bestimmung der Windbelastung von Bauwerken im Windkanal. Der Prüfingenieur, Okt. 1998, S. 31, 1998

[7.6] Housner, G.W., Limit Design of Structures to Resist Earthquakes. Proc. 1st WCEE – Berkeley, California, 1956

[7.7] Ladberg, W., Commerzbank-Hochhaus in Frankfurt/Main. Planung, Fertigung und Montage der Stahlkonstruktion. Stahlbau, 10, S. 356–367, 1996

[7.8] Luz, E., Schwingungsprobleme im Bauwesen: Einführung in die Schwingungsberechnung von Baukonstruktionen. expert-Verlag, Band 397, 1992

[7.9] Meskouris, K., Baudynamik: Modelle, Methoden, Praxisbeispiele. Ernst & Sohn, Berlin, 1999

[7.10] Müller, F.P., Keintzel, E., Erdbebensicherung von Hochbauten. Ernst & Sohn, Berlin, 1984

[7.11] Newmark, N.M., Rosenblueth, E., Fundamentals of Earthquake Engineering. Englewood Cliffs, N.J.: Prentice-Hall, 1971

[7.12] Paulay, T., Bachmann, H., Moser, K., Erdbebensicherung von Stahlbetonhochbauten. Birkhäuser Verlag, Basel, 1990

[7.13] Schlaich, J., Beitrag zur Frage der Wirkung von Windstößen auf Bauwerke. Der Bauingenieur, 3, 1966

[7.14] Sockel, H., Aerodynamik der Bauwerke. Vieweg, Braunschweig, 1984

[7.15] Stoll, J., Hochhäuser – Wieviel Technik ist nötig? In Hochhäuser, Darmstädter Statik-Seminar 1999. Bericht Nr. 16, Technische Universität Darmstadt, Institut für Statik, Darmstadt, 1999

[7.16] Uang, C.-M., Bertero, V.V., Evaluation of Seismic Energy in Structures. Earthquake Engineering and Structural Dynamics, Vol. 19, S. 77–90, 1990

Literatur zu Kapitel 8

[8.1] Abdel-Rohman, M., Feasibility of Active Control of Tall Buildings Against Wind. Journal of Structural Engineering, ASCE, 113, S. 349–362, 1987

[8.2] Abdel-Rohman, M., Structural Control Considering Time Delay Effect. Transactions Canadian Society of Mechanical Engineering, 9, S. 224–227, 1985

[8.3] Abdel-Rohman, M., Leipholz, H.H.E., Active Control of Tall Buildings. Journal of

Structural Engineering, ASCE, 109, S. 628–645, 1983

[8.4] Abé, M., Igusa, T., A Rule-Based Feedforward Control Strategy with Incomplete Knowledge of Disturbance. 1 WCSC, First World Conference on Structural Control, Vol. 2, Los Angeles, California, International Association for Structural Control, S. TA4-63-TA4-70, Aug. 1994

[8.5] Agnes, G.S., Napolitano, K., Active Constrained Layer Viscoelastic Damping. Proceedings 34th SDM Conference, Lajolla, California, S. 3499–3506, 1993

[8.6] Aiken, I.D., Nims, D.K., Kelly, J.M., Comparative Study of Four Passive Energy Dissipation Systems. Bulletin N.Z. National Society for Earthquake Engineering, 25(3), S. 175–186, 1992

[8.7] Aiken, I.D., Nims, D.K., Whittaker, A.S., Kelly, J.M., Testing of Passive Energy Dissipation Systems. Earthquake Spectra, Vol. 9, No 3, S. 335–369, Aug. 1993

[8.8] Arbel, A., Controllability Measures and Actuator Placement in Oscillatory Systems. International Journal of Control, 33, S. 565–574, 1981

[8.9] Balas, M.J., Direct Velocity Feedback Control of Large Space Structures. Journal of Guidance and Control, 2, S. 252–253, 1979

[8.10] Benninger, N.F., Analyse und Synthese linearer Systeme mit Hilfe neuer Strukturmaße. VDI-Verlag, Düsseldorf, 1986

[8.11] Bergman, D.M., Goel, S.C., Evaluation of Cyclic Testing of Steel-Plate Devices for Added Damping and Stiffness. Report No UMCE 87-10, The University of Michigan, Ann Arbor, MI, 1987

[8.12] Bodden, D.S., Junkins, J.L., Eigenvalue Optimization Algorithms for Structure/Controller Design Iterations. Journal of Guidance and Control, Vol. 8, No 6, S. 697–706, 1985

[8.13] Burke, S.E., Hubbard, J.E., Distributed Actuator Control Design for Flexible Beams. Automatica, 24(5), S. 619–627, 1988

[8.14] Cherry, S., Filiatrault, A., Seismic Response Control of Buildings Using Friction Dampers. Earthquake Spectra, Vol. 9, No 3, S. 447–465, Aug. 1993

[8.15] Chung, L.L., Reinhorn, A.M., Soong, T.T., An Experimental Study of Active Structural Control. Hart, G.C., Nelson, R.B., (eds.), Dynamic Response of Structures, ASCE, New York, S. 795–802, 1986

[8.16] Chung, L.L., Reinhorn, A.M., Soong, T.T., Experiments on Active Control of Seismic Structures. Journal of Engineering Mechanics, ASCE, 114, S. 241–256, 1988

[8.17] Chung, L.L., Soong, T.T., Practical Considerations in Discrete-Time Structural Control. Proceedings ASME Vibrations Conference Boston, MA, 1987

[8.18] Constantinou, M.C., Symans, M.D., Tsopelas, P., Taylor, D.P., Fluid Viscous Dampers in Applications of Seismic Energy Dissipation and Seismic Isolation. Proceedings ATC 17-1 on Seismic Isolation, Energy Dissipation and Active Control, 2, S. 581–591, 1993

[8.19] Crawley, E.F., Anderson, E.H., Detailed Models of Piezoelectric Actuation of Beams. Journal of Intel. Mat. Sys. and Struct., 1(1), S. 4–25, 1990

[8.20] Dimitrov, N. und Pocanschi, A., Wandscheiben mit dynamischer Anpassungsfähigkeit für Bauten in Erdbebengebieten. Bauingenieur 60, S. 91–98, 1985

[8.21] Duerig, T.W., Melton, K.N., Stockel, D., Wayman, C.M., Engineering Aspects of Shape Memory Alloys. Butterworth-Heinemann, London, 1990

[8.22] Filiatrault, A., Cherry, S., Seismic Design Spectra for Friction-Damped Structures. Journal of Structural Engineering, Vol. 116, No 5, S. 1334–1355, May 1990

[8.23] FitzGerald, T.F., Anagnos, T., Goodson, M., Zsutty, T., Slotted Bolted Connections in Aseismic Design for Concentrically Braced Connections. Earthquake Spectra, Vol. 5, No 2, S. 383–391, May 1989

[8.24] Fujita, S., Satomoto, K., Yokozawa, O., Shimoda, I., Mochimaru, M., Nagai, K., Kimoto, K., Fundamental Study on Vibration Attenuation Systems for High-Rise Buildings Against Destructive Earthquake Input. 1

WCSC, First World Conference on Structural Control, Vol. 3, Los Angeles, California, International Association for Structural Control, S. FP2-25-FP2-34, Aug. 1994

[8.25] Fukumoto, Y., Lee, G., Stability and Ductility of Steel Structures under Cyclic Loading. CRC Press London, 1992

[8.26] Fuller, C.R., Elliott, S.J., Nelson, P.A., Active Control of Vibration. Academic Press Limited Publishers, London, S. 64–67, 1996

[8.27] Garcia, E., Dosch, J.J., Inman, D.J., The Application of Smart Structures to the Vibration Suppression Problem. Journal Intel. Mat. Sys. and Struct., 3(4), S. 659–667, 1992

[8.28] Gavin, H.P., Hanson, R.D., Electrorheological Dampers for Structural Vibration Suppression. Report No UMCE 94-35, Department of Civil and Environmental Engineering, The University of Michigan, Ann Arbor, MI, 1994

[8.29] Gavin, H.P., Hose, Y.D., Hanson, R.D., Design and Control of Electrorheological Dampers. 1 WCSC, First World Conference on Structural Control, Vol. 1, Los Angeles, California, International Association for Structural Control, S. WP3-83-WP3-92, Aug. 1994

[8.30] Grigorian, C.E., Yang, T.S. and Popov, E.P., Slotted Bolted Connection Energy Dissipators. Earthquake Spectra, Vol. 9, No 3, S. 491–504, Aug. 1993

[8.31] Ioi, T., Ikeda, K., On the Dynamic Vibration Damped Absorber of the Vibration System. Bulletin of Japanese Society of Mechanical Engineering, 21(151), S. 64–71, 1978

[8.32] Kasai, K., Fu, Y., Lai, M.L., Finding of Temperature-Insensitive Viscoelastic Frames. 1 WCSC, First World Conference on Structural Control, Vol. 1, Los Angeles, California, International Association for Structural Control, S. WP3-3-WP3-12, Aug. 1994

[8.33] Keel, C.J., Mahmoosi, P., Design of Viscoelastic Dampers for Columbia Center Building, Building Motion in Wind. Proceedings of a Session at ASCE Convention, Seattle, Washington, S. 66–81, April 1986

[8.34] Kelly, M.J., Skinner, M.S., The Design of Steel Energy Absorbing Restrainers and their Incorporation into Nuclear Power Plants for Enhanced Safety. Vol. 4, Earthquake Engineering Research Center, Rep. UCB-EERC-79, Univ. of California, Berkeley, 1979

[8.35] Krebs, A., Kiefer, G. und Constantinescu, D., Wasserbehälter zur Tilgung windinduzierter Schwingungen. Bauingenieur 68, S. 291–302, 1993

[8.36] Kurokawa, Y., Sakamoto, M., Yamada, T., Kurino, H., Kunisue, A., Seismic Design of a Tall Building with Energy Dissipation Damper for the Attenuation of Torsional Vibration. Lew, M., (ed.), Tall Buildings for the 21st Century, Proceedings of the Fourth Conference on Tall Buildings in Seismic Regions, May 9–10, 1997, Los Angeles, California, USA, Los Angeles Tall Buildings Structural Design Council and Council on Tall Buildings and Urban Habitat, S. 373–384, 1997

[8.37] Kwok, K.C.S., Damping and Control of Structures Subjected to Dynamic Loading. Narayanan, R., Roberts, T.M., (ed.), Structures Subjected to Dynamic Loading. Stability and Strength, Elsevier Applied Science, S. 303–334, 1991

[8.38] Lee, C.K., Moon, F.C., Modal Sensors/Actuators. ASME, Journal of Applied Mechanics, 57(2), S. 434–441, 1990

[8.39] Li, Y.Z., Li, L., Earthquake Energy Accumulation for Building Control. 1 WCSC, First World Conference on Structural Control, Vol. 3, Los Angeles, California, International Association for Structural Control, S. FP5-49-FP5-56, Aug. 1994

[8.40] Lin, C.C., Chu, S.Y., Chung, L.L., Direct Output Feedback Control for Multiple-Degree-Of-Freedom Seismic Structures. Earthquake Engineering, Tenth World Conference, Balkema, Rotterdam, S. 2191–2196, 1992

[8.41] Lin, C.C., Sheu, J.F., Chung, L.L., Time Delay Effect in Direct Output Feedback Control of Structures. 1 WCSC, First World Conference on Structural Control, Vol. 1, Los Angeles, California, International Association for Structural Control, S. WA3-49-WA3-58, Aug. 1994

[8.42] Lin, R.C., Soong, T.T., Reinhorn, A.M., Active Stochastic Control of Seismic Structures. Proceedings U.S./Japan Joint Seminars on Stochastic Structural Mechanics, Boca Raton, FL, 1987

[8.43] Lou, J.Y.K., Lutes, L.D., Li, J.J., Active Tuned Liquid Damper for Structural Control. 1 WCSC, First World Conference on Structural Control, Vol. 2, Los Angeles, California, International Association for Structural Control, S. TP1-70-TP1-79, Aug. 1994

[8.44] Malley, J.O., Popov, E.P., Shear Links in Eccentrically Braced Frames. Journal of Structural Engineering, ASCE, Vol. 110, No 9, S. 2275–2295, Sept. 1984

[8.45] Masri, S.F., Bekey, G.A., Gaughey, T.K., On-Line Control of Nonlinear Flexible Structures. Journal of Applied Mechanics, ASME, No 49, S. 877–884, 1982

[8.46] Miller, R.K., Masri, S.F., Dehghanyar, T.J., Gaughey, T.K., Active Vibration Control of Large Civil Structures. Journal of Engineering Mechanics, ASCE, No 114, S. 1542–1570, 1988

[8.47] Mita, A., Kaneko, M., Vibration Control of Tall Buildings Utilizing Energy Transfer into Sub-Structural Systems. 1 WCSC, First World Conference on Structural Control, Vol. 2, Los Angeles, California, International Association for Structural Control, S. TA2-31-TA2-40, Aug. 1994

[8.48] Nims, D.K., Richter, P.J., Bachman, R., The Use of the Energy Dissipating Restraint for Seismic Hazard Mitigation. Earthquake Spectra, Vol. 9, No 3, S. 467–489, Aug. 1993

[8.49] Oh, S.T., Chang, K.C., Lai, M.L., Nielsen, E.J., Seismic Response of Viscoelastically Damped Structure under Strong Earthquake Ground Motions. Earthquake Engineering, Tenth World Conference, Balkema, Rotterdam, S. 5163–5168, 1992

[8.50] Pall, A.S., Marsch, C., Response of Friction Damped Braced Frames. Journal of Struct. Div., ASCE, 108(ST6), S. 1313–1323, 1982

[8.51] Pantelides, C.P., Optimum Design of Actively Controlled Structures. Earthquake Engineering and Structural Dynamics, Vol. 19, S. 583–596, 1990

[8.52] Paulay, T., Bachmann, H., Moser, K., Erdbebenbemessung von Stahlbetonhochbauten. Birkhäuser Verlag, Basel, 1990

[8.53] Pekcan, G., Mander, J.B., Chen, S.S., The Seismic Response of a 1 : 3 Scale Model R.C. Structure with Elastomeric Spring Dampers. Earthquake Spectra, Vol. 11, No 2, S. 249–268, May 1995

[8.54] Phocas, M.C., Hochhaustragwerke mit gezielter Dämpfung. Tokarz, B., (Hrsg), Forschungsbericht Nr. 24, Institut für Tragkonstruktionen und Konstruktives Entwerfen, Universität Stuttgart, 1999

[8.55] Preumont, A., Dufour, J.P., Malekian, C., Active Damping by a Local Force Feedback with Piezoelectric Actuators. Journal of Guidance, Control and Dynamics, 15(2), S. 390–395, 1992

[8.56] Richter, P.J., Nims, D.K., Kelly, J.M., Kallenbach, R.M., The DER-Energy Dissipating Restraint, A new Device for Mitigation of Seismic Effects. Proceedings 1990 Structural Engineers Association of California (SEAOC) Convention, Lake Tahoe, 1990

[8.57] Rodellar, J., Barbat, A.H., Martin-Sanchez, J.M., Predictive Control of Structures. Journal of Engineering Mechanics, 113, S. 797–812, 1987

[8.58] Rodellar, J., Chung, L.L., Soong, T.T., Reinhorn, A.M., Experimental Digital Predictive Control of Structures. Proceedings ASME Vibrations Conference, Boston, 1987

[8.59] Sladek, J.R. and Klinger, R.E., Effect of Tuned-Mass Dampers on Seismic Response. Journal of the Structural Division, ASCE, Vol. 109, No ST8, Proceedings Paper 18136, S. 2004–2009, Aug. 1983

[8.60] Soong, T.T., Active Structural Control: Theory and Praxis. Longman Scientific and Technical, U.K., 1990

[8.61] Soong, T.T., Dargush, G.F., Passive Energy Dissipation Systems in Structural Engineering. John Wiley & Sons, Chichester, 1997

[8.62] Soong, T.T. and Lai, M.L., Correlation of Experimental Results with Prediction of Viscoelastic Damping of a Model Structure. Proceedings of Damping '91, San Diego, CA, FCB1-9, 1991

[8.63] Suzuki, T., Kageyama, M., Nohata, A., Yoshida, K., Shimogo, T., Active Vibration Control for High-Rise Buildings. Earthquake Engineering, Tenth World Conference, Balkema, Rotterdam, S. 2091–2096, 1992

[8.64] Tomasula, D.P., Ghaboussi, J., Gravity Actuators in Structural Control. 1 WCSC, First World Conference on Structural Control, Vol. 2, Los Angeles, California, International Association for Structural Control, S. TA1-50-TA1-59, Aug. 1994

[8.65] Tsai, K.-C., Chen, H.-W., Hong, C.-P., Su, Y.-F., Design of Steel Triangular Plate Absorbers for Seismic-Resistant Construction. Earthquake Spectra, Vol. 9, No 3, S. 502–528, Aug. 1993

[8.66] Uang, C.M., Bertero, V.V., Use of Energy as a Design Criterion in Earthquake Resistant Design. Report No UCB/EERC-88/18, Earthquake Engineering Research Center, Berkeley, California, 1988

[8.67] Udwadia, F.E., Kumar, R., Time Delayed Control of Linear Discrete Structural Systems. 1 WCSC, First World Conference on Structural Control, Vol. 3, Los Angeles, California, International Association for Structural Control, S. FP3-12-FP3-21, Aug. 1994

[8.68] VanderVelde, W.E., Carignan, C.R., Number and Placement of Control System Components Considering Possible Failures. Journal of Guidance and Control, Vol. 7, No 6, S. 703–709, 1984

[8.69] Viswanathan, C.N., Longman, R.W., Likins, P.W., A Degree of Controllability Definition: Fundamental Concepts and Application to Modal Systems. Journal of Guidance Control and Dynamics, Vol. 7, No 2, S. 222–230, 1984

[8.70] Warburton, G.B., Optimal Absorber Parameters for Various Combinations of Response and Excitation Parameters. Earthquake Engineering and Structural Dynamics, 10, S. 381–401, 1982

[8.71] Way, D., Friction-Damped Moment Resisting Frames. Earthquake Spectra, Vol. 12, No 3, S. 623–633, Aug. 1996

[8.72] Xia, C., Hanson, R.D., Wight, J.K., A Study of ADAS Element Parameters and their Influence on Earthquake Response of Building Structures. Report No UMCE 87-10, The University of Michigan, Ann Arbor, MI, 1990

[8.73] Yang, J.N., Lin, M.J., Building Critical-Mode Control: Nonstationary Earthquakes. Journal of Engineering Mechanical Division, ASCE, 109, S. 1375–1389, 1983

[8.74] Yang, J.N., Samali, B., Control of Tall Buildings in Along-Wind Motion. Journal Structural Division, ASCE, 109, S. 50–68, 1983

Literatur zu Kapitel 9

[9.1]   Bank of China Tower, Hong Kong. I.M. Pei & Partners

[9.2]   Bettinotti, M., Kenzo Tange 1946–1996. Architecture and Urban Design. Electa, Milano, S. 188–193, 1996

[9.3]   Campi, M., Skyscrapers: an architectural type of modern Urbanism. Birkhäuser Verlag, Basel, S. 142–143, 2000

[9.4]   Daniels, K., Henze, D., Haustechnik. Briegleb, T., (Hrsg), Hochhaus RWE AG Essen / Ingenhoven Overdiek und Partner, Birkhäuser Verlag, Basel, S. 80–85, 2000

[9.5]   Der Anfang. Das Commerzbank-Hochhaus in Frankfurt am Main. AIT Spezial, Intelligente Architektur 9, S. 33–43, Juni 1997

[9.6]   Dickson, M., Tragwerk. Briegleb, T., (Hrsg), Hochhaus RWE AG Essen / Ingenhoven Overdiek und Partner, Birkhäuser Verlag, Basel, S. 52–53, 2000

[9.7]   Hochhaus einer Bank in Frankfurt am Main. DETAIL 37, 3/1997, Institut für Internationale Architektur Dokumentation, München 1997

[9.8]   Kajima Corporation, Ando Nishikicho Building; Chiyoda-ku, Tokyo. Job No 890163B: A-01-108, Report No P-06/012, 1993

[9.9] Katzenbach, R., Quick, H., Arslan, U., Commerzbank-Hochhaus Frankfurt am Main: Kostenoptimierte und setzungsarme Gründung. Bauingenieur 71 (1996), S. 345–354, 1996

[9.10] Kobori Research Complex, Structural Control: Practical Application of [DUOX] No. 1 to Ando Nishikicho Building. Report No KRCSC002 93040501 T. KOBORI, 1993

[9.11] Kobori, T., Structural Design for Earthquake and Wind with Active or Passive Control. Beedle, L.S., (ed.), Habitat and the High-Rise. Tradition and Innovation, Proceedings of the Fifth World Concress, May 14–19, 1995, Amsterdam, The Netherlands, Council on Tall Buildings and Urban Habitat, Dutch Council on Tall Buildings, S. 937–959, 1995

[9.12] Kobori, T., Ban, S., Kubota, T., Yamada, K., Concept of Super-High-Rise Building (DIB-200). Hart, G.C., (ed.), The Structural Design of Tall Buildings, Vol. 1, No 1, S. 3–24, 1992

[9.13] Kobori, T., Tsujimoto, T., Kondo, K., Katagiri, J., Wind Resistant Design of a High-Rise Building with stepped Height. 8th International Conference on Wind Engineering, July 1991, London, Canada, 1991

[9.14] Koike, Y., Murata, T., Tanida, K., Mutaguchi, M., Kobori, T., Ishii, K., Takenaka, Y., Arita, T., Development of V-shaped Hybrid Mass Damper and its Application to High-Rise Buildings. 1 WCSC, First World Conference on Structural Control, Vol. 3, Los Angeles, California, International Association for Structural Control, S. FA2-3-FA2-12, Aug. 1994

[9.15] Kowalczyk, R.M., Sinn, R., Kilmister, M.B., (ed.), Structural Systems for Tall Buildings. Council on Tall Buildings and Urban Habitat, Committee 3, McGraw-Hill, Inc., New York, S. 303–309, 1995

[9.16] Ladberg, W., Commerzbank-Hochhaus Frankfurt am Main: Lieferung und Montage der Stahlkonstruktion. Bauingenieur 72 (1997), S. 241–252, 1997

[9.17] Ladberg, W., Commerzbank-Hochhaus Frankfurt/Main: Planung, Fertigung und Montage der Stahlkonstruktion. Stahlbau 65/1996, 10, S. 356–367, 1996

[9.18] Lange, J., Ewald, K., Das Düsseldorfer Stadttor – Ein 19-geschossiges Hochhaus in Stahlverbundbauweise. Stahlbau 67, Heft 7, Ernst & Sohn, Berlin, S. 570–579, 1998

[9.19] Lange, J., Ewald, K., Das Düsseldorfer Stadttor – Ein 19-geschossiges Hochhaus in Stahl- und Stahlverbundbauweise. Hegger, J., Führer, W., (Hrsg), Hochhäuser. Entwerfen – Planen – Konstruieren, Tagungsband RWTH Aachen 1995, S. 177–183, 1995

[9.20] Lange, J., Taus, M., Der Einsatz von Verbundstützen aus Stahlrohren – Düsseldorfer Stadttor, Millenium Tower. In Hochhäuser, Darmstädter Statik-Seminar 1999. Bericht Nr. 16, Technische Universität Darmstadt, Institut für Statik, Darmstadt, 1999

[9.21] Lloyd's of London. Architectural Review 180/1986, No 1076, 1986

[9.22] Mohamad, H., Choon, T., Azam, T., Tong, S., The Petronas Towers – The Tallest Building in the World. Beedle, L.S., (ed.), Habitat and the High-Rise. Tradition and Innovation, Proceedings of the Fifth World Concress, May 14–19, 1995, Amsterdam, The Netherlands, Council on Tall Buildings and Urban Habitat, Dutch Council on Tall Buildings, S. 321–357, 1995

[9.23] Office Buildings, New Concepts in Architecture & Design. Meisei Publications, 1995

[9.24] Ohrui, S., Kobori, T., Sakamoto, M., Koshika, N., Nishimura, I., Sasaki, K., Kondo, A., Fukushima, I., Development of Active-Passive Composite Tuned Mass Damper and an Application to the High-Rise Building. 1 WCSC, First World Conference on Structural Control, Vol. 2, Los Angeles, California, International Association for Structural Control, S. TP1-100-TP1-109, Aug. 1994

[9.25] Schulitz, H.C., Sobek, W., Habermann, K.J., Stahlbau Atlas. Institut für Internationale Architektur Dokumentation und Deutscher Stahlbau-Verband DSTV, S. 380–383, München, Köln 1999

[9.26] Sinn, R.C., Tall Building Systems Review CTBUH Monograph. Beedle, L.S., (ed.), Tall Building Structures – A World View. Proceedings of the 67th Regional Conference held in Chicago, IL, April 15–18, 1996, in conjunction with ASCE Structures Congress XIV, Council on Tall Buildings and Urban Habitat, Bethlehem, S. 59–72, 1996

[9.27] Stempniewksi, L., Hacke, H., Konstruktion. Briegleb, T., (Hrsg), Hochhaus RWE AG Essen / Ingenhoven Overdiek und Partner, Birkhäuser Verlag, Basel, S. 54–61, 2000

[9.28] Stoll, J., Luft. Briegleb, T., (Hrsg), Hochhaus RWE AG Essen / Ingenhoven Overdiek und Partner, Birkhäuser Verlag, Basel, S. 76–79, 2000

[9.29] Tanida, K., Mutaguchi, M., Koike, Y., Murata, T., Kobori, T., Ishii, K., Takenaka, Y., Arita, T., Development of V-shaped Hybrid Mass Damper and its Application to High-Rise Buildings. Proceedings of International Workshop on Structural Control, Honolulu, Hawaii, Aug. 1993

[9.30] The Bank of China, Hong Kong. I.M. Pei & Partners, Architects, Robertson, Fowler & Associates, P.C., Structural Engineers

[9.31] Thornton, C. H., Hungspruke, U., Joseph, L. M., Design of the World's Tallest Buildings – PETRONAS Twin Towers at Kuala Lumpour City Centre. Lew, M., (ed.), Tall Buildings for the 21st Century, Proceedings of the Fourth Conference on Tall Buildings in Seismic Regions, May 9–10, 1997, Los Angeles, California, USA, Los Angeles Tall Buildings Structural Design Council and Council on Tall Buildings and Urban Habitat, S. 5–19, 1997

[9.32] Thornton, C. H., Mohamad, H., Hungspruke, U., Joseph, L. M., Mixed Construction for High-Rise Towers. Beedle, L.S., (ed.), Habitat and the High-Rise. Tradition and Innovation, Proceedings of the Fifth World Concress, May 14–19, 1995, Amsterdam, The Netherlands, Council on Tall Buildings and Urban Habitat, Dutch Council on Tall Buildings, S. 1229–1245, 1995

[9.33] Wakamatsu, H., Four Columns Tower. Ando Tower Nishikicho 1989–1993. From Conception to Realization. Hisao Wakamatsu, Sept. 1993

[9.34] Wise, C.M., Bridges, H.W., Smith, C.J., Walsh, S.R., Krebs, A., Reußner, K., Commerzbank-Hochhaus Frankfurt am Main,: Das Tragwerk. Bauingenieur 71 (1996), S. 471–479, 1996

Sachverzeichnis